SKYLINE
天 际 线

望远 知新

一位年轻博物学家的探险

DAVID
ATTENBOROUGH

Adventures
of a
Young
Naturalist

[英] 大卫·爱登堡 著

李想 译

张劲硕 审校

译林出版社

图书在版编目（CIP）数据

一位年轻博物学家的探险 ／（英）大卫·爱登堡
(David Attenborough) 著；李想译. —南京：译林出
版社，2024.8
（"天际线"丛书）
书名原文：Adventures of a Young Naturalist
ISBN 978−7−5753−0202−9

Ⅰ.①—⋯ Ⅱ.①大⋯ ②李⋯ Ⅲ.①自然科学－普
及读物 Ⅳ.①N49

中国国家版本馆 CIP 数据核字（2024）第 108883 号

著作权合同登记号　图字：10−2023−44 号

一位年轻博物学家的探险　［英国］大卫·爱登堡／著　李　想／译　张劲硕／审校

责任编辑	杨雅婷
装帧设计	韦　枫
校　　对	施雨嘉
责任印制	董　虎

原文出版	Two Roads, 2017
出版发行	译林出版社
地　　址	南京市湖南路 1 号 A 楼
邮　　箱	yilin@yilin.com
网　　址	www.yilin.com
市场热线	025−86633278
排　　版	南京展望文化发展有限公司
印　　刷	苏州市越洋印刷有限公司
开　　本	890 毫米 × 1240 毫米　1/32
印　　张	14.875
插　　页	9
版　　次	2024 年 8 月第 1 版
印　　次	2024 年 8 月第 1 次印刷
书　　号	ISBN 978−7−5753−0202−9
定　　价	98.00 元

目　录

第 三 卷　　蝴蝶风暴

序 言

　　近些年来，动物园早已不再派遣动物采集员前往世界各地猎捕野生动物，然后想方设法把它们带回动物园向公众展示。这样的理念非常正确。如今，自然界正承受着前所未有的压力，然而这些压力并非来自它那些最美丽、最具魅力、最稀有的"居民"的掠夺。现在动物园里绝大多数具有超高人气的动物——狮子、老虎、长颈鹿和犀牛，甚至包括狐猴和大猩猩——不仅可以在动物园里实现繁殖，而且能通过谱系簿追溯亲缘关系，这样就可以避免它们在国际交流中出现近亲繁殖的麻烦。在让游客感受自然的华美壮丽，以及向他们阐释保护动物的重要性和复杂性的过程中，这些在动物园里出生的动物扮演着至关重要的角色。

然而，情况并非一贯如此。1828年，几位有着科学思维的先驱创办了伦敦动物园，那时他们认为编纂一份汇集世界上所有现生物种的目录，是一项非常重要但几乎无法完成的工作。一些已经死亡的动物的标本从世界各地寄到这里。有些动物抵达时还是活的，这些动物就被饲养在摄政公园的社会花园里向公众展示。不过这两类动物最终都会被做成剥制标本，精心地保存下来，供科研人员做更深入的研究。动物园愿意把更多的精力花费在寻找其他动物园所没有的动物上，这一点毋庸置疑。20世纪50年代，当我带着一份新颖的电视节目策划方案去拜访伦敦动物园的一位主管时，我感到在某种程度上，广泛收集各种动物的野心仍然深深镌刻在他们的骨髓里。

那时电视产业与现在相比相形见绌。整个英国只有一套由BBC（英国广播公司）制作的电视网，仅供伦敦和伯明翰两地的居民收看。当时所有的电视节目都是在伦敦北部亚历山德拉宫里的两个小演播室中制作完成的。1936年，这两个有着同样的摄影器材，几乎一模一样的演播室，成为世界上最早的能定期提供电视服务的场所。

由于第二次世界大战爆发，电视信号传输在 1939 年被迫中断，直到
1945 年宣布和平后才得以恢复。1952 年，我参加了工作，当时我是
一个实习制片人。那时英国的电视行业才刚刚起步，统共也只有十
余年的制作经验。

当时所有的电视节目差不多都是现场直播。由于电子记录技术
直到数十年后才出现，所以对于我们制片人来说，在演播室里增补
电视画面的唯一方法，就是放映提前拍好的影片。这种方法的费用
非常高昂，我们很少能支付得起。然而，这并不是什么坏事。恰恰
相反，无论是观众还是制片人都认为"即时性"是电视媒体最大的
魅力。荧幕上呈现的事件都是在观众观看时发生的。如果一个演员
忘词了，收看节目的人都会听到为他提词的声音。如果一个政客在
节目中没能控制住自己的脾气，那么所有人都能通过荧幕看到他到
底做了些什么，他没有机会改变自己的主意，更不能坚持要求删除
那些不谨慎的言语。

当我第一次提出拍摄关于动物的电视节目时，事实上这种类型
的节目早就已经出现在电视台的节目单之中。伦敦动物园园长乔
治·坎斯代尔设计了一套这样的节目。每周，他会从摄政公园带一
些大小合适、性格温顺、能听从他指令的动物来到亚历山德拉宫的
演播室，把它们放置在铺了门垫的展示台上。动物们端坐着，在演
播室的强光灯下眨着眼睛，坎斯代尔先生则向观众介绍它们的解剖
学结构、它们的勇猛，以及它们在群体生活中展现的技巧。他是一
位博物学方面的专家，非常擅长驯化动物，能让动物们乖乖地听他

的话。当然，并不是所有的事情都能如他所愿，这也是他受欢迎的一部分原因。这些小动物经常会在门垫上休息，如果幸运的话，也会在他的裤子上打个盹。它们偶尔也会逃跑，这时潜伏在展示台两侧的穿着制服的动物饲养员便会将它们截住，阻止它们的"跑路计划"。一次，一只年幼的非洲松鼠就从展示台跳到了麦克风上，然后悬挂在镜头正上方的吊臂上。它借助摄影器材，蹦蹦跳跳地逃离了演播室，最后在演播室的通风系统中找到了一个舒适的"避难所"。它在那里住了好多天，偶尔会在那个演播室后来播放的戏剧、综艺节目和节目收场白中客串一把。节目中总有一些令人记忆犹新的时刻，比如有一只动物咬了坎斯代尔先生一口。当然，也有一些记忆不能被遗忘——他在展示像蛇这样的极其危险的生物时，整个国家都为他屏住了呼吸。

紧接着，在1953年又出现了一种新型的动物类节目。比利时探险家、影片导演阿曼德·丹尼斯和他富有魅力的英国籍妻子米夏埃拉一起从肯尼亚来到伦敦，带来了一部为电影院制作的长篇纪录片《撒哈拉沙漠以南的非洲》。后来，他们用纪录片中一些没有使用到的镜头，为电视台制作了一部时长约半个小时的节目。节目中展示了大象、狮子、长颈鹿，以及东非平原其他一些著名且壮观的大型食草动物。这档节目播出后引起了极大的轰动。对绝大多数观众来说，这是他们第一次见到这些动物的生活影像。尽管画面不是直播，不会出现坎斯代尔先生节目里的那些令人激动且难以预测的意外，它却能让观众们真正了解到，这些动物如果生活在适宜的环境里，它们会是多么宏伟壮观，多么令人着迷。

鉴于这档新型的动物节目在观众中引发了强烈反响，电视台的策划人员立刻找到丹尼斯夫妇，希望他们能提供更多的同类型节目。丹尼斯夫妇多年来一直在非洲拍摄纪录片，拥有一个大型的野生动物影像资料库，那么为什么不制作一个系列节目，这样每周都能播放？他们觉得电视台工作人员的提议非常具有可行性，无须后者劝说，他们便创作了第一部《游猎》系列。

至于我，一个二十六岁的刚踏入电视制片行业的初学者，仅仅有两年的广播经验，还有一个从未利用过的动物学学位，却急于制作一部自己的动物纪录片。但是在我看来，以上两种节目形式有利亦有弊。坎斯代尔先生的节目中的动物，会在直播中发生一些不可预测的突发情况，这无疑让观众产生兴奋感，但由于动物一直待在演播室这种陌生的环境中，它们看上去往往会非常怪异。而另一方面，丹尼斯夫妇拍摄的动物虽然生活在自然环境中，看上去更适应环境，但是缺少那种在直播中才会出现的不可预料的"噱头"。因此，我尝试着说服我自己，如果能将这两种风格融合到一档节目中，不就可以同时展现出两者的优势了吗？作为一个实习制作人，我已经执导过音乐会、考古学知识问答赛、政治辩论和芭蕾舞表演。那时，我正着手设计制作一档关于"动物形状和图案的含义与目的"的节目。这个系列一共有三期，它们都是由当时最伟大的科学家之一——朱利安·赫胥黎爵士解说的。为此，我经常从坎斯代尔先生的伦敦动物园借来一些动物配合节目的拍摄。就在那时，我认识了伦敦动物园的两栖爬行动物主管杰克·莱斯特。

　　杰克从小就非常喜欢动物，但是由于缺乏正规的培训，他的第一份工作与动物没有一点关联，那时他在银行工作。可是，他很快就说服他的雇主将他派遣到西非的分公司，在那里他可以尽情地沉浸于自己的爱好——收集和饲养两栖爬行动物。第二次世界大战爆发后，杰克加入了皇家空军。战争结束后，他在英格兰西部的一家私人动物园找到了一份新工作。很快，他从那里来到了摄政公园，专门负责照料动物园收集的大量两栖爬行动物。他的办公室设在两栖爬行动物馆内的一个小房间里，和所有的展区一样，这里也会进行人工加热，让温度上升到热带地区那种令人窒息的程度；各种各样的笼子堆得到处都是，笼子里饲养着他本人非常喜欢的、不需要公开展示的一些动物——婴猴、巨型蜘蛛、避役和穴蝰。他为赫胥黎系列节目挑选的动物，对整个节目有着重要的帮助。我常常去他的办公室和他讨论，我们在一起还能拍出什么样的电视节目。我觉得我的计划也许能让他感兴趣，因为这个项目会让他前往他一直魂牵梦萦的西非——不过我要和他一起去。

　　我的策划非常容易理解。BBC 和伦敦动物园可以联合开展一场我们两人都能参与的"动物收集"之旅。我负责摄影，杰克负责寻找能让观众感兴趣的动物，然后将它们捕获。纪录片会以他手里抓着的动物的特写镜头结束。紧接着这个画面会慢慢地叠化成同一种动物的类似镜头，不过这次是演播室里的直播。随后杰克用坎斯代尔式的方法，介绍这种动物在结构和行为上非常有意思的方面。如果能在直播中发生一些不可避免的意外，例如动物逃跑或者主持人被咬伤，那就再好不过了。观众将通过纪录片中展示的场景，身临其境地感受在非洲搜寻和捕获动物的快感。

杰克认为这是一个很好的策划，但问题是那时动物园并不打算派员工去野外收集动物。BBC 也不愿耗费如此多的物力、财力去拍摄一部专业性这么高的自然纪录片。或许，一场管理层级别的午宴就能解决这样的"小问题"。我们计划让动物园和 BBC 的老板来一场午宴，让他们误以为对方已经有了一个周全的计划。

这场午宴在动物园的餐厅里如期举行。杰克和我则不断地提示与引导我们各自的老板。两位老板喝完咖啡后便高兴地离开了，他们都认为自己的公司会在对方的计划中受益匪浅。第二天，我们被分别告知这个计划即将启动，这着实让人倍感意外和惊喜。

我们决定前往热带雨林，对此各方都毫无异议。杰克曾经工作过的银行在塞拉利昂。他对那个国家及当地物种的情况非常了解，他还有许多朋友在那里，必要时他们可以给予我们很多帮助。然而我确信，如果想把这档电视节目做成功，探险活动至少应该有一个特别的目标——一种稀有而罕见的动物，因为伦敦动物园对这类在世界上其他动物园里不曾展示过的动物非常感兴趣。在野外探寻神奇、罕见、令人兴奋的动物，如此惊险刺激的过程也会让观众一直关注我们的节目，直到最后这种动物被我们找到。我们可以称这个系列节目为"探寻某种动物"……或者其他什么的。

现在有一个非常棘手的问题。在塞拉利昂，唯一一种能入杰克

"法眼"的动物，是一种名叫 *Picathartes gymnocephalus**的鸟类。然而在我看来，让一种拥有如此晦涩难懂的名字的鸟来激发全英公众狂热的期待，貌似很难。能不能换一个更有浪漫色彩的名字呢？"当然，没问题，"杰克热心地说道，"它的英文名字是秃头岩鹛。"我想即使这样，似乎也不会有多大的改观吧。但是，杰克非常坚定，表示绝不考虑其他动物，最终白颈岩鹛成为我们这次探寻的终极目标。与此同时，我决定将这个系列的纪录片简单地称为《动物园探奇》。

目前，还有一个更麻烦的问题亟待解决。当时拍摄电视片用的是 35 毫米宽的胶片，就是那时拍电影所使用的胶片。这样一盘胶片和一只扁平的足球差不多大，与它配套使用的摄像机就像一个小手提箱。正常情况下，需要两个人才能将这些器材搬上三脚架。丹尼斯夫妇使用的设备更小巧一些，配套的胶片只有 16 毫米宽，我想用他们那样的设备。

电视片制作部门的负责人对此非常生气，他说 16 毫米是给业余的人用的，专业人士根本不会考虑它，它拍出的画面非常模糊，他完全不能接受。他宁愿辞职，也不同意我们使用如此低劣的设备。后来电视栏目部门负责人召集大家开会。我简要地说明了一下情况。我解释说（虽然从未做过任何类似的事情，但依然理直气壮），如果不用更小巧、更方便操作的器材，就没有办法拍摄到大家想要的镜头。

最终，他们同意了我的要求，但部门负责人提出了附加条件。

---

* 白颈岩鹛的学名。——译注

当时电视节目还都是黑白的。然而，我们使用的 16 毫米宽的胶片并不是黑白负片，它的正片是黑白的，负片却是彩色的。虽然它的灵敏度不如黑白胶片高，但是通过它转换的黑白画面还是有较高的分辨率。我欣然接受并赞成，在光线极其昏暗的环境里，我们会使用黑白负片进行拍摄。

然而问题又来了，BBC 竟然没有一个人愿意使用 16 毫米的设备。我不得不从外面为自己找一个摄像师。经过简单的咨询，我发现了一个和我同岁，刚从喜马拉雅回来的小伙子。他作为助理摄影师跟拍了寻找喜马拉雅雪人的探险活动（这次探险并不成功）。他叫查尔斯·拉古斯。我们相约去演播室附近的一家酒馆见面，电视台演职人员经常光顾那里。我们喝了点啤酒，聊得非常投机。他表示这个计划听上去非常有意思，第二杯酒下肚之后，他便欣然同意加入这个团队。杰克也招募了一位新成员——阿尔夫·伍兹，他是一位足智多谋且很有远见的首席动物饲养员，当时他掌管着伦敦动物园的鸟舍。这次他将负责照料在探险中捕捉到的动物。1954 年 9 月，我们四个踏上了前往塞拉利昂的旅程。

在塞拉利昂首都弗里敦休整几天后，我们出发前往热带雨林。查尔斯和我以前从没有来过这样的地方。这里实在是太昏暗了。他沮丧地拿出测光仪器。"唯一能让我们获得足够光照，拍出清晰彩色负片的方法，"他苦恼地说道，"就是砍掉一些树。"这真是一个沉重的打击。如果一直在热带雨林里拍摄，就必须使用备用的黑白胶片，然而我们并没有多少存货。

阿尔夫·伍兹（右）和杰克·莱斯特正在给白颈岩鹛雏鸟喂食

　　我们一直在考虑能不能说服杰克，让他把在雨林里捕捉到的动物放到光线充足的地方，然后再演示一次捕捉的情景，配合我们拍摄。没想到杰克很爽快地就同意了。囿于现有的条件，查尔斯和我决定放弃拍摄一些场景，与其费尽心思拍摄一群猴子在树枝上嬉戏跳跃，或者是藏在掩体里等待从阴暗处突然出现的害羞的森林羚羊，不如拍摄一些能拿到光线下的小型动物，如避役、蝎子、螳螂和马陆。

　　白颈岩鹛仍是我们这次探险最主要的目标。杰克随身带了一小幅白颈岩鹛的水彩画，这是艺术家根据博物馆标本创作的。无论走到哪里，杰克都会向当地人展示它，询问他们是否见过这种鸟。每个看到这幅画的人都感到非常困惑，但功夫不负有心人，最后我们还是找到了一位认出白颈岩鹛的村民。他说这种鸟就像燕子一样，会用泥巴筑巢，不过巢的体积比燕子的大很多。它们的巢穴建在巨大的卵形石头的侧面，这些石头一般掩埋在森林深处。把它们搬到光亮的地方几乎是不可能的事情。此外，我们也不打算尝试砍掉附近的树木来增加那里的亮度。我们使用了那些珍贵的高感光度黑白胶片，最终大获成功，拍到了鲜活生动的白颈岩鹛的画面——这是全世界第一次拍到这样的画面。

1954 年 12 月，该系列的第一期节目正式开播。杰克在演播室里做动物展示，而我则在导播室里控制摄像机并提示影片播放的顺序。非常不幸的是，节目播出的第二天，杰克因病重而突然倒下，被送进了医院。因为这个系列的节目还有现场直播，所以接下来的几周必须要有人顶替杰克的角色。电视台负责人将这个重任交给了我。"你是我们自己的员工，"他说，"所以没有额外的劳务费。"接下来的几周，我尽力做好本该属于杰克的工作，向观众们展示各种动物。我最好的摄影师朋友则坐在导播室里替我控制摄像机。

我们在节目中展示的非洲与丹尼斯夫妇影片中的大不一样。不论是筑造精妙的杯状巢的螺蠃，还是排成一排攻击蝎子的兵蚁，它们和那些东非的大型食草动物相比，在体型上简直不可同日而语。但是即使如此，查尔斯依然用他娴熟的拍摄技术，让这些小动物看起来极具戏剧性。这个系列节目吸引了大批的观众。我的老板非常高兴。

这个系列结束大约一个月后，杰克出院了，身体也差不多完全康复了。我和他再次聚到一起，并且决定，趁各自的老板现在还记得这档节目取得的巨大成功，我们要尽快向他们提议再拍一个系列。

我们说干就干。出乎我们意料的是，1955 年 3 月，也就是西非纪录片播出仅仅八周之后，我们便再次踏上探险的征程。这次目的地是南美洲的圭亚那，那时它还被称作英属圭亚那。

然而，我们刚刚抵达那里，杰克便旧疾复发，不得不飞回伦敦住院治疗。正因如此，我再一次顶替杰克的位置，成为一名临时的动物采集员。由于收集的动物越来越多，伦敦动物园的另一位首席饲养员随队负责照料它们。

当我们结束拍摄回到伦敦后，杰克仍然没有完全康复，这个系列仍由我在现场为观众介绍动物。这次节目同样取得了巨大的成功，所以我们提出第三次探险的建议。这回我们的目的地是印度尼西亚。世界上最大的蜥蜴——科莫多巨蜥是这次探险的主要目标。截至当时，还没有人在电视上见过这种庞然大物。杰克那时显然不适合长途跋涉，所以他督促我们赶紧出发，不要考虑他。于是我们出发了。当我们都不在伦敦时，他不幸早逝，年仅四十七岁。

圭亚那之行结束后，我便开始记录旅程中的见闻。接下来的几年里，我一如既往地做着记录。这本书囊括了我们的前三次旅程，内容在原稿的基础上做了适当的删减和更新。

从写完它们起至今，这个世界已经发生了翻天覆地的变化。英属圭亚那如今已成为一个独立的国家，并改名为圭亚那。我们曾去鲁普努尼稀树草原寻找大食蚁兽，那时它对我们来说是何其荒凉和遥远，但是现在那里已经有了定期的航班，非常容易就能与海边的城市进行贸易交流。在印度尼西亚，当年那些巨大的、缓慢变成废墟的爪哇式婆罗浮屠遗迹，如今早已被完全拆除并经过重新改造；当时只有坐船才能抵达的巴厘岛，今天也已经有了自己的专属航线，每天巨大的喷气式飞机载着数千名澳大利亚和欧洲的游客去那里度假，可是当初我在那里只见过一次欧洲面孔；1956 年我们历尽千辛万苦才抵达的科莫多岛，早就成为著名的游览景点，每天都有大量的游客上岛观看科莫多巨蜥。也是从那时起，电视行业本身发生了重大的变化，开始播放彩色影像。

2016 年，一位档案管理员在整理存放 BBC 纪录片原片的库房时，发现了几只生锈的铁罐，上面贴着"动物园探奇——彩色"的标签。她感到很困惑，便打开了它们，发现里面有好几卷彩色的负片。在此之前，连同我在内，没有一个人见过彩色的它们。所以它们终于被彩印出来。即使这些影像资料被"耽搁"了六十年，它们依然如此生动鲜活，所有见过的人都认为它们应该被更广泛地传播。我希望接下来的内容能达到同样的效果。

大卫·爱登堡

2017 年 5 月

第一卷

丛林飞行

第一章　前往圭亚那

南美洲是世界上一些最奇异、最可爱、最恐怖的动物的家园。在这个世界上，可能再也不会有什么生物像树懒那样，整天把自己倒挂在森林里高大的乔木上，无声无息地在极其缓慢的节奏中度过自己的一生；也再不会有像稀树草原上的大食蚁兽这样身体结构严重不成比例的奇怪生物，它的尾巴大得像一条蓬松的横幅，没有牙齿的细长口腔像一根弯曲的"管道"。除此之外，精致美丽的鸟类在这里实在是太常见了，以至于变成了最不起眼的动物：花哨的金刚鹦鹉在森林中自由飞舞，它们华丽的羽毛与它们那刺耳的聒噪声形成了鲜明的对比；如同宝石般的蜂鸟在花丛中翻飞，吮吸着花蜜，飞舞时绚丽的羽毛闪烁着彩虹般亮丽的光泽。

南美洲的许多动物激发了人们对它们的兴趣，只不过这种兴趣往往来自人类的厌恶。河流中成群结队游荡的食人鱼，等待着那些落入水中的动物，伺机撕咬它们身上新鲜的肉；吸血蝠在欧洲只存在于传说当中，在南美洲却是可怕的现实，它们每晚都会从森林深处的栖息地飞出来觅食，吸食奶牛和人类的血。

既然我们把非洲作为《动物园探奇》拍摄的第一站，那么南美洲便毫无疑问地成为第二次探险的首选。可是，面对一个如此幅员辽阔、生物多样性如此丰富的大洲，究竟选择哪里作为这次探险的目的地呢？最终，我们选择了圭亚那（当时还是英属圭亚那），它是南美洲大陆上唯一一个英联邦国家。曾经与我在非洲并肩作战的杰克·莱斯特、查尔斯·拉古斯，这次还与我一起奔赴南美洲。除此之外，伦敦动物园的一位监管者——蒂姆·维纳尔也加入了我们的探险队。虽然他目前的任务是照料我们捕捉到的有蹄类动物，但是在他多年的动物园职业生涯中，他曾经饲养过各种类型的动物。他将留在海边的基地，照料那些被我们捕获并被送到那里的动物，说实话，这真是一项吃力不讨好的任务。

1955 年 3 月，我们抵达圭亚那的首都乔治敦。在申请相关许可证，以及配合当地海关清点摄像和录音设备的三天时间里，我们抽空买了锅碗瓢盆、食物、吊床等生活物资，我们渴望立马在这个国度开展野生动物收集工作。我们已经制订了一个大概的计划。通过地图不难发现，圭亚那的大部分领土都被热带雨林所覆盖，雨林往北一直延伸到奥里诺科河，向南则伸展到亚马孙盆地。可是，圭亚那西南部的森林正在逐年衰退，取而代之的是连绵起伏的稀树草原；海岸线一带肥沃的土地现如今也变成了一片耕地，成片的沼泽与溪流被稻田和甘蔗种植园所取代。我们如果想收集这个国家具有代表性的物种，就必须前往以上各个地区，这是因为圭亚那不同类型的栖息地都生活着其特有的物种，而这些物种在其他地方根本找不到。困难接踵而来，应该去每个区域的哪些地方，以什么样的顺序去探索这些地方，面对这些问题，我们手足无措，直到抵达后的第三天晚上，我们受邀与三个人共进晚餐。这三个人能提供专业意见：比尔·西格尔，一位负责西部边远地区森林事务的地区官员；蒂尼·麦克特克，鲁普努尼稀树草原上的一个大牧场主；还有肯尼德·琼斯，一位专为美洲印第安人看病的医生，这份工作让他走遍了圭亚那的每一个角落。那一晚，我们不停地翻看着图片和影片资料，仔细地审阅着地图，兴奋地快速记着笔记，一直讨论到第二天的凌晨。讨论结束后，我们总算制订出一份详细的探险计划：首先前往稀树草原，接着去热带雨林，最后去沿海地区的沼泽。

第二天一早，我们急忙赶到航空公司咨询航班的情况。

"四位前往鲁普努尼，是吗，先生？"航空公司的员工说道，"当然可以。明天就有一架飞往那里的飞机。"

我和杰克、蒂姆、查尔斯满心欢喜地爬上飞往鲁普努尼的飞机。万万没有想到的是，刚上飞机，我们的心就提到了嗓子眼。我们的飞行员威廉斯上校是圭亚那丛林飞行行业的引领者，正是他非凡的勇气和超凡的想象力，使得飞抵这个国家的许多边远地区成为现实。但是，起飞后我们便发现，上校的飞行技术和把我们从伦敦带到乔

查尔斯·拉古斯和一只枯叶龟

治敦的飞行员截然不同。我们乘坐的达科塔飞机 * 轰鸣着在跑道上加速行进；远处隐约可见的棕榈树越来越近，近到让我一度怀疑飞机的发动机是不是出了故障，以至于不能飞离地面。直到最后一刻，飞机才以极其陡峭的爬升角度冲向空中，此时我们距离下方的棕榈树丛仅有咫尺之遥。飞机上的每个人都吓得面无血色，我们互相叫喊着表达各自心中的疑虑和担忧；紧接着，我走到威廉斯上校身边，询问他刚刚发生了什么。

---

* 达科塔飞机是道格拉斯 DC-3 固定翼螺旋桨驱动的飞机。——译注

"在丛林里飞行!"他吐出叼在嘴角的香烟,随手把它扔进固定在仪表盘上的锡制烟灰缸,大声喊道,"在丛林里飞行,我认为最危险的时刻就是起飞的一刹那。在你最需要发动机动力的时候,如果有一个发动机发生了故障,你就会坠落到森林里,那里可没有人帮你们。通常我会计算飞机在地面上的速度达到多少时,才能产生足够的动力,让飞机在发动机都不工作的情况下起飞。怎么了,伙计们,你们是害怕了吗?"

我连忙向威廉斯上校保证,我们当中没有一个人感到紧张,只是对他的驾驶技术非常感兴趣。威廉斯上校哼了一声,他取下为了起飞而戴上的短焦护目镜,换上了一副长焦护目镜,舱内的我们也逐渐安静下来。

成片的森林如同一张绿色的天鹅绒地毯,在我们的脚下向四面八方铺展开来。慢慢地,我们开始意识到,我们正在接近一座巨大的悬崖。然而,威廉斯上校并没有提升飞行的高度,森林离我们越来越近,我们甚至能看到树冠上飞翔的鹦鹉。紧接着,悬崖不见了,下面的森林也开始发生变化。飞机下方出现了一些被草原覆盖的小岛,随后我们便在辽阔的平原上飞行,银色的溪流在这里纵横交错,小巧的白色蚁冢点缀其间。飞机开始下降,围绕着一小簇白色建筑飞行,准备在机场跑道上着陆——跑道只是对一片稀树草原的委婉说法,这一块地除了没有白蚁冢,其实与周围的环境并没有什么两样。上校让飞机优雅地降落在跑道上,颠簸着驶向一群等待飞机到来的人。我们翻过摆放在达科塔地板上的一堆堆货物,跳下飞机,明媚的阳光刺得我们睁不开眼睛。

　　一个身穿带袖衬衫、头戴墨西哥帽、有着古铜色皮肤的男人，兴高采烈地从旁观的人群中走出来迎接我们。他是特迪·梅尔维尔，我们在这次探险活动中的房东。他来自一个非常著名的家族。他父亲是第一批定居于鲁普努尼并在那里建立牧场牧牛的欧洲人之一，那时牛在这个地区还很少。20世纪初他来到这里，娶了两位瓦皮夏纳*姑娘，两人各自为他生了五个孩子。如今这十个人，不管是男孩还是女孩，都成了当地有头有脸的人物；他们有的是大牧场主，有的是店长，还有的是政府护林员和猎人。我们很快就发现，无论我们在北方稀树草原上的哪个角落遇到一个男人，如果他不是梅尔维尔，那么他一定娶了一个姓梅尔维尔的女人。

　　我们降落的地方叫莱瑟姆，它由凌乱散布在飞机跑道旁的几幢白色混凝土建筑组成。其中最大的一栋，也是唯一一栋两层建筑，就是特迪的招待所——一座非常普通的矩形建筑，有一个阳台及一些没有玻璃的窗户，但是"莱瑟姆大酒店"这块招牌为它增色不少。酒店右边半英里**外的一处低矮的土坡上，矗立着地区长官办公室、邮局、商店，还有小医院。一条尘土飞扬的红泥巴路从那里直抵酒店，又经过一些摇摇欲坠的外围建筑，一直延伸到一片干燥的荒野，那里满是白蚁冢和低矮的灌木丛。20英里外的平原上突兀地耸立着一排参差不齐的山峰，在耀眼的天光的映衬下，热浪中的它们就像

---

* 圭亚那南部和巴西北部的印第安人部落。——编注
** 1英里约等于1.6千米。——编注

烟蓝色的剪影。

　　由于航班带来了大家期盼已久的货物和每周例行的邮件，因此方圆数英里之内的居民都来到莱瑟姆等飞机。飞行日是这里最为重要的社交盛典，每当这个日子来临时，酒店里总是挤满了牧场主和他们的妻子，他们驱车从偏远的牧场赶到这里，即使飞机飞走了，他们也会继续逗留，谈论新闻和小道消息。

　　晚餐结束后，餐厅里无人使用的桌子被撤走，取而代之的是长长的木凳。这时，特迪的儿子哈罗德开始安装电影放映机和大屏幕。酒吧里的人慢慢地往餐厅里聚集，长凳上坐满了观众。有着蓝黑色直发和古铜色皮肤的瓦皮夏纳牛仔，也就是闻名于世的 *vaquero**，光着脚成群结队地走进来，在门口付钱。灯光熄灭后，空气中弥漫着难闻的烟草味，回荡着大家期待已久的聊天声。

　　晚间娱乐的序幕由一些明智地未标日期的新闻片拉开。接着是一部好莱坞牛仔电影，它讲述的是西部荒原上开拓者的故事，影片里品行端正的美国白人毫无疑义地屠杀了大量邪恶的印第安人。人们怎么也不会想到，这群瓦皮夏纳人在看到他们的北美同胞被残忍地杀害时，冷漠的脸上竟没有一丝情绪的波动。但是，这部电影的情节真是让人有点难以理解，这不仅是因为一些冗长的镜头在长期的拷贝中被删除了，而且这些胶片卷是否按照正确的顺序被播放，也令人怀疑。在第三卷放映时，一个凄美的美国女孩就已经被印第

---

* vaquero 在西班牙语中意为"牧牛人"。——译注

安人残忍地杀害了，但是放到第五卷时，这个女孩又出现了，甚至还和主人公相爱了。瓦皮夏纳观众真是随和，如此离谱的情节竟然丝毫没有破坏他们对大型战斗场面的喜爱之情，而战斗场面还引发了他们热烈的掌声。我向哈罗德·梅尔维尔表示，放这样一部电影可能不太合适，不过他非常自信地和我说，到目前为止，牛仔片是所有放过的影片中最受欢迎的。不过，有一点可以确定，那就是好莱坞的情景喜剧在瓦皮夏纳人看来极其荒谬。

电影放完后，我们上楼回到自己的房间。房间里只有两张配了蚊帐的床。显然，我们当中的两个人要睡在吊床上，我和查尔斯立马宣称享有这样的"特权"。对于我俩来说，这是一个绝好的机会，自从在乔治敦买了吊床之后，我们就一直想尝试一下。我们非常专业地把它们挂在墙上固定的钩子上。可是，体验了数周之后，我们才意识到，我们不过是无可救药的门外汉罢了。我们把它们拴得高了，而且打的结也过于精致复杂，以至于每天早上要花费相当长的时间去解开它们。杰克和蒂姆冷淡地爬上各自的床。

早晨起床后，一眼就能看出昨天夜里我们两对中哪一对睡得更舒服。我和查尔斯发誓说，我俩睡得很沉，在吊床上睡觉是我们的习性。但是，谁都不相信这话是真的，因为我俩谁也没能学会如何斜躺在南美洲这种没有伸缩装置的吊床上。我在夜里耗费了大量的时间，努力让自己沿着吊床纵向躺着，可折腾一宿的结果是，我的脚的位置比头还要高，身体蜷曲得特别厉害。我完全没有办法翻身，感觉整个后背都要断了，早上起来时，我觉得自己的脊椎骨永远也直不起来了。

早餐过后，特迪·梅尔维尔跑进房间，给我们带来了一个消息。他说一大群瓦皮夏纳人正聚集在附近的湖泊，用当地传统的方法捕鱼——在水中"投毒"。这对我们来说是一个好机会，或许他们在捕鱼的过程中能碰到一些让我们非常感兴趣的动物，所以特迪建议我们也过去看看。我们坐上他的卡车，穿过稀树草原。整个旅途非常顺利，几乎没有遇到任何麻烦。虽然路上到处都是蜿蜒曲折的小溪，但绕过它们并不是什么难事；我们能在很远的地方就注意到它们，这是因为溪岸被灌木丛和棕榈树环绕着。除此之外，路上唯一的障碍就是那些低矮的砂纸木灌丛和蚁冢——那些蚁冢犹如高耸的尖塔一般，有时单独矗立，有时一大片密密麻麻地挤在一起，我们驾车驶过时如同穿梭在一座巨大的陵园中。几条在稀树草原上纵横交错，被轧得特别板实的路，把一座座牧场连在一起，可是我们要去的那座湖却与世隔绝；不久特迪就驶离主路，开始在灌木丛和白蚁冢之间穿行颠簸，如今没有现成的路，他只能依赖自己良好的方向感。我们很快就看到了远处地平线上的一排树，那里正是我们此行的目的地。

一到那里，我们就发现湖中有一条用木桩围成的长堤坝。瓦皮夏纳人将他们从数英里之外的卡努库山上收集来的一种特殊藤本植物碾碎，扔进了用木桩围成的堤坝内。堤坝旁围满了渔民，他们手持弓箭，蓄势待发，等那些被有毒汁液毒晕的鱼漂浮到水面上。瓦皮夏纳人紧紧抓住悬在湖边的树枝，他们停留在水中央特制的平台

射鱼

上。一些人站在简易的木筏上，还有一些人则乘着独木舟来回巡视。女人们早就已经在岸边的一块空地上点起了篝火，挂好了吊床，等待着清理和加工男人们捕获的鱼；但是到目前为止，男人们还没有捕到一条鱼，她们等得越来越不耐烦了。她们鄙夷地说道，这群男人实在是太愚蠢了：圈了这么大范围的湖面，可是就从森林里收集了那么一点点有毒的藤本植物，如此低微的毒量对鱼几乎没多大作用。耗费三天时间围筑的堤坝和搭建的平台，算是浪费了。特迪刚到这里便和这群瓦皮夏纳人打成一片，他收集到了所有的信息及一条新闻——一个女人在湖的对岸发现了一个洞，她说这个洞里有个大家伙。她不是很肯定洞里到底是什么，可能是蟒蛇，也有可能是凯门鳄。

凯门鳄与真鳄和短吻鳄是同属于一个类群的爬行动物，在外行人看来这三种动物长得非常像。然而，对杰克来说，它们三者有着巨大的区别，这三种鳄鱼虽然在美洲都有分布，却有着截然不同的生活习性。杰克认为，在鲁普努尼，我们或许能捕获到黑凯门鳄，这是所有凯门鳄中最大的一种，据说可以长到 20 英尺*长。杰克说他更希望洞里能是一条"漂亮的大凯门鳄"，不过话说回来，如果能捕捉到一条相当大的蟒蛇，他也会很高兴。我们登上独木舟，在一位妇女的引导下横渡湖面。

经过调查研究，我们发现这里有两个洞——一个小一点的洞和一个大洞，而且它们相互贯通，因为把棍子插入小洞时，大洞会飞溅出泥浆。我们用木桩在小洞周边设置了一圈围栏。与此同时，为了防止这只未知生物从大洞逃走，也为了让它有足够的空间现身并被我们抓住，我们从岸边砍了一些树苗，把它们塞到湖底的淤泥里，使其在大洞出口处围成一个半圆形的栅栏。到目前为止，我们还没有看到猎物，无论我们怎么戳这个小洞，它就是不出来，所以我们决定挖开大洞周边的草皮，扩大洞的面积。我们慢慢地凿开了隧道的顶部，就在我们继续挖掘时，地下发出一声闷吼，这是任何一种蛇都不可能发出的声音。

---

* 1 英尺等于 30.48 厘米。——编注

当我们小心翼翼地盯着埋在阴暗的隧道里的木栅栏时，我看到了一颗又大又黄、半浸在泥水中的凯门鳄牙齿。这条凯门鳄被我们逼到了绝境，通过牙齿尺寸可以断定它非常大。

挖掘凯门鳄

　　凯门鳄有两个用于进攻的武器。首先，也是最明显的，就是它们巨大的颌骨；其次就是那粗壮有力的尾巴。这其中的任意一个都能对人类造成非常严重的伤害，然而，幸运的是，我们围捕的这条凯门鳄蜷缩在洞里，我们一次只要盯住它的一端就可以了。瞥见它的牙齿后，我知道哪一端是我最想要的了。杰克不停搅动着栅栏里的泥水，试图弄清楚这条凯门鳄是以怎样的姿势蜷缩在洞里，并据此制订出一个最佳逮捕方案。在我看来，如果这只野兽决定快速地爬出来，杰克应该立马跳开，否则他就会失去一条腿。我觉得此时的自己是离危险最近的人，为了能将整个捕捉过程更好地拍摄下来，我站在远离岸边的齐腰深的湖水中，不停地调整着查尔斯脚下独木舟的位置。倘若凯门鳄向杰克猛扑过去，我敢肯定，它一定会撞到我们搭建的简易栅栏。如果真是这样，杰克只要跳到岸边就安全了，而我则不得不蹚过好几码 * 的湖水，才能抵达安全的地方。我从未怀疑过，在如此深的水中，凯门鳄的游速一定比我快。不知怎的——我的紧张表现得比我想象的还要严重——我似乎无法使独木舟保持足够的平稳，以保证查尔斯可以正常地工作；后来，我的一次异常剧烈的拉扯差点把查尔斯和他的摄像机掀进水里，打这之后，他决定和我一起站在水里，这样他的设备被浸湿的危险性会更小一些。

与此同时，特迪从当地人那里借来了一副用生皮制成的套索，紧接着杰克和他跪在岸边，将套索吊在凯门鳄的鼻子前，希望它能朝着我和查尔斯的防线扑过来；如果这样的话，它的头就能被套索牢牢地套住。它咆哮着，剧烈地拍打着隧道的两边，湖岸都因此微微颤动。然而它非常明智，拒绝往前挪动一步。杰克只能挖开更多的湖岸。

这时，我们周围已经聚集了二十多个当地人，他们围观捕捉行

---

* 1码等于91.44厘米。——编注

动，还给我们提了一些建议。不过，我们希望活捉这条凯门鳄且不想伤害它的行为，在他们看来简直不可思议。他们更倾向于用刀当场把它宰杀了。

最终，杰克和特迪用两根带杈的树枝将套索撑开，才套住凯门鳄黑色的吻。显然，这个行为激怒了这只野兽，它不停地扭动和咆哮，挣脱了套索。随后，他俩又尝试了三次，但每次都被它挣脱。现在进入第四回合，杰克用棍子慢慢地把套索朝凯门鳄的头上挪了挪。当这只爬行动物还没有意识到发生了什么时，他猛地拉紧绳索，凯门鳄危险的颌骨总算不会对我们造成威胁了。

现在我们只要当心它巨大的尾巴就可以了。从查尔斯和我站的地方看，情况似乎在往更糟的方向发展，原因是为了安全起见，我们又在凯门鳄的下巴上系了一个套索，这时特迪让一个瓦皮夏纳人将先前搭建的栅栏连根拔起。现在除了湖水之外，我和查尔斯与这条凯门鳄之间没有任何屏障，它长长的头颅伸在洞外，一双黄色的眼睛恶狠狠地盯着我们。杰克立马从岸上跳入水里，刚好落在洞的正前方，手里还拿着一根他刚从树苗上砍下来的长杆。他弯下腰，把杆子推到隧道里，这样杆子就可以沿着爬行动物那布满鳞片的背伸进去。他伸手将杆子绕了半圈，夹在了凯门鳄湿漉漉的腋窝下面，然后把杆子固定住。随后，特迪也跟着他一点一点地把凯门鳄从洞里拉出来，用活结把它的身体和树苗绑在一起。它的后腿、尾巴根，最后是整条尾巴都被牢牢地绑住了，五花大绑的它现在安全地躺在我们脚下，浑浊的泥水拍打着它的嘴。不过，这条凯门鳄只有 10 英尺长。

现在，我们不得不把它弄到对岸去，这样才能将它运上卡车。我们把木杆的前端拴在独木舟尾部，把凯门鳄拖到我们后面，慢慢地把船划到妇女们驻扎的营地。

在杰克的指导下，这群瓦皮夏纳人帮我们把凯门鳄装上卡车。随后，他有条不紊地检查捆绑在鳄鱼身上的一条条绳索，确认每一条都完好无损。由于没有捕到鱼，女人们无所事事，所以都围拢到卡车这边来看我们逮捕的鳄鱼，并试图弄明白究竟为什么会有人如此看重这么危险的动物。

我们驾车穿越稀树草原，返回驻地。查尔斯和我坐在凯门鳄的两旁，我俩的脚离它的领骨只有不到 6 英寸＊的距离。我们相信捆绑它的生皮套索有人们说的那样结实。由于刚出来就捉到了这样令人印象深刻的动物，我和查尔斯都挺高兴的。然而，杰克却表现得不那么明显。

"这个开始，"他说，"不是很糟。"

＊ 1 英寸等于 2.54 厘米。——编注

第二章　蒂尼·麦克特克和食人鱼

我们惊奇地发现，在稀树草原驻扎一个星期，竟然让我们收获了一座规模相当大的"动物园"。我们不仅捕到了大食蚁兽，牛仔们还给我们送来了许多不同种类的动物，就连特迪·梅尔维尔也贡献了几只在他家四处游荡的宠物：一只声音沙哑的金刚鹦鹉罗伯特；两只处于半饲养状态，生活在一群鸡里的喇叭声鹤；还有他喂的卷尾猴奇吉塔，尽管它已经被驯化得非常温顺，然而当我们毫无顾虑地和它玩闹的时候，它还是有从我们口袋里偷东西的恶习。

我们收集的动物在蒂姆精心的照料下，已经逐渐稳定下来，所以我们打算扩大搜索范围，不再局限在莱瑟姆周围的区域，而是向北前往 60 英里外的卡拉南博。卡拉南博是蒂尼·麦克特克的家乡，蒂尼是我们抵达乔治敦的第三天见过的那位牧场主，当时他就邀请我们去他家做客。我们告别蒂姆，登上借来的吉普车出发了。

驱车三个小时，穿越一片灌木丛生、毫无特色的稀树草原后，我们看见远处的地平线上出现了一条林带，它横亘在我们前进的小路上。那里好像没有任何空隙或空地表明有路可以穿过森林，远远望去，这条路变得越来越窄，最终消失在我们的视野中。我们确信前面没路了，然而紧接着道路笔直地切入树林，我们驶入了一条又窄又暗的隧道，其宽度刚好能够容纳我们的吉普车。小径两旁的树干被灌木和藤本植物编织在一起，我们头顶的树枝相互缠绕着，宛如结实而致密的天花板。

突然，阳光洒在我们身上。成排的灌木丛如同它们突然出现一样，又突然地消失了。我们面前就是卡拉南博：一座座用泥砖和茅草搭建的房屋散落在一片开阔的碎石空地上，杧果树、腰果树、番石榴树和柠檬树组成的果园点缀其间。

蒂尼·麦克特克和康妮·麦克特克听到了吉普车的声音，提前出来迎接我们。蒂尼身材高挑，穿着一身油腻的卡其色衬衫和长裤，他之所以穿成这样就出来了，是因为我们的到来中断了他的工作，刚才他正在工作间里加工新的铁箭头。康妮比蒂尼稍矮一些，身着蓝色的牛仔裤和上衣，看起来非常苗条优雅，她热情地和我们打着招呼，邀请我们进屋休息。我们走进一间我从未见到过的神奇房间。整个房间似乎沉浸在自己的世界里，古老原始的元素和现代机械化的元素融合在一起——这正是这个地区的生活的缩影。

"房间"这个词，用在这里或许并不是那么准确，因为它相邻的两边是露天的，四周的围墙也仅有 2 英尺高。其中一堵围墙上架着一个皮质马鞍，墙外一条长长的木栏杆上放置了四台舷外发动机。房间另外两边的木墙后面是卧室。桌子靠在其中的一面墙上，上面摆满了无线电装置，蒂尼用它们与乔治敦和海岸上的城市保持联系，桌子边矗立着一组摆满书的大架子。另一面墙上悬挂了一个大钟，以及各种各样的"凶器"，包括枪支、十字弓、长弓、箭、吹管、鱼线，除此以外还挂着一个具有瓦皮夏纳特色的传统羽毛头饰。我们还在房间的一个角落里看到一堆船桨、一个由美洲印第安人制作的陶罐，罐里盛满了凉水。椅子那边，三张颜色艳丽的大号巴西吊床悬挂在房间的角落里。在房间的中心，立着一张大约3码长的大桌子，它的脚深深地埋在坚硬的泥地里。头顶的一根房梁上挂满了一绺绺橘黄色的玉米穗，几块木板搭在房梁上，构成了天花板，如起伏的波浪一样。我们钦佩地环顾四周。

"这间房没用到一根钉子。"蒂尼骄傲地说道。

"你是什么时候建造它的？"我们问道。

"嗯，世界大战之后我在边境线附近徘徊，当时我希望在西北部找到钻石，就一直不停地打猎，挖掘金子之类值钱的东西；后来我觉得是时候稳定下来了。当时，我已经在鲁普努尼河上游游历了一两次。在那段日子里，我们乘着小船逆急流而上，根据河流的状况，我们有时要花上两周的时间，有时则需要花费一个多月的时间。我认为这是一个不错的国家——你们知道的，这里的人口并不多——所以决定在这里定居。我驾船在河上寻找高地——这样我就可以远离库蠓，也不用为建下水道而犯愁——而且房子离河水要够近，让我可以用船运输货物和生活用品。当然，这栋房子只是一个临时住所。我建造它的时候非常匆忙，当时我正在制订计划、准备材料，来建造一座更为豪华的住宅。我的脑子里已经有了完整的计划，而且材料都已经备好放在外面了，我明天就能动工。但是，不知道为什么，"他避开康妮的眼神，补充道，"我好像从未打算动工。"

康妮哈哈大笑。"他已经这样说了二十五年了，"她说，"想必你们都饿了吧，大家坐下来吃饭吧。"她走到桌子这边招呼我们坐下。桌子四周是五个倒放的橘黄色盒子。

"我得为这些可怕的老古董道歉，"蒂尼说道，"它们远不如我们在战前使用的那些橙色盒子好用。你们看，我们曾经也用过椅子，但是这里的地板非常不平，椅子腿经常被折断。可是盒子就不一样了，它们没有腿可以被折断，不仅经久耐用，而且坐上去非常舒服。"

麦克特克夫妇准备了一桌异常丰盛的晚餐。康妮被誉为圭亚那最好的厨师之一，她端到我们面前的菜实在是太美味了。前菜是眼斑鲷鱼排，蒂尼平日里会从房子下方的鲁普努尼河里捕捉这种极其鲜美的鱼。紧接着是烤鸭，那是蒂尼前几天才射杀的。最后，一道从房屋外面的树上摘下来的水果，为晚宴画上了圆满的句号。然而，这时却飞来了两只争食的小鸟——一只长尾小鹦鹉，还有一只黄黑相间的悬巢哑霸鹟。它们飞到我们的肩膀上索要食物。突如其来的状况一下子把我们给整蒙了，我们不知道下一步该怎么做，只能小心翼翼地从盘子里挑一些小一点的食物喂给它们。可是，那只长尾小鹦鹉却毅然摒弃了这些繁文缛节，直接站到了杰克的盘子边上，自个儿胡吃海喝起来。那只悬巢哑霸鹟则采用了完全不同的战略，它用像针一样细长的喙使劲地啄着查尔斯的下巴，提醒他要承担起自己的"责任"。

不过，康妮立刻阻止了鸟儿的这些无理行为，并将它们轰走，然后把一只浅碟放到了桌子的另一头，在碟里装了一些切碎的食物，让鸟儿在那里自行解决。"这就是破坏规矩和在饭桌上喂宠物的恶果。你的客人被它们闹得很烦。"她说道。

拍摄蒂尼和康妮·麦克特克夫妇

晚餐即将结束时，夜幕也随之降临，储物间里的一群蝙蝠慢慢苏醒，悄然无声地飞过起居室，飞到夜色中，开始捕食蝇虫。这时墙角里发出了一阵窸窸窣窣的声音。"蒂尼，真的，"康妮严肃地说，"我们必须对这些老鼠做些什么。"

"好的，我一定会的！"蒂尼略带痛苦地回应道。他转向我们。"我们曾经有一条大红尾蚺，就在这个通道里，它以前还在的时候，老鼠根本不敢来这里捣乱。但是有一次，这条红尾蚺把我们的一位客人惊到了，康妮命令我把它扔了。看看现在都发生了什么事！"

吃完晚餐后，我们离开餐桌，躺到吊床上开始聊天。那个夜晚，蒂尼给我们说了一个又一个的故事。他告诉我们他早些年在稀树大草原上的一些经历，那时卡拉南博周边还有很多美洲豹，为了保护他的牛群，他不得不花费两个星期的时间去射杀一只美洲豹。他还记得那时有一伙巴西歹徒常常越过边境来这里盗马，后来他只身前往巴西，用手枪拦住了那伙歹徒，缴了他们的枪，烧了他们的房子。我们听得非常入迷。这时，青蛙和蟋蟀开始鸣叫，蝙蝠不断地飞进飞出，还有一只大蟾蜍跳了进来，挂在屋顶上的煤油灯发出的光正好照在它的身上，它像一只猫头鹰似的眨着大眼睛。

"我刚到这儿的时候，"蒂尼说道，"雇用了一个马库西印第安人来帮我工作。我付给他定金之后，才发现他是一个巫师，叫巫医也可以。如果我早知道他的身份，我一定不会雇用他，因为巫医都不是什么好工人。他拿了我的定金之后不久，就和我说，他不能继续为我工作了。我告诉他，如果在做完我为之支付工资的工作量之前擅自离开，我就会暴揍他一顿。很好，他没有让那样的事情发生，或许他也不想丢脸；如果真的发生那样的事，他以后在马库西部落里就不再有任何特权了。我一直将他留到他的工作量足以抵销他预领的工资后，才让他离开。然而，当我这么做以后，他却威胁我说，如果我不支付给他更多的钱，他就会往我身上吹气。他说如果他吹了气，我的眼睛会化成水流出来，然后我会感染痢疾，所有的肠子都会掉出来，紧接着我就会死掉。我说：'你来吧，往我身上吹气吧。'我站着一动不动，让他吹气。他结束的时候，我说：'很好，我虽然不知道马库西人是怎么吹气的，但是我和阿卡瓦伊人一起生活了很多年，接下来我也要往你身上吹气，用阿卡瓦伊人的方式诅咒你。'我鼓起腮帮在他身边跳来跳去，不停地往他身上吹气。我一边吹气一边说，他的嘴将紧紧闭上，不能吃任何东西，与此同时，他的背会不停地往后弯，直到脚后跟和头碰到一起，那时候他就会死！说完以后，我就忘了这个人，再也没有想过诅咒这件事。没过多久，我上山打猎，在山里待了好几天。我一回来，我雇请的那些印第安人的小头头就跑来告诉我：'蒂尼主人，那个男的死了！'我说：'小伙子，每天都有很多人会死，你是想和我说谁死了啊？''你往他身上吹气的那个男人，死了。'他说。'什么时候死的？'我问道。'前天死的。他的嘴就像你说的那样一直闭着，背也一直不停地往后弯，然后他就死了。'

"他是对的。"蒂尼最后总结道，"那个男人死了，就像我说的那样死了。"

然后是一阵长时间的沉默。"但是，蒂尼，"我问道，"故事的内容一定不止这些，这不可能仅仅是巧合。"

　　"是的，"蒂尼回答道，他目光柔和地望着天花板，"我曾经注意到他的脚上有一块小小的溃疡，而且当时我也打听到，他住的那个村子里出现了两例因破伤风感染而死亡的病例。他的死或许与这个有关吧。"

　　与长尾小鹦鹉和悬巢哑霸鹟分享完早餐之后，我们就和蒂尼讨论当天的计划。杰克决定，在捕捉动物前，先把那些装有笼子、水槽、喂食碗等装备的包裹拆开。

　　蒂尼转向我们。"你们怎么安排，小伙子们？对鸟感兴趣吗？"我们点了点头。"很好，那跟我来吧。我也许可以带你们去一个地方，那儿离这儿不远，不过可以让你们见识到一些有意思的鸟。"他故作神秘地说道。

　　我们和蒂尼一起穿越鲁普努尼河边的灌木丛，这是一段对森林知识的学习旅程，接下来的半个小时里，他给我们指出一个枯死的树干上挂着木屑的树洞（一只木蜂的作品）、羚羊留下的痕迹、精致的紫色兰花，以及一伙马库西人在溪水里捕鱼留下的痕迹。然后，他离开了主干道，并提醒我们不要发出声音。林下灌木丛越来越稠密，我们尝试着跟上他那悄无声息的步伐。

这里的灌木上挂满了匍匐的草茎，这些草用鲜绿色的草环把整个灌木丛都覆盖起来，如同一张张垂下的面纱。由于无知和粗心，我试图用手背拨开一些草，但是立刻痛得把手抽了回来。这些匍匐的草都是珍珠茅，草的茎和叶子上长着一排排细小而锋利的刺。我不仅被割破了手，鲜血直流，还发出了一声本不该发出的声响。蒂尼立马转过身，把手指放在嘴唇上。我们跟着他小心翼翼地穿过这些缠结在一起的植被。不久之后，林下灌木丛变得更为茂密，以至于我们不得不钻到茅草丛里，把肚子贴在地面匍匐前进，因为这是最简单也最安静的方式。

他总算停了下来，我们和他并排趴在地上。他小心翼翼地在这些稠密的、距离我们鼻子仅有咫尺之遥的珍珠茅上挖了一个小小的窥视孔，我们通过这个小孔往外观察。眼前是一座宽阔而潮湿的池塘，漂浮在水面上的凤眼蓝将其遮得严严实实，现在正值凤眼蓝花期，所以一眼望过去，整个水面就像一块点缀着精致的淡紫色花纹的亮绿色地毯。

在距我们15码远的地方，凤眼蓝被一大群鹭鸟的边缘给覆盖了，这些鹭鸟从湖心一直延伸到对岸。

"这就是你们想要的，小伙子们。"蒂尼小声地说道，"对你们有帮助吗？"

我和查尔斯不住地点头。

"好了，你们现在不再需要我了，"蒂尼接着说，"我要回去吃早餐了。祝你们好运！"他悄无声息地爬了回去，留下我们两个通过珍珠茅上的小孔继续观察。我们将目光再次投向那群鹭鸟。这是两种不同的鹭鸟组成的鸟群：大白鹭和小一点的雪鹭。我们通过望远镜观察到，它们会在争吵打斗时竖起头顶精致的银丝般的冠羽。一对鹭鸟偶尔也会发生矛盾，它们会径直地跳起来，用喙疯狂袭击对方，又会像突然跳起来一样突然平静下来。

我们还看到湖对岸有几只高大的裸颈鹳屹立在鸟群中，它们比其他鸟高出许多，头顶裸露的黑色皮肤和肿大的鲜红色颈部，让它们在纯白色的鹭鸟中显得特别突兀。数百只鸭子在我们最左侧的浅滩上嬉戏着。它们中的一些有意识地排列成一个特殊的"军阵"，这样每一只鸭子都能精确地承担同样的防御任务，剩下的鸭子则成群结队地漂浮在池塘中觅食。离我们不远的地方，有一只看着像水雉或者雉鸻类的鸟谨慎地走在凤眼蓝的叶子上。它的体重通过它非常细长的脚趾分散在几株植物上，它会像穿着雪鞋的人那样抬起脚往前迈步。

这群鸟中最可爱的当数距我们仅有几码远的四只粉红琵鹭。它们正忙着在浅水中觅食，用鸟喙分筛水里的泥土，寻找着可以食用的小动物；它们身上的羽毛呈现出层次细腻的粉红色，这让它们看上去漂亮极了。可是，几分钟之后它们抬起了头，警惕地环顾四周。就在这时，我们看到它们喙的末端放大成平盘状，看起来非常滑稽，与它们优雅美丽的身体组合在一起，有一种难以言状的怪异感。

我们拿出摄像机，准备记录下这壮观的场景，然而不论我们把摄像机摆到哪儿，面前那棵孤立的小灌木总会遮挡住取景的视角。

我们低声讨论了一会儿，最终决定冒着惊扰鸟群的风险，穿过茂盛的草，往前挪动几码，到灌木下的一块空地上，那儿的面积足够大，正好可以容纳我们两人和摄像机。如果能在不引起鸟儿警觉的情况下抵达那里，我们就可以清楚地、不被遮挡地拍摄到湖上所有的鸟——鸭子、鹭鸟、裸颈鹳和琵鹭。

我们尽可能悄无声息地将"草帘"上的窥视孔扩大成一条缝。我们把摄像机放到前面，然后在草丛中小心翼翼地匍匐前进。查尔斯安全地到达了预先选定的灌木下，而我则紧随其后。为了防止剧烈的动作惊吓到鸟群，我们始终蹑手蹑脚，先是小心地竖起三脚架，再把摄像机架到适当的位置。当我把手搭到查尔斯的胳膊上之前，他几乎把所有的注意力都放在了那群粉红琵鹭上。

"看那边。"我指着湖的左岸低声地说道。浅滩上的一群牛正摇摇晃晃地跑过来。我下意识地认为它们会吓跑粉红琵鹭，我们刚刚才找到拍摄后者的合适位置，可是这群鸟并不在意牛的到来。牛群摇头晃脑地踏着笨重的步伐朝我们走来。走在最前面的那一头是牛群的首领，它停下来，紧接着抬起头嗅了嗅空气中的气味。牛群中其他跟在它后面的牛也停了下来。它有意识地走向我们藏身的小灌木。大约往前走了15码之后，它又停了下来，发出一声低沉的吼声，用蹄子来回扒着地面。从我们趴着的地方望过去，它与英格兰牧场饲养的那些温柔的根西牛完全不同。它再一次发出不耐烦的吼声，甚至向我们挥动它的牛角。我认为我们躺着非常容易受到攻击。它如果冲过来，就会像压路机一样轻易碾过这些灌木。

"如果它冲过来，"我紧张地趴在查尔斯的耳边说道，"它将吓跑那些鸟，你知道的。"

"它还可能毁了我们的摄像机，我们也会被踩得很惨。"查尔斯小声说道。

"我认为现在最聪明的做法就是撤退，你觉得呢？"我盯着前面的牛说道。然而，还没等我说完，查尔斯已经行动了，他扭动着退回我们先前藏身的草丛，然后把摄像机推到了他的前面。

我们安静地坐在灌木丛后，感觉到自己特别傻。我们历尽千辛万苦才来到南美洲——美洲豹、毒蛇和食人鱼的家乡，却被一头奶牛吓得一动都不敢动，听上去真是让人羞愧。我们抽起了烟，不停地尝试说服自己，撤退仅仅是为了设备的安全，更何况谨慎也是勇敢的一部分。

十分钟后，我们打算看看牛群是否还在那里。它们还在，不过并没有在意我们栖身的草丛。查尔斯指了指我们面前的一缕草，在微风的吹拂下，它正朝着远离牛群的方向轻轻地摆动。风向改变了，现在对我们非常有利。风向给了我们足够的勇气，我们再一次爬到小灌木下，支好摄像机。我们在那里趴了两个小时，拍摄了鹭鸟和琵鹭。我们还在拍摄期间欣赏了一段小插曲，并把它录了下来：两只秃鹫在湖边发现了一个鱼头，结果一只雕把它们赶走了；就在它准备享用它们的战利品时，秃鹫开始拼命地反击，它变得焦虑不安，甚至无法安顿下来享用鱼头，最后不得不带着鱼头飞走。

"如果这些鸟儿全部飞起来，这个场面该有多么壮观啊！"我小声地对查尔斯说，"你慢慢地侧身离开小灌木丛；我过一会儿从另一边猛地跳起来，一旦它们飞起来，你就迅速抓拍它们在天空中盘旋的画面。"查尔斯小心翼翼地缓慢挪动着，生怕在这个关键时刻惊扰到这群鸟，随后他爬出灌木丛，抓着摄像机蹲在灌木丛的一边。

"很好，准备行动！"我捏着嗓子尖声对他说道。伴随着一声大喊，我跳出了灌木丛，挥动着我的胳膊。令人意外的是，那群鹭鸟一点反应也没有。我不停地拍着手掌并大声叫喊，它们还是一动不动。这太不正常了。整个早晨我们谨慎地在灌木丛中匍匐前进，连说话都不敢大声，唯恐惊扰到这些据称非常胆小的鸟儿。现在，即使我们喊破喉咙，这些鸟儿也无动于衷，一上午的畏畏缩缩似乎变得毫无意义。我放声大笑，朝湖边跑去。那群离我最近的鸭子终于飞了起来。鹭鸟紧跟其后，白色的鸟群如同巨大的波浪般离开湖面，直冲云霄，它们的叫声在泛起涟漪的水面上久久回荡。

回到卡拉南博时，我们向蒂尼坦承我们对奶牛的恐惧。

"哈哈，"他大笑道，"它们有时候的确会有一点激动，我以前刚见到它们时也是吓得屁滚尿流。"我们突然觉得自己的名声还没有丧失殆尽。

第二天，蒂尼带我们去鲁普努尼河的一段水域。行走在河岸边时，他指着一系列深坑让我们看，只见质地疏松的石灰华般的岩石上满是窟窿。他往其中的一个洞里丢了一块石头，洞底的水池回荡着呼哧呼哧的声音。

"有个家伙在洞里，"蒂尼说道，"这里的每一个洞里几乎都有电鳗。"

不过，我还有一个方法可以检测洞里是否有电鳗。离开英国之前就有人问过我们，能否用录音设备记录这种鱼类释放的电脉冲。其实，测量仪器非常简单——将两条小铜棒固定在一块大约 6 英寸宽的木头上，然后再连接一段可以穿入我们机器的电线。我把这个简单的探测器放入洞中，小耳机里立刻就传出了一连串嘀嘀嗒嗒的声音，这些由于电鳗放电而产生的声音越来越大，频率也越来越高，达到一个峰值后又逐渐减弱。这样的放电方式，被认为是起到了测向装置的作用，因为电鳗的侧线上有一种特殊的敏感器官，使它能够探测到水里固体变化所引起的电位变化，从而解决了在浑浊的河流深处的岩石缝隙中操纵它那 6 英尺长的身体的问题。除了这种轻微的半连续放电方式外，电鳗还可以一次性释放出电压极高的电流，据说这种电击不仅能杀死猎物，而且足以电晕一个成年人。

我们继续往下走，到了蒂尼的小码头，爬上两艘靠舷外发动机驱动的独木舟，朝上游驶去；我们在路上看到一棵栖息着一群悬巢哑霸鹟的大树，树上悬挂着的鸟巢如同一个个巨大的会所。我们将系有旋转的金属鱼饵的鱼线拖在船后，希望可以钓到一些鱼。我的诱饵刚刚放下去就被咬了。我赶忙收起鱼线，钓上来一条长约 12 英寸的银灰色鱼，我开始把鱼钩从它嘴里拿出来。

"小心你的手指。"蒂尼漫不经心地提醒我，"你钓到的就是食人鱼。"

我立马把它丢到了船底。

"不要这样嘛，伙计，"蒂尼有点愤愤不平地说道，他随手抓起船桨把鱼打晕了，"它可能会狠狠地咬你一口。"为了证明他的观点，他捡起那条鱼，把一块竹子塞进了它的嘴里。一排排锋利的三角形牙齿咬住了竹子，像斧头一样干净利落地把它咬断了。

食人鱼

我被这一幕彻底震惊了。"这是真的吗？如果有人掉进一群食人鱼当中，他被拉出来时是不是就只剩一堆白骨了？"我问道。

蒂尼哈哈大笑。"有意思，如果你蠢到在它们咬你的时候还傻乎乎地待在水里，那我觉得食人鱼，也就是我们所称的 perai，可能会把你咬得一团糟。通常情况下，血腥味会让它们变得更加具有攻击性，所以当我身上有伤口时，我不会到河里洗澡。幸运的是，它们不喜欢激流，所以当你从独木舟里出来时迅速搅动周围的水，那你就不用担心，它们通常不会出现在那里。

"当然，"他紧接着说道，"它们很少无缘无故地攻击人类。我记得有一次我和十五个印第安人一起乘坐独木舟。由于一次只能把一只脚踏进船里，我们不得不把另一只脚留在水里。当时除了我之外，所有人都没有穿靴子。我是最后一个上船的人，我坐下来的时候，看到前面那个印第安人流了很多血。我问他出了什么事，他说登船的时候被食人鱼咬了一口。后来我才发现，十五个人里面有十三个人的脚被食人鱼咬下了一小块肉，可是，当时没有人喊出来，也没有人想到要提醒后面登船的同伴。不过，我想这个故事告诉你的更多是关于印第安人的情况，而不是关于食人鱼的情况。"

———

几天后，我们离开卡拉南博，返回莱瑟姆。我们收集到的动物正在一点点地增加，在稀树草原搜寻两周之后，我们飞回了乔治敦，和我们同行的不仅有躺在特制的大木箱里的凯门鳄，还有一只大食蚁兽，一条小蟒蛇，一些淡水龟、卷尾猴、长尾小鹦鹉和金刚鹦鹉。这看起来是个相当不错的开始。

从鲁普努尼返航的查尔斯·拉古斯

第三章　岩画

马扎鲁尼河发源于圭亚那西部的高原，那里紧邻委内瑞拉边境。这条河围着一个大圈流淌了100多英里，其间三次改变河水的流向，才穿过包围它的高大砂岩山脉，随后它在短短的20英里距离内迅速下降1 300英尺，一连串的瀑布和急流形成了一道不可逾越的交通屏障。

以前，走陆路是进入这个盆地的唯一方式，然而几条可行的山道不仅漫长，而且艰险，即使选择最容易的一条，也要在茂密、危险的森林里走上三天，途中还要翻越一座高达3 000英尺的山峰。正因如此，这个地方几乎和圭亚那其他地方隔绝开来。这里居住着大约1 500名美洲印第安人，他们过着世外桃源般的生活，海岸文明对这里毫无影响；直到我们访问的前几年，这种情况才有所改变。

然而，自从飞机被引进这个国家后，情况发生了翻天覆地的变化，水陆两用飞机不仅可以飞越山脉形成的天堑，而且能降落到马扎鲁尼河冲积出来的广袤无垠的盆地中心。外界的突然到访对居住在那儿的阿卡瓦伊和阿雷库纳部落产生了一些深远的影响，为了避免外人可能对他们造成的剥削，圭亚那政府宣布整个地区为印第安人保护区——禁止淘金者及未经允许的旅行者进入该区域。与此同时，政府还任命了一位地区官员，其职责是保障印第安人的福利。

比尔·西格尔担任这个职位，非常幸运的是，我们刚刚抵达这个国家的时候，正好碰上他在乔治敦采购。他一次性采购了六个月的生活物资，其中包括食物、贸易商品、汽油和其他的一些生活必需品，这些物资需要用飞机送到他工作的地方，要知道他来乔治敦的次数真是屈指可数。

他是一个皮肤黝黑、身材高大、体形魁梧的男人，脸上的皱纹很深。他简洁地向我们描述了那里的奇观，以免过多地流露出他对那个地区的热爱和自豪：最新发现的瀑布，大面积未经勘探的森林，阿卡瓦伊奇怪的"哈利路亚"*宗教信仰、蜂鸟、貘和金刚鹦鹉。他估计，当我们结束为期两周的鲁普努尼之旅，返回乔治敦的时候，他的采购任务也将完成，届时我们可以和他一起飞回那个盆地。

所以，回到乔治敦后，我们便兴奋地寻找比尔，想问问他的飞机什么时候可以起飞。后来，我们在一家旅店的酒吧里找到了他，他正忧郁地盯着玻璃杯里的朗姆酒和姜啤。他得到了一个坏消息。

---

* 哈利路亚是希伯来语，意思是"赞美上帝"。——译注

他订购的那批货物将由达科塔运输机运往当地，飞机通常降落在因拜马代盆地东部边缘，那附近有一小块开阔的稀树草原。不过，那里的机场跑道通常只在漫长的旱季提供服务，在雨季就会被淹没，从而无法使用。按理说，4月中旬那里是可以降落飞机的，但是一场突如其来的暴雨将机场变成了一片沼泽。第二天，比尔打算乘坐水陆两用飞机，飞往因拜马代稀树草原附近的马扎鲁尼河，驻扎在当地观察情况，每天通过无线电和乔治敦联系，一旦跑道变干，就让飞机立马从乔治敦起飞，将必需的物资送过去。显然，飞机需要先运送那批物资，如果它们能安全送达，而且机场跑道仍然干燥，那我们就可以跟着最后一趟飞机飞过去。我们心事重重地结束了当晚的聚会，与比尔告别，祝愿他第二天一早飞往因拜马代的航程一切顺利。

我们在乔治敦焦急地等待着，每天都跑到内政部打听跑道的情况。第二天，我们得知当地天气转晴，太阳出来了，而且近期也不会有雨。飞机跑道大概会在四天内变干并投入使用。这四天时间里，我们一直帮蒂姆·维纳尔把从鲁普努尼捕捉到的动物安置到更舒适的笼舍中。农业部将植物园的一个车库租借给我们，笼舍被我们一层一层堆放在墙边，这里很快就成了一座小型动物园。可是，一些像大食蚁兽这样的大型动物无法饲养在车库里；幸运的是，乔治敦动物园及时伸出援助之手，慷慨地为它们提供了临时笼舍。那条凯门鳄则被安置在一个半浸在植物园水渠中的木箱里。

第四天即将结束的时候，我们收到了比尔·西格尔发来的无线电电报，他告诉我们那里一切顺利，运送物资的飞机可以起飞。当天及接下来的一整天里，货物源源不断地被运送到他那里。最后，轮到我们了。

我们告别蒂姆，他不得不继续留在乔治敦，完成他那份不讨人喜欢的工作——照顾在鲁普努尼捕获的动物。我们再次带上所有的装备，登上达科塔飞机。

在热带雨林上空飞行十分无趣。飞机下面的森林如同一片无边无尽的绿色海洋，毫无特色。我们所知道的那些令人兴奋的生物，都隐藏在布满小坑的绿色表面之下；偶尔会有几只小鸟像跃起的鱼儿一样从树冠上掠过。我们偶尔能看到一小块空地，上面零星地散布着几座小茅草屋，像绿色海洋中的一座座小岛。

一个小时之后，我们飞到了帕卡赖马山脉，这是马扎鲁尼山东南部的屏障，飞机下方的景色随即发生变化。森林爬上山脉的侧壁，直到山坡变得异常陡峭，以至于没有树木可以在上面生长，半山腰以上变成了一块块由乳白色岩石组成的裸露崖壁。

我们很快飞过这道巨大的屏障，然而对以前的旅行者来说，它却是一个极难应付的麻烦；年轻的马扎鲁尼河在我们脚下蜿蜒，有些地方的宽度甚至超过 50 码。紧接着，我们在森林的中央看到一小片开阔的稀树草原，仿佛变魔术一般；它的边缘有一间小屋和两个小小的白色身影，我们知道他们是西格尔夫妇。

达科塔盘旋降落。整个着陆过程相当颠簸，这倒不是飞行员的问题，而是因为因拜马代的飞机跑道没有铺设沥青路面；那里只是一片开阔的空地，比尔的美洲印第安人助手们移走了上面较大的鹅卵石，并砍掉了一些显而易见的树木和灌木丛。

西格尔夫妇走过来迎接我们，他俩都光着脚。西格尔夫人身材高挑而轻盈，身着一件羊毛制成的运动服。比尔则穿着卡其色的短裤和一件敞到腰部的衬衫，他刚从河里洗澡回来，头发还是湿的。他见到我们时非常开心，因为和我们一起乘机抵达的是他的最后一批必需物资，他觉得这些物资至少可以让他们安稳地度过这个雨季。他原本预计这批货物至少还要一个月才能开始运输，没想到如今变得这么顺利；我们四周后可以从因拜马代机场返回。

"可是，"他说，"谁也说不准。或许，明天雨水将再度来袭。如果真是这样，"他高兴地补充道，"我们同样可以用水陆两用飞机，以惊人的成本把你们分批送出去。"

我们在因拜马代飞机跑道旁的一间半废弃的小屋里，度过了在这儿的第一晚。第二天早上，比尔认为我们可以去马扎鲁尼河的源头，从那儿沿着它的支流卡洛维昂河进入一片杳无人迹、从未被开发过的区域。我们问他在那里可以看到什么。

"这个嘛，"比尔说道，"从来没有人在那儿居住过，所以应该有很多你们感兴趣的野生动物。那里还有一条风景宜人的瀑布，是我一两年前发现的；此外，还有一些神秘的印第安岩画，几乎没有人见过这些，更不要说能有人了解这些绘画了。你们还可以去看看那些岩画。"

比尔期待着飞机可以运来更多的货物，即使它们没有已经运送过来的那批物资重要。可是，第一批货物预计要两天后才能到达，所以接下来的那天早上，比尔说他和达夫妮可以陪我们开启第一天的旅程。我们五个人登上一条长约 40 英尺、配有舷外发动机的巨大独木舟，比尔经常驾驶它巡视他所管理的区域。六个美洲印第安男人也随我们一起出发。

对我们来说，那真是极其美妙的一天，我们第一次如此近距离地观察森林。我们航行在平静的、近乎透明的棕色河水上，追逐着阳光，独木舟两侧是茂密的森林，如同两堵绿色高墙。长在岸边的紫心木、绿心樟和巨豆檀大约有 150 英尺高。树冠下攀缘植物和藤本植物相互缠绕，织成一块像窗帘般的植物墙，遮住森林内部的情况。在靠近地面的地方，一些更小的灌木贪婪地向外延伸着，获取它们在幽暗的森林深处被剥夺的阳光。这里树叶的颜色并不都是绿色，雨季到来的时候，有些树木会催生出新的嫩芽，这些琥珀红的叶子软绵绵地低垂着，形成一条条竖直的云团，在其余繁茂的植物中特别惹眼。

两小时的航行中，我们遇到了好几处湍急的河段。河流呼啸着越过宽大的岩石，将本来如同琥珀似的棕色河水搅成了奶油一样的白色。我们不得不卸下那些既珍贵又容易受到损害的设备——照相机和摄像器材——通过岸上的小路，把它们送到急流的上游，然后再回来帮助那些印第安人把笨重的独木舟拉过岩石。虽然每个人都累得汗流浃背、气喘吁吁，但是大家非常开心，特别是当有人笨手笨脚没有站稳，失足跌落到一个特别深的巨石缝中时，大伙儿更会

在急流中拖拽独木舟

狂笑不止。后来，我们把独木舟拖到一片平静的水域，那里就是刚刚那些急流的上游地区；我们将从这里开启新的航程。

又航行了一个多小时后，比尔让我们仔细听周围的声音，我们在发动机的噪声里，隐隐约约地听到了一阵从远处传来的轰隆声。

"那是我发现的瀑布。"他说。

十五分钟后，我们乘着独木舟来到一处河湾。瀑布传来的声音越来越大，比尔说瀑布正好围绕这个河湾流动。继续往上游行进，需要费力地从岸边把独木舟拖过瀑布，所以我们决定在这里宿营过夜。可是，比尔和达夫妮不能留下来陪我们，他们不得不返回因拜马代，处理飞机即将运来的那些货物。

他们在离开之前利用美洲印第安人清理营地的时间，带我们沿着河岸去看瀑布。圭亚那的瀑布资源非常丰富。往南几英里的地方，就是 800 英尺高的凯特尔瀑布，所以在圭亚那的瀑布中，比尔那只有 100 多英尺高的瀑布根本排不上号；但是，当我们绕过河湾真正见到它的时候，我们被它的壮美震撼了。一道激荡出无数泡沫，状如镰刀的水幕挂在垂直的崖石上，轰鸣着落入瀑底宽阔、巨大的水池中。我们在水里游泳，攀上瀑布底部坍塌的巨石，爬到瀑布下面潮湿的洞穴，那里面还有一群飞来飞去的雨燕。

迈普里瀑布下的杰克·莱斯特

比尔将他发现的瀑布命名为迈普里——这是貘在当地的名字，他第一次发现这条瀑布时，就在河岸上发现了它们的痕迹。很遗憾，我们没有足够的时间在这里欣赏它的壮美，因为比尔和达夫妮需要赶在天黑之前回到因拜马代，现在他们必须马上踏上返程的路，我们顺着来时的路回到美洲印第安人和独木舟所在的地方。

比尔和达夫妮带着两个印第安人，乘着独木舟向下游驶去，临走的时候和我们承诺，两天之后他们会让一个美洲印第安人驾着独木舟来这里接我们。

不管我们想去森林的哪一个角落，这四个留下的美洲印第安人都会帮我们搬运设备。他们虽然都是阿卡瓦伊人，但是由于常年在比尔那里工作，早已经在一定程度上"欧洲化"了。他们穿着卡其色的短裤和衬衣，说着混杂英语——这是包括美洲印第安人、非洲加勒比人、东印度人和欧洲人在内的圭亚那所有民族都会说也都能理解的一种方言。虽然它以简单的英语句式为基础，但是同世界上其他的混杂语言一样，它也有着自己独特的语法、词汇、简化形式及发音。动词在这种方言中通常被省略，即使使用，也只会在现在时态中出现；如果想要表达复数或者是加强语气，只需要将一个单词简单重复几遍。我们也入乡随俗，和大家说混杂英语，所以与他们交流起来并没有什么障碍。肯尼思是他们中年龄较大的一个，对于有关舷外发动机的错综复杂的问题，他虽然还没有完全弄明白，但是总算知道一点；不过我们在观察中发现，他处理故障的方法简单粗暴，不管发动机发生什么故障，他都是拔下塞子把它们吹干净。

他的第一"副官"名叫乔治王，长得非常结实，但总是摆出一副凶神恶煞的表情。我们从比尔那里听说，他是一个远离马扎鲁尼河流域的村子的首领，所以给自己取了这样一个听上去像"皇室头衔"的名字。他们希望他能把名字改成乔治·金，虽然做了很多思想工作，但都被他坚决地拒绝了。

我们欣赏瀑布的时候，这四个阿卡瓦伊人已经在灌木丛中清理出一块 15 码见方的空地，用从森林里砍伐的小树苗搭建成小屋框架，并在上面铺了一层帆布，防止突如其来的暴雨淋湿大家。我们把吊床挂起来。篝火已经点燃，河水已经煮沸。就在这时，肯尼思握着一杆枪朝我们走来，问我们晚饭想吃哪种鸟。我们说小拟鹑——一种大小和山鹑差不多的不会飞的小型鸟类，不过感觉吃起来味道应该很不错。

"好的，先生。"肯尼思自信地回答道，随后消失在森林里。

一个小时后，正如他承诺的那样，他带回一只又大又肥的小拟鹑。我问他是怎么找到我们想要的这种鸟的。他说所有美洲印第安人在打猎时，都会模仿鸟儿的叫声。我们说想吃小拟鹑，所以他进入森林之后，一边小心谨慎地寻找着，一边模仿小拟鹑那种低沉的、长哨般的叫声。大约三十分钟后，一只小拟鹑出现了。他继续叫着，慢慢地匍匐着接近它，最后射杀了它。

晚餐之后，我们爬上吊床，准备度过在森林里的第一夜。在稀树大草原的那两周，我们学会了在吊床上睡觉的技巧，不过那里的晚上和白天一样闷热；可是马扎鲁尼盆地却大不一样，虽然白天气温非常高，但是到了晚上却异常寒冷。那一晚的经历让我知道，在吊床上睡觉盖的毯子，至少得是平时在床上睡觉的两倍，这是因为睡在吊床上，必须牢牢裹住自己的前胸和后背，这样就相当于把一条毯子当成两条来用。那里实在是太冷了，以至于一个小时后我不得不从吊床上爬起来，把我带来的所有衣服都盖在身上；即便这样，那一晚我还是被冻得够呛。

虽然天还没亮我就被冻醒了，但是当太阳升起来的时候，我就得到了丰厚的奖赏，那就是在河岸上久久回荡的金刚鹦鹉和长尾小鹦鹉的叫声，以及蜂鸟取食垂挂在河边的蔓生植物花朵的画面。这是一种小小的、如宝石般的生物，比核桃大不了多少，在空中颠簸地飞行。当它决定吸食一朵花时，它就会悬停在这朵花的前面，吐出长长的、如丝线一样的舌头，从花的深处啜饮花蜜。吸完以后，它会通过快速地扇动翅膀在空中慢慢地倒飞，然后继续物色下一朵盛开的花。

早餐之后，乔治王说比尔·西格尔提到的那些岩画就在森林里，从这里步行过去需要两个小时。我们问他能不能把我们带到那里。他说虽然他只去过一次，但是他可以保证再一次找到这些岩画。他带领着我们进入丛林，其他阿卡瓦伊人则帮我们搬运设备。乔治王毫不迟疑地走在最前面，不是在树上刻符号，就是把小树苗的顶端掰折，留下一些标记，这样我们就不会找不到回来的路。这里是高海拔的热带雨林，树可以长到 200 英尺高。雨林中绝大多数的树上都覆盖着植物，不过这些植物有一个非常奇怪的特性，那就是不长在泥土里，而是长出长长的气生根，在潮湿的空气中吸收营养物质。我们偶尔也能见到地上有一片从高处落下的黄花，它们为阴暗的森林编织了一块彩色地毯。我们抬头仰望，希望能找到这些花的来源，但是这些树长得实在太高了，如果不是因为这些落花，我们可能永远也不知道它们中的哪一棵曾经开过花。

大树的树干之间，小树苗和蔓生植物缠绕在一起，我们不得不用刀为自己开辟一条通道。我们在这里从未见到大型动物，却知道有无数的小生物环绕着我们，因为周围充满蛙类、蟋蟀及其他昆虫的鸣叫声。

经过两个小时的艰难跋涉，我和查尔斯感到筋疲力尽。这里闷热潮湿的环境让我们不仅汗流浃背，还饥渴难耐。从离开河边到现在，我们还没看到任何可以喝的水。

没过一会儿，我们一直在找寻的悬崖突然出现在面前。它高约几百英尺，笔直地向上穿过森林的树冠层，它带给我们的阴凉，让我们有一种置身于夏日傍晚的感觉。岩石和树枝之间留有缝隙，阳光从中穿过，斜射在悬崖白色的石英石上，照亮了覆盖在岩石上的那些红黑相间的岩画。这样的画面是如此令人印象深刻，如此让人震惊，以至于我们忘却了疲惫，激动地跑到了悬崖脚下。

这些宽约四五十码、高约三四十英尺的岩画沿着崖壁底部展开，虽然制作得非常粗糙，但是其中大多数准确地呈现了作者想要表现的动物。岩画描绘了好几组鸟的形象，可能是肯尼思前一天晚上为我们捕获的小拟鸫，还有一些难以识别的四足动物。在我们看来有一种是犰狳，但是如果把犰狳的脑袋看作尾巴，这个图案也可以被认为是一只大食蚁兽。除此之外，还有一只倒挂着的、四脚朝天的动物。起初，我们认为这是一只死去的野兽，但是后来我们发现它的前肢上只有两个脚趾，后肢有三个脚趾，正好与二趾树懒相符。除此之外，一条粗粗的红线让我们更加坚定自己的猜测，这显然是树懒倒挂时抱着的树枝；但是，这样的画面可能给这位不知名的艺术家带来了诸多绘画技巧方面的困难，因此他在画画时把树懒和树枝分开，这样才能让他的意图更为清楚。在这些动物之间还有非常显眼的符号——正方形、锯齿形和一些菱形线，至于这些符号表达了什么意思，我们就真的猜不到了。

不过，最感人、最能唤起大家共鸣的，是分布在动物和符号之间的数百个手掌印。在悬崖高处，这些掌印六个或八个组成一组，然而在靠近崖壁底端的地方，掌印的数量非常多了，它们一个叠一个，不断累积，最终形成一块像是被红色油漆涂满的画布。我用自己的手比对了其中一些掌印，发现它们都比我的手要小。乔治王在我的要求下也做了一番比较，他的手和这些掌印差不多一样大。

我问乔治王，他能否告诉我们这些图案代表着什么。尽管他愿意为我们所指的每一种动物提出几点不成熟的建议，但是他的鉴定结果显然和我们的一样具有不确定性。如果我们说出一些不同的看法，他也不会反驳，而是哈哈大笑，说他不知道；但是对于一个图形，我们的想法是一致的。"那是什么？"我指着一个明显是男人的画面问他。乔治王几乎笑到抽筋。

悬崖上的手印

"他在运动。"他咧嘴笑着说。

乔治王一直强调说，他知道这些画的意义和起源。"这些画很久很久以前就被创作了，"他娓娓道来，"但不是阿卡瓦伊人画的。"我们后来发现了它们年代久远的证据：崖壁上有很多地方的岩石已经剥落了，岩石上的绘画也就因此消失了；崖壁上留下的伤疤看上去有一些年头，而且已经风化到和悬崖其他部分一样的程度，形成这样的效果肯定需要很多年的时间。

不管他们的目的是什么，它一定非常重要，因为要把图案绘制在如此高的悬崖上，艺术家一定是要努力建造特殊的梯子。或许，

壁画中的动物可能是树懒和大食蚁兽

这些岩画是某种与狩猎相关的祭祀仪式的一部分，人们将他们期望的动物画在悬崖上，然后按上自己的手印，作为一种身份的登记。然而，出现在画面中的众多生物里，只有一只鸟可以确定是死的，除此之外，没有一只动物看上去像是受伤了，就像在法国发现的旧石器时期洞穴里的岩画一样。我和查尔斯花了一个小时，把这些岩画全部记录下来，为了拍摄到更高处的图案，我们还用树枝搭建了一架简易的梯子。

我早已经口干舌燥了，当我最后一次从梯子上下来的时候，我发现有水从悬垂的崖顶滴下来，落到一块覆盖着厚厚的苔藓的巨石上。我赶紧跑到那里抠下一块苔藓，挤出其中含有沙砾的深棕色水，用它们润了润我的嘴唇。乔治王见状消失在左边的峭壁之间，五分钟后，他回来告诉我们，他找到了水源。我跟着他爬上散布在悬崖底部的巨石。在岩画左边大约100码的地方，一条大裂缝沿着崖壁往下延伸。这条裂缝在接近地面时变得又宽又深，最后形成一个小洞穴，洞穴的底部是一个深黑色的水池。一股强有力的溪流从洞穴后面冲入池塘，但是见不到有水从这个池子里流出来。这是一幅相当惊人的画面——激流从岩石中喷涌而出，倾泻到一个深不见底且

悬崖底部的泉水

永远不会溢出的池子里——有那么一瞬间，我完全忘记了口渴这回事。对于原始人来说，这样一个水池无疑可以赋予悬崖许多神秘的色彩。我记得在古希腊就有一个这样的山洞，人们为了安抚众神，把祭祀品扔进水中。我把手伸到水里，希望能摸到一块石斧，但是水池非常深，我只能摸到一些较浅地方的池底，那里只有沙砾。我用一根棍子测了测水的深度，发现它至少有 5 英尺深。

喝完水，我们回到悬崖那里，告诉查尔斯我们的发现。我们坐下来，推测这些画可能的含义，以及那个洞穴是否与它们有什么联系。这时太阳已经落到了悬崖另一侧，岩画也失去了那舞台剧般的照明。如果我们想赶在天黑前回到露营地，那我们现在必须马上动身返回。

第四章　树懒和蛇

　　我们在森林里闲逛了很长时间，却没有看到多少东西，所以我们决定雇用两个在营地工作的阿卡瓦伊人，请他们陪同我们去森林里探险，以便增加我们有限的学识和经历。他们的眼神比我们的更加犀利，能够辨识出更多的小动物；他们对这里的森林也非常熟悉，可以带着我们找到那些有可能吸引蜂鸟的开花的树，还可以找到长着成熟果实的树，或许会有成群结队的鹦鹉或猴子去那里觅食。

　　不过，我们获取的第一个重要成果是由杰克"创造"的。我们穿梭在离机场不远的森林里，在带刺的蔓生植物里寻找着前进的路。我们停在一棵大树下，那是迄今为止我们见到的最大的树。我们头顶的树枝上，挂着一层厚厚的、扭曲的藤蔓，它们一动不动。如果能将这些藤蔓多年的生长过程浓缩到一部时长为几分钟的影片中，我们就能看到它们不停地扭曲、盘绕，死死地将自己和它们攀缘的树干勒在一起。杰克一直盯着这团乱麻看。

"是不是有什么东西挂在那里，还是说我眼花？"他轻轻地说道。

我什么也没有看到。杰克又更仔细地解释一遍，告诉我应该往哪儿看，最后我终于发现他指的那个地方——一个圆团状的灰色东西悬挂在藤蔓上。那是一只树懒！

树懒不擅长快速移动，换句话说，这种动物不可能在几秒之内就从森林顶部消失。我们有足够的时间来商量由谁去把它捉下来。查尔斯要记录捕捉的过程，杰克最近因为一次意外把肋骨摔伤了，他的伤势决定了他不能从事任何高强度的工作，所以，我是唯一一

在森林里进行拍摄的查尔斯·拉古斯

个能爬上去把这种神秘生物带下来的人。

爬上去并不是很难，那些悬垂的藤蔓提供了大量可以攀缘的空间。树懒见我靠近，逐渐变得狂躁，开始拽着它的藤蔓一点一点往上爬。它移动得实在是太慢，我不费吹灰之力就能赶上。在距离地面大约 40 英尺的地方，我追上了它。

这只倒垂在藤蔓上的树懒死死地盯着我，它的体型和一条大型牧羊犬差不多，毛茸茸的脸上流露出一种无法言喻的感伤。它缓慢地张开嘴，露出黑色的、没有釉质的牙齿，尽其所能发出最大的声音来恐吓我，不过那声音就像微弱的支气管喘息声。我伸出手准备捉住它，作为回应，这个家伙向我挥舞它的前肢，不过动作缓慢而笨拙。我往后轻轻一退，它温和地眨眨眼，好像惊讶于没有用爪子钩住我。

它的两次主动防御均以失败告终，它开始改变策略，紧紧抓住藤蔓。我的处境也不是那么稳定，所以让它松开紧握的爪子并不是一件容易的事。我一手抓住藤蔓，一手抓住这只树懒。我撬开它一只脚上弯月形的爪子，正准备撬另一只脚的时候，树懒非常明智也非常谨慎地把松动的脚放回了原处。我根本没有办法同时抓住它的几条腿。我尝试了五分钟，杰克和查尔斯在下面大声地喊叫着，那些粗鄙的建议没有丝毫实质性的作用。显然，如果只采用这种单手战略，这场战争会一直持续下去。

突然，我想到一个好主意：可以利用我面前悬挂的这些细长而呈波浪状的、被阿卡瓦伊人亲切地称为"奶奶的脊梁"的藤本植物。我对着下面的杰克大喊，让他把靠近地面的藤蔓砍断。紧接着我将砍断的一端拉上来，挂在树懒旁边，然后我再次尝试松开它的每条腿。这个家伙铁了心要抓住任何触手可及的东西，所以我就一点一点地把它转移到这根小藤蔓上。我轻轻地把藤蔓放下去，紧紧挂在它的末端的树懒笔直地落到杰克的怀里。我紧随其后爬了下去。

"很漂亮，是不是？"我说，"它和我在伦敦动物园看到的那一只不是一个物种。"

"是的，不是同一种，"杰克略带悲伤地回应道，"伦敦的那一只是二趾树懒。它在伦敦动物园已经生活了好几年，只要喂它一些苹果、生菜、胡萝卜，它就能吃得很开心。这一只是三趾树懒。你没在动物园见到它的原因很简单——它只吃一种叫号角树的植物，虽然这里有大量号角树，伦敦却是一棵都没有。"

我们知道我们最终不得不放了它，不过放归之前我们决定饲养它一段时间，这样就可以观察和拍摄它的生活状态。我们把它带回营地，放到一棵紧邻房屋、独立生长的杧果树下。离开树枝的帮助，树懒可谓是寸步难行。它修长的四肢向外撇，如果把它和杧果树的树枝分开，它只能费劲地弓着身体前行，一般跑不了几码。这个家伙一到那儿就优雅地爬上树干，心满意足地倒挂在一根树枝上。

它身体的每一个特征似乎都在某种程度上进行了调整，以适应它倒挂的生理特性。蓬松的灰色毛发并不是从它的背部长出，垂向腹部，而是从腹部长出来，一直延伸到它的脊梁，这和其他正常的生物完全不同；它的脚被彻底地改造成悬挂的"工具"，以至于看不出脚掌的一点痕迹，钩状爪子好像是从毛茸茸的四肢中直接伸出来似的。

树懒倒挂在树上的时候需要非常广阔的视野，所以这种生物的脖子非常长，差不多可以旋转360度。生物学家们对树懒颈椎骨的数量特别感兴趣，因为世界上几乎所有的脊椎动物，无论是小到一只老鼠，还是大到一只长颈鹿，它们的颈椎都是由七块骨头组成，但是三趾树懒有九块颈椎骨。人们很容易得出这样的结论：这也是对颠倒生活的一种特殊适应。不过，对持有这种理论的人来说，有个不幸的事实，那就是有着同样生活习性的二趾树懒却只有六块颈椎骨——比绝大多数脊椎动物还要少一块。

第三天，我们注意到那只树懒一直在努力向前伸展，舔舐自己臀部上的一个东西。我们感到非常奇怪，走近仔细观察；出乎所有人意料的是，它正在爱抚自己的宝宝。小家伙还是湿的，应该是刚刚出生没几分钟。

树懒的皮毛通常被认为可以支持微小植物的生长，所以让这种生物染上一种棕绿色调，这对它的伪装有相当大的帮助。然而，这只树懒宝宝的出生却推翻了这个理论。显然，这只年幼的树懒并没有足够的时间在它的毛皮外衣里建设自己的"花园"，但是它有着和树懒妈妈一样的颜色。事实上，当它身体干了以后依偎在树懒妈妈蓬松的皮毛中时，我们很难发现它的存在，只能偶尔瞥见它沿着妈妈巨大的身体，摸索到后者腋下吮吸乳头。

三趾树懒和它的宝宝

　　我们用两天时间观察这对树懒母子，发现树懒妈妈会非常温柔地舔舐它的宝宝，有时还会将一条腿和树枝分开，用来支撑它的宝宝。这次生育似乎"偷走"了它所有的食欲，从那之后它再也没有吃过我们从它以前栖息的树上采摘的树叶。我们最后决定，与其让它继续挨饿，不如把它们放归森林。我们把它挂在森林里的藤蔓上，树懒宝宝越过它的肩膀盯着我们，而树懒妈妈则开始往上爬。

　　一个小时后，我们回到放归的地点，想确认一下这对母子是否一切安好，可是树懒妈妈和宝宝已经不见踪影了。

　　放归那对树懒后不久，西格尔夫妇不得不再次离开，因为他们的独木舟上已经堆满货物。因拜马代机场的跑道上直到现在还滞留着大量生活物资，所以肯尼思第二天也要驾着独木舟返航，帮忙运送这些物资。杰克打算在营地里多停留几天，收集一些周围的动物。不过，我们的一部分拍摄计划是记录美洲印第安人的村庄生活，所以比尔建议趁着这几天发动机燃料还算充足，我和查尔斯跟着肯尼思到上游河岸边的一个村庄，在那里住上几天。

"我要先去一趟瓦拉米普村，"比尔说，"它离卡科河不远，是一个马扎鲁尼人部落。村民中有一个年轻能干的小伙子，叫克拉伦斯，他曾经在这里为我工作过一段时间，可以说一口流利的英语。"

"克拉伦斯？"我问道，"这对阿卡瓦伊人来说是一个特别怪异的名字。"

"是的，印第安人曾经非常信奉'哈利路亚'，这是 19 世纪早期从圭亚那南方开始兴起的一种奇怪的基督教；然而，随着基督复临安息日会＊传教士的到来，他们改变了瓦拉米普村民的信仰，并在这个转变过程中重新给他们起了这些欧洲化的名字。

"当然，"他补充道，"以前的名字仍在他们中间使用，但是我不认为你能找到一个愿意告诉你他以前名字的阿卡瓦伊人。"他哈哈大笑。"他们似乎有一种能力，可以轻易地将以前的信仰与传教士传授的新信仰联合起来。当他们觉得哪种信仰更适合他们时，他们就会从一种切换到另一种。

＊ 基督复临安息日会是一个世界性的宣教教会，遵守星期六为安息日。——译注

"举例来说，安息日会的传教士劝诫他们不要吃兔子。当然这里也没有兔子，但是这里有一种和兔子非常像的大型啮齿类动物——拉巴。很不幸，这种啮齿动物的肉是印第安人最喜欢的食物之一，禁止食用拉巴对他们来说是一个巨大的打击。这里曾经流传着这样一个故事，有一个传教士偶遇他教化的一个印第安信徒，后者正在火上烤拉巴。他告诉印第安人这是多么罪恶。

　　"'但是这不是拉巴啊，'那个印第安人说道，'这是一条鱼。''哪有鱼长这样大的两颗门牙，'传教士愤怒地回应道，'你别在这里胡说八道。''不，先生！'印第安人说，'您还记得吗？您第一次来到我们村庄时，说我的印第安名字不是一个好名字，然后把圣水洒到我的身上，紧接着告诉我，我现在的名字是约翰。嗯，先生，我今天走在森林里，发现一只拉巴并射中了它，在它死之前，我也往它身上洒了一些水，告诉它："拉巴不是一个好名字，你现在的名字是鱼。"所以，先生，我现在吃的是一条鱼。'"

　　第二天一早，我们和肯尼思、乔治王一起踏上前往瓦拉米普村的路。今天舷外发动机的工作状态特别好，不到两个小时我们就抵达卡科河口。在卡科河上行驶十五分钟后，我们看见一条沿着河岸延伸到森林的小道。它的尽头是一片泥泞不堪的土地，上面停着一些独木舟。我们关闭发动机，跳上河岸，顺着小路往村庄走去。

有八座长方形的人字脊茅屋散落在沙地周围，每一座都由短木桩支撑着。这些茅屋的墙和地面是由树皮砌成的，屋顶则覆盖着棕榈叶。女人们站在茅屋的门前盯着我们看，她们有的穿着棉质连衣裙，有的则只在腰间围着一圈用珠子穿成的传统服饰。一群骨瘦如柴的鸡不停地进出茅屋，一群癞皮狗跟在它们后面，我们走路时，脚边还有几只窜来窜去的小蜥蜴。

肯尼思带我们去拜访一位和蔼的长者，当我们见到他时，他正坐在自家门口的台阶上晒着太阳。他赤裸着上身，穿着一条破烂的、满是补丁的短裤，不仔细看的话，很难看出这条短裤曾经是卡其色。

"他是这儿的首领。"肯尼思说，然后向他介绍我们。首领说的不是英语，借助肯尼思的翻译，他表示欢迎我们的到来，建议我们住在村子尽头那间荒废的茅屋里，当年传教士来这里传教时，那儿曾经被当作教堂。与此同时，乔治王找来村子里的几个男孩，他们帮他把我们所有的设备从船上搬到教堂边。

随后，我们跟着肯尼思和乔治王回到河边。肯尼思跟舷外发动机较着劲。发动机终于启动了，独木舟从河岸滑入水中。"我一周后回来。"肯尼思在发动机的轰鸣声中大声地喊道，旋即消失在下游。

那一天的大部分时间，都被我们花在拆行李和在茅屋外搭建小厨房上。我们在村子里闲逛，尽量不过早地暴露自己的好奇心，我们觉得在大家还不熟悉的时候，就开始窥视他们的茅屋和给他们拍照，似乎很不礼貌。很快，我们在村子里找到了克拉伦斯，他是一个二十多岁的非常热情的小伙子，当时正坐在吊床里忙碌地编着精致的篮子。他真诚而友善地欢迎我们，但也清楚地表明他这会儿特别忙，没时间和我们聊天。

傍晚时分，我们返回教堂，商量着晚餐应该吃一些什么。

这时，克拉伦斯突然出现在门口。

"晚上好。"他满脸笑容地打着招呼。

"晚上好。"我们回应道，我们事先已经告诫自己，这只不过是普通的晚间问候而已。

"我给你们送一些东西来。"他说完就把手里的三只大菠萝放到地上。然后他找了个舒服的姿势在门口坐下来，背靠在门柱上。

"你们从很远的地方来吗？"

我们说是的。

"你们为什么来这里啊？"

"我们那里与这里远隔重洋，对生活在马扎鲁尼的阿卡瓦伊人一无所知。我们带来所有的机器，打算记录这里的图像和声音，这样就能给我们那里的人展示你们如何制作木薯面包，怎么做树皮独木舟，以及你们平时的生活。"

克拉伦斯看起来有点难以置信。

"你们觉得那些生活在遥远地方的人，会看这些东西吗？"

"是的，他们非常期待。"

"哦。如果你们真的想看的话，这里的人们会给你们展示的，"克拉伦斯说道，不过仍然带着一丝怀疑，"但是，你们能给我展示一下你们带来的东西吗？"

查尔斯拿出摄像机，克拉伦斯高兴地看了看取景器。我则向他展示录音设备。这次展示相当成功。

"这些东西太棒了。"克拉伦斯说，他的眼里洋溢着热情。

"我们来到这里，还有另外一件事，"我说，"我们想收集一些动物：鸟啊，蛇啊，不管哪种动物都行。"

"我知道，"克拉伦斯笑道，"乔治王说你们还有一个朋友待在下游的卡马朗村，他会抓蛇，而且一点都不害怕。快和我说说，乔治王说的是真的吗？"

"是真的啊，"我说，"我那朋友能抓所有动物。"

"你也能抓蛇吗？"克拉伦斯询问道。

"那是，当然。"我谦虚地回应，唯恐让这个可以自我吹嘘的机会溜走。

克拉伦斯一直揪着这个问题不放。

"即使是能把人咬成重伤的那种吗？"

"呃——是的。"我回答得相当不自信，希望可以跳过这个让人纠结的问题。其实，我们在探险中不论遇到哪种蛇，作为伦敦动物园爬行动物主管的杰克，总是那个负责抓蛇的人。我在这方面的经验非常有限，我只在非洲捉过一条很小、很温顺的无毒蟒蛇。

随后，我们的对话陷入一段长时间的沉默。

"那好吧，晚安。"克拉伦斯高兴地说完就离开了。

我和查尔斯开始吃我们的晚餐——沙丁鱼罐头配上克拉伦斯带来的一只菠萝。夜幕降临后，我们爬上吊床准备睡觉。

一声响亮的"晚上好！"把我们惊醒。我起身往外看，发现克拉伦斯和所有的村民都站在茅屋门口。

"你快和他们说说你刚刚和我说的东西。"克拉伦斯要求道。

我们爬起来复述我们的故事，在摄像机取景器中展示煤油灯微弱的灯光，并播放录音机。

"我们唱歌吧。"克拉伦斯说着，组织村民排成一排。他们唱了一首长长的圣歌，刚刚愉快的氛围一下消失殆尽，我确定我在这首歌里听到"哈利路亚"这个词。我记得比尔说过的事。

"为什么你们唱'哈利路亚'圣歌？我以为这个村庄信奉的是基督复临。"

"我们都是基督复临安息日会的信徒，"克拉伦斯愉快地解释道，"所以有时候我们会唱基督复临圣歌，但是当我们真正高兴的时候，"他故意把身子往前倾了倾，然后小声地说道，"我们会唱'哈利路亚'。"说完他又立马活跃起来。"既然这样，那我们现在唱基督复临圣歌，因为这是你要求的哟。"

我录下他们唱的圣歌，等唱完后再用小喇叭把录音回放给村民们听。他们完全被吸引住了，克拉伦斯坚持让每个村民都来一段单人表演。一些人用喉音唱圣歌，一个人用鹿的胫骨制成的笛子演奏了一首简单的曲子。这场冗长的"演唱会"让我们感到略微尴尬，因为我们带的磁带并不多，而且我们的机器体积小、重量轻，用电池供电，也没有配置清除功能。如果我录下所有的歌曲，这场略显乏味的聚会将会浪费掉所有宝贵的磁带，我遇到真正好的素材时就会陷入没有磁带可用的境地。因此，我试图用最少的磁带录下每个人的一小段演出，好让每位歌手都相信他得到了公正的对待。

大约一个半小时之后，这场"音乐会"结束了。村民们围坐在茅屋周围，用阿卡瓦伊语聊天，抚摸着我们的设备和衣服，有说有笑。我们根本无法融入他们的聊天，克拉伦斯这会儿正站在屋外，和一个男人热烈地讨论着。我们被彻底忽略了，只能坐在那儿思考怎么做才算有礼貌，我们最坏的打算是大不了晚上不睡了。

克拉伦斯把头伸进门里。

"晚安。"他眉开眼笑地对我们说道。

"晚安。"我们回应道，二十位客人一声不吭地站起来，成群结队地消失在夜幕中。

———

妇女们的主要工作是制作一种薄而扁平的木薯面包，她们将这些面包晾在房顶或者特殊的架子上，让它们在阳光下慢慢晒干。木薯种植在村庄和河流之间的小块空地上。我们拍摄了这些妇女挖出高大的植物并从根部摘取富含淀粉的块茎的过程。她们用一块布满锋利碎石片的木板剥去木薯皮并磨碎它们。木薯汁液中含有一种致命的毒素——氢氰酸，为了除去这种毒素，妇女会把湿漉漉的、磨碎的木薯放进一只木薯去汁篓——这是一只长约 6 英尺、像管子一样的编织篓，一端是封闭的，顶部和底部都有环。当木薯去汁篓装满的时候，

从磨碎的木薯中挤压出有毒汁液

她把它挂在茅屋突出的横梁上。一根杆子穿过底部的环，系在一根拴在小屋柱子上的绳子上。随后，她坐在杆子伸出的部分，原本盛满碎木薯的又短又粗的篓子，这时被拉得又细又长。通过这样的操作可以挤压篓子里的木薯，使有毒的汁液慢慢地从篓子底部流出。

　　晒干的木薯粉还需要过筛烘烤。有些妇女用的是扁平的石头；而有些妇女用的是铸铁板，这与威尔士和苏格兰制作烤饼时使用的厨具一模一样。随后，她们把那些两面都烘烤过的扁平的木薯面包放到外面晾晒。

　　克拉伦斯匆忙跑进小屋时，我们正在观察制作过程。

"快点，快点，大卫＊！"他一边喊着，一边用力地挥舞着胳膊，"我发现你想找的东西了。"

我跟着他跑到他家茅屋附近灌木丛里的一根原木前。在它的旁边，有一条大约18英寸长的小黑蛇正在缓慢地吞食一条蜥蜴。

"快点，快点，你快抓住它们。"克拉伦斯极其兴奋地叫喊着。

"好的……不过，我想我们应该先记录这个场景。"我说着，试图拖延时间，"查尔斯，快过来。"

这条蛇继续享用它的美食，丝毫不受周围环境的影响。蜥蜴的头和肩膀已经消失，我们只能从蛇嘴的边缘看到一点点紧贴在它身体上的前脚趾。蛇的腰围大约只有蜥蜴的三分之一，为了容纳这顿大餐，它已经松开下颌上的骨头。尽管这样，它那黑色的小眼睛还是快要从它的头上爆出来了。

"好的，"克拉伦斯向全世界大声宣告，"大卫要去抓那条黑色的毒蛇。"

"它非常毒吗？"我紧张地问克拉伦斯。

"我不知道啊，"他轻松地回复道，"但是，我觉得它非常毒。"

与此同时，查尔斯已经开始录像。他俯视着摄像机。"其实我很乐意帮你，"他幸灾乐祸地说道，"但是我必须录下你如此英勇顽强的画面，这实在是难得一见。"

这时蛇已经吞到蜥蜴的后腿。它吃东西的速度并没有它缠绕猎

＊ 原文为Dayveed。阿卡瓦伊人发音不是很规范，比如会将thing拼成t'ing。对于类似的由于发音而出现的拼写问题，不再另行标注。——译注

物那么迅速，由于蜥蜴相对于地面来说一动不动，所以蛇可以慢慢地吞向受害者的尾巴。为了吞食猎物，它会先把自己的身体扭曲成锯齿形，然后再笔直地伸展开，就像我们给睡裤穿松紧带一样。

村里大多数的村民都聚集过来，围成一圈，大家非常期待。最终，蜥蜴尾巴上的最后一点尾尖消失了，那条严重膨胀的小蛇开始艰难地往外爬。

这时我已经没有任何拖延的理由。我拿起一根分叉的棍子叉在蛇的脖子上，将这个爬行动物固定在地上。

"快，查尔斯，"我说道，"除非你有收容袋，否则我什么都做不了。"

"这里有一只。"查尔斯兴高采烈地回应着，从他的口袋里掏出一只小小的棉布袋。他打开袋子。我强忍着巨大的不适，用拇指和食指捏住蛇的脖子，把这个不断蠕动的家伙拎起来，扔进袋子里。我如释重负地松了一口气，然后尽可能淡定地走回我们的小屋。

克拉伦斯和其他围观者小跑着跟在我后面。

"我们有时能发现非常大的巨蝮蛇，你给我们展示一下怎么抓住它吧？"他热情高涨，喋喋不休。

一个礼拜后，我向杰克展示我的成果。

"无毒。"他毫无兴趣地拿着它，简洁地说道。"如果我放了它，你一定不会介意，是吧？"他补充道，"这条蛇非常普通。"他把它放到地面上的一丛灌木下。在我的注视下，它迅速地爬入灌木丛，随即消失不见。

一天深夜，一个年幼的阿卡瓦伊男孩跑进村子。他肩上扛着一根吹管，手里拿着一只布袋。

"大卫——你想要这些东西吗？"他害羞地说。

我打开布袋，小心谨慎地窥探着里面的情况。令我惊讶和高兴的是，袋子里面安安静静地躺着几只小小的蜂鸟。我立马捂紧口袋，激动地跑进茅屋，我们有一只用木箱改造的笼子，随时准备迎接任何可能出现的动物。我把这些小鸟一只一只地放进笼子。它们立马飞起来，这令我们感到十分欣慰。它们在空中快速地飞翔盘旋，紧接着急促地悬停后退，站在笼子内壁安装的薄栖木上。

我转向这个一直跟着我的小男孩。

"你是如何抓到它们的？"我问。

"吹管——还有这些东西。"他回复道，并递给我一支飞镖。它的尖头覆盖着一层薄薄的球形蜂蜡。

我再次看向这群蜂鸟。钝镖的轻击只是让它们短暂昏迷过去而已，现如今它们又在笼子里活跃地飞来飞去。

其中的一只是一种异常美丽的生物，体长不超过 2 英寸；我之所以能一眼认出它，是因为即将离开伦敦的时候，我参观伦敦自然博物馆时被那里最精致、最华丽的一副蜂鸟皮迷住了。它的标签是 *Lophornis ornatus*，即缨冠蜂鸟。那只美丽的鸟儿即使只是一个填充标本，也有着摄人心魄的姿态和五彩斑斓的颜色。它那小小的头顶飘扬着短而笔直的橙红色羽冠。在它如针一般细的鸟喙下，翡翠色的颈饰闪耀着彩虹般的光泽，此外，它的两颊处各有一簇黄玉色的羽毛，上面还点缀着翡翠色的斑点。

我现在是既兴奋又沮丧，因为尽管我最想见到的就是这种蜂鸟，但我们认为杰克应该在卡马朗集中精力收集蜂鸟，所以我们来这个村子的时候没有携带任何饲养蜂鸟所需要的装备。

蜂鸟主要以吸食森林里花朵的花蜜为生。被圈养的时候，它们比较容易接受用蜂蜜和兑了水的乳精调制的溶液。由于它们只能在飞行时进食，因此喂养它们时需要有一种顶部有软木塞，底部有小水嘴的特殊瓶子，以便它们啜饮这种替代的花蜜。可是，我们没有这样的设备。

现在，天黑了，但是到目前为止，无论我们喂它们什么，这些小家伙就是不吃。我们蹲在吊床下面准备着糖水，希望这种食物能给它们提供足够的能量。除此之外，我们还费劲地在一段竹子上钻孔，把一些用树干做成的小水嘴插在上面，临时制作出饲喂蜂鸟的瓶子。可是，最后成品看起来非常粗糙，我们只好沮丧地上床睡觉。

半夜时分，一场突如其来的暴雨把我们惊醒。教堂的房顶有很多漏洞，我们立马跳下吊床，将所有的设备和蜂鸟笼转移到干燥的地方。那天夜里剩下的时间里，我一直睡得迷迷糊糊，雨水在我身边不停地滴答，最后汇集到地上的小坑里。而我唯一的毯子变得越来越湿。我记得曾听比尔说过，这个季节的天气非常多变；雨季很可能开始得很早，一旦开始，雨可能会连续下上好几天，不会有丝毫懈怠。

第二天早上，雨丝毫没有停歇的迹象，吧嗒吧嗒地敲打着茅屋的房顶和地面，我们非常努力地用自制的喂食器饲喂这些蜂鸟，然而并不成功。我们所做的替代设备太过于简陋，以至于糖水在蜂鸟取食之前就迅速地漏完了。我们知道这些小家伙必须一天进食数次，没有规律的能量补给，它们就像没有水的花儿一样，会很快变得萎靡不振，然后死掉。

经过一番思想斗争，我们最终决定将它们放归自然，但当这些脆弱的小家伙从我们的小屋径直飞向森林时，一直压在我们胸口的大石终于落地了。

我坐在茅屋的门口发呆，查尔斯则在货物和设备之间忙碌着。我透过倾盆大雨看着村庄，在阴沉的天空下，它凄凉无助地蜷缩着。如果这确实是雨季的开端，那我们拍摄马扎鲁尼盆地的计划将要全部泡汤，我们历尽千辛万苦才来到这里，耗费了大量的人力和物力，这些也将全部化为乌有。我痛苦地想，要是杰克也能看到我们释放的缨冠蜂鸟和其他蜂鸟，他该多么高兴啊；而我们是多么愚蠢，目光是多么短浅，竟然没有带任何喂食器。

查尔斯坐到我身边。"我发现一些有意思的事情，或许可以让你开心一下，"他说，"第一，我们的糖用完了，你刚刚倒入茶里的是最后一包；第二，我们的开罐器不见了；第三，由于这里的空气太潮湿，我的一只摄像机镜头里长了一大块真菌；第四，我还换不了那只镜头，因为它和底座卡在一起。"

他非常焦虑地注视着雨水。"如果镜头玻璃上长有真菌，"他继续说着，"曝光后的胶片上一定会出现像芥末一样的黄色痕迹。这还不是最严重的，"他凄惨地补充道，"因为它很可能在高温下融化。"

除了等待雨水慢慢消停，我们无所事事。我爬回自己的吊床，非常沮丧地从工具箱里翻出《英诗金库》——我们仅有的几本书中的一本。

我读了一会儿。

"查尔斯，"我说，"你有没有从威廉·柯珀*的作品中受过一些特殊的启发？"

查尔斯的答案粗俗而沉闷。

"你错了，听着。"我说。

啊，孤独啊，

圣贤们从你脸上

看到的魅力在哪里？

宁可生活在惶恐之中，

也不要在这可怕的地方称王。

---

* 威廉·柯珀（1731—1800），英国著名诗人，浪漫主义诗歌先行者之一。——译注

第五章 午夜神灵

我们在瓦拉米普的最后三天，小雨一直淅淅沥沥地下个不停。虽然淡淡的阳光也曾短暂地出现，但是想在如此昏暗的光线下拍出好照片几乎是不可能的，所以我们利用这段时间同克拉伦斯聊天，去温暖的河水里游泳，观察这里人们的日常生活。这样的时光虽然惬意舒适，但是我们高兴不起来，宝贵的时间一天天地流逝，而我们还没有拍摄到乡村生活中许多有趣的方面。

在这儿逗留的第七天，我们开始收拾行装，迎接即将返回的独木舟。克拉伦斯帮我们把防潮布盖在成堆的设备上，以免从屋顶落下的雨滴溅湿它们，就在他忙着展开防潮布时，他说："肯尼思半个小时以后到。"

他如此自信的预测让我一头雾水，我问他为什么可以这么确定。

"我听到发动机的声音了呀。"他说着，被我的问题弄得莫名其妙。我把头伸出房门，仔细听了听，除了雨水拍打森林的沙沙声之外，什么也没有听到。

十五分钟后，我和查尔斯隐约地听到一阵轻微的舷外发动机的声音；半个小时后，正如克拉伦斯所料，独木舟出现在河湾处，光着头的肯尼思冒雨站在舵柄旁。

我们带着遗憾告别瓦拉米普的朋友们，对在卡马朗等着我们的干衣服充满了期待。当我们回去的时候，我们发现杰克度过的这一周，总的来说比我们的更有价值，因为他收集到各式各样的动物。这其中包括数量众多的鹦鹉、几条蛇、一只年幼的水獭，还有几十只蜂鸟，这会儿它们正愉快地从玻璃瓶里取食。之前我们就是因为缺少这种玻璃瓶，不得不放掉缨冠蜂鸟。

接我们回去的飞机将于一周后飞抵因拜马代，我们讨论了这一周的计划。杰克仍然留在卡马朗；我和查尔斯将继续独木舟之旅，希望能在旅程中造访更多的村落。我们询问比尔有什么意见。

"为什么不沿着库奎河前进？"他建议道，"那里不仅人口众多，而且沿岸绝大多数村庄都没有被传教，你们能在那里听到一些'哈利路亚'圣歌。你们乘着这条小独木舟，到达库奎后，沿着马扎鲁尼河向上游航行，开到因拜马代。我们带上所有动物，乘坐大独木舟在那里和你们会合。"

第二天我们出发了，准备在位于库奎河口的库奎金村度过我们探险的第一晚。这次乔治王和一个名叫埃布尔的美洲印第安人陪同我们。小独木舟上堆满了货物，除了食物、吊床、一些新的摄像器材和几只装动物的空笼子外，还有一大堆用来换动物的蓝色和白色玻璃珠。珠子的颜色非常重要，这是我们在比尔的商店里买珠子时他告诉我们的。卡马朗上游的居民非常喜欢红色、粉色和蓝色的珠子，常用它们来制作围裙及其他装饰品。不过库奎河流域的居民相对保守，目前他们只接受蓝色和白色的珠子。

傍晚时分，我们抵达库奎金。如同瓦拉米普村一样，这个村子也是由几间建在森林中的空地上的小木屋组成的。我们下船时，居民们闷闷不乐地站在岸上，一言不发。我们尽可能表现得开心一些，向他们解释我们来这儿的目的，咨询大家愿不愿意用自家饲养的宠

埃布尔站在独木舟的船头

74

物交换珠子。村民们很不情愿地拿出一两只湿漉漉的小鸟，把它们装在脏兮兮的柳条箱子里，来和我们交换；直到现在他们还认为我们很可疑。自从见识过瓦拉米普热情好客的居民后，他们的表现真是让人觉得不可思议。

"这些人很不开心吗？"我问。

"这儿的首领病得很严重，"乔治王答道，"在床上躺了好几个星期了，巫师——就是看病的人——打算今晚给他施法治疗。所以他们都不是很开心。"

"他是如何施法的？"我追问道。

"这个嘛，巫师会在午夜的时候把住在天上的神灵请下来，为这个首领治病。"

"你能否帮我问问巫师，看看他愿不愿意和我们聊聊？"

乔治王旋即消失在人群中，不久他带回一位三十出头的容光焕发的男子。这位巫师穿着整洁干净的卡其色短裤和衬衫，并不像村民那样，要么穿着破旧的欧式衣服，要么裹着缠腰布和蓝色珠子穿成的围裙。

他面色凝重地看着我们。

我和他解释说，我们来村里拍照和做记录，然后把影像带回我们的国家，并问他晚上我们能不能去降神会参观。

他嘟哝几声，点头表示同意。

"我们能带一盏灯去拍照吗？"我问。他瞪我一眼，非常严厉地说道："任何人在神灵降临小屋时发出光亮——他就会死。"

我立马转移话题，拿出我的录音设备。然后，我插上麦克风，把它打开。

"这些东西我可以带吗？"我问。

"什么东西，这是？"他轻蔑地问道。

"听。"我回复道，把磁带倒了回去。

"什么东西，这是？"他刚才说的话从小喇叭中传出来，声音很小。巫师脸上怀疑的表情渐渐消失，他咧嘴笑起来。

"这东西不错。"他对着录音机说道。

"你同意我今晚带上它，是吗？这样它就可以记录神灵的歌声。"我继续询问。

"是的，我同意。"巫师友善地说道，然后转身离开了。

人群散去，乔治王带我们穿过村庄，来到空地边缘的一座空房子。我们卸下设备，挂上吊床。夜幕降临后，我闭着眼睛反复地练习装入和取出磁带的动作。这比我想象中的要难，因为我总是把磁带缠绕在设备的旋钮或支架上。最后，我总算是掌握了在完全黑暗的环境中更换磁带的技能，但是为了保险起见，我还是决定晚上抽着香烟去降神会现场，香烟发出的微弱光线，应该可以帮我解决任何不可预见的困难。

深夜，我和查尔斯在黑暗中穿过寂静的村庄。在多云而无月的夜空的衬托下，茅屋尖锐的轮廓越发显得黢黑。我们走进一座人满为患的大茅屋。一小堆柴火在地板中央燃烧，照亮了蹲在里面的男男女女的脸和身体。在近乎漆黑的房间里，我们只能模糊地看到吊床底部是白色的，不过，我们知道病入膏肓的首领此时正躺在那上面。乔治王坐在我们旁边的木地板上。一个上身赤裸的男人紧挨着他，我们认出此人就是那个巫师。他手里拿着两根带着叶子的大树枝，身边放着一只小葫芦，后来我们才知道那里面装的是烟叶汁。

我们在他旁边坐下。按照计划，我带来一根点燃的香烟，不过巫师立刻发现了它。"这样非常不好！"他咄咄逼人地说道，我只能老老实实地把香烟丢在地板上踩灭。

巫师用阿卡瓦伊语发号施令；房屋正中的篝火旋即熄灭，紧接着有人在门口挂上了一块毯子。我周围坐着的那些人隐入黑暗之中，房间里一片漆黑。我小心翼翼地摸索着，找到面前录音机上的开关，确保在降神会开始时能立刻打开它做记录。我听见巫师清了清嗓子，然后用烟叶汁漱了漱口。紧接着，房间内响起树叶的沙沙声。这种怪异的声音变得越来越大，像鼓声一样，等到声音最大的时候，它转变成一种有节奏并伴有催眠效果的敲击声，在房屋里萦绕。这时房屋里突然响起巫师的吟唱，圣歌盖过了树叶发出的嘈杂声。

坐在我身后的乔治王在我耳边轻轻地说："巫师正在邀请卡拉瓦里神下界。他就像一根绳子，其他神灵需要借助他下来。"十分钟后，这场邀请告一段落。周围一片寂静，只有我身边的人粗重的呼吸打破了这样的沉寂。

一阵沙沙声从高处的屋顶传来，声音越来越近，也随之越来越大，地板突然发出"砰"的一声，沙沙声戛然而止。停顿——漱口——紧接着又是一阵沙沙声。这时，一个略显做作的假声开始吟唱。这个声音想必是那个卡拉瓦里神的。歌声持续了几分钟，忽然，昏暗的夜色被灰烬中迸出的小火苗划破。在火苗短暂的光亮中，我看到巫师仍坐在我的身旁，他双目紧闭，面容狰狞，额头上布满汗珠。火光几乎瞬间熄灭，但它打破了紧张的气氛，吟唱声和沙沙的窸窣声戛然而止。我左手边的两个男孩不安地小声议论着。

树叶的沙沙声再一次响起。"刚才的火光吓到了卡拉瓦里神。"乔治王低声地给我解释道，"他不会再降临了。巫师正尝试着邀请卡萨马拉神。他看起来像一个男人，而且随身带着绳梯。"

吟唱声继续，在黑暗中我们再次听到一阵窸窣声从屋顶传来，越来越近。又是一次漱口——这时屋子里响起一阵洪亮的阿卡瓦伊语宣言，一个小女孩在我们右侧某个地方以相当尖刻的语气回应了它。

"他们在说什么？"我在漆黑的环境里问乔治王。

"卡萨马拉神说他正在努力。"乔治王小声地说，"但是首领必须要付出高昂的代价；那个小女孩说，'只有让他好起来，他才会付钱'。"

树叶开始剧烈地摇晃，好像移到了首领躺着的吊床附近。紧接着几位村民开始吟唱，有个人拍击地板，打着节拍，直到神曲结束，窸窣声越来越远，最终消失在屋顶。

另一位神灵降临了——更多的漱口——更多的吟唱。黑暗的小屋里，闷热的空气和身体的汗臭味几乎让我窒息。每隔几分钟我就要给录音机更换磁带，不过这些神曲听起来好像都差不多，所以我并不打算全部录下来。大约一个半小时后，我们起初的敬畏开始减少。坐在我身边的查尔斯向我耳语道："我想知道，如果你现在把磁带倒回去，让第一个神灵重现，会发生什么事？"

我并不愿意去做这个尝试。

降神会又持续了一个多小时——神灵们一个接着一个从屋顶降临，在首领的吊床旁唱着各自的神曲，随后离开。绝大多数神曲都是用腹语唱出来的，不过最后一个到达的神灵却与众不同，他以一种"干呕、吞咽"的方式演唱，听上去异常恐怖。乔治王小声地说："他是<u>丛林戴戴</u>。这个从山顶来的哽咽男人是一个法力无边的神。"

气氛变得紧张而压抑，充满炙热的情感。坐在几英尺外的巫师变得异常狂热，即使漆黑一片，我也能感受到从他身体里迸发出的热量。粗犷的歌声持续几分钟后戛然而止。又是一阵令人窒息的沉默，我在黑暗中焦急地等待着，不知道接下来会发生什么。显然，降神会的高潮来了。他们会用动物献祭吗？

一只湿热的手突然握住我的胳膊。我吓得猛地一哆嗦，但是在黑暗里我什么也看不见。一个男人的头发扫过我的脸。我断定那人一定是巫师，我突然想到，离我最近的白人是 40 英里外的比尔和杰克。

巫师在我耳边用嘶哑的声音说："一切都结束了。我要去喝水！"

第二天早上，一个由巫师率领的村民代表团来拜访我们，现在他又穿戴整齐，满脸笑容了。他走到我们小屋的树皮地板上——那地板高出地面 12 英寸——然后坐了下来。

"我过来听听我的神灵。"他说。

村民们紧随其后，进入茅屋，围着录音机坐成一圈。不过，屋里容不下这么多好奇的村民，没进来的那些听众聚在门口，站成一个半圆形。

我把喇叭连到录音机上，然后开始播放磁带。巫师非常高兴，降神会上的神曲在阳光下播出，迎接它的是赞许的喘息声、轻推声、唏嘘声，以及紧张的笑声。每首神曲播完后我会关上录音机，记录巫师和我说的神灵的名讳，以及他们的外貌、起源和法力。有的神灵被赋予了可怕的神力，不过也有一些神灵只能应付小灾小病。"朋友，"巫师对一首歌尤为欣赏，欣喜若狂地说，"这个对治疗咳嗽很有效！"

我一共录了九首神曲。最后一卷磁带播完后，我关上录音机。

"剩下的那些在哪里？"巫师焦急地询问道。

"恐怕这台机器在黑暗中弄虚作假了，"我解释道，"所以没有录下所有的歌曲。"

"但是你没有录下最有神力的一首，"巫师极其不耐烦地对我说，"你没有录下阿瓦维和瓦塔比亚拉，他们都是能带来好运的神灵。"

我又一次向巫师道歉，他的情绪才稍稍缓和。

"你想见到这些神灵吗？"他问道。

"想，非常想，"我说，"但是，我想没有人可以看到他们，而且他们只会在深夜降临到小屋。"

巫师自信地笑了笑。

"在白天，"他说，"他们有着不一样的外貌，我把他们埋在我的屋子里。等我一会儿，我去把他们拿来。"

他拿着一团包好的纸回来了，在树皮地板上坐下来，小心翼翼地打开包裹。那里面是一些光滑的小鹅卵石。他一块接一块地把它们递给我，告诉我每一块石头的身份。一块是石英石质的石片，一块是长棍状的凝结物，还有一块上面有四个奇怪的纹饰，巫师解释说，那是神灵的四肢。

"我把他们藏在房间里一个非常隐秘的地方，他们都是法力无边的神灵，一旦被其他巫师获得，他们就会用这些神灵杀死我的。这个，"他严肃地说，"是非常非常不好的一个神灵。"

他递给我一块毫无特色的小鹅卵石。我怀着敬畏之心仔细地端详一番，又把它递给查尔斯。不知怎的，我俩之间漏接了，鹅卵石掉到了地板上，消失在树皮地板上的一条裂缝中。

"他是我最重要的神灵！"巫师气急败坏地哀号。

"别担心，我们一定能找到它。"我挣扎着站起来，略带迟疑地说道。我穿过一群目瞪口呆的村民，钻进小屋与地面之间的空隙，趴在地上仔细地寻找。地面上铺满了碎石，而且我视线所及的地方几乎盖满了鹅卵石，每一块都像那块神灵化身的石头。

查尔斯跪在我上面的地板上，把一根小树枝插在那块珍贵的鹅卵石消失的地方。我仔细在标记下方的地面上寻找，但似乎没有什么可供选择的鹅卵石。我随手捡了一块塞过缝隙，递给查尔斯，他又把石头递给巫师。

"不是这一块。"巫师冷冰冰地说道，不屑地把它扔到一边。

"别担心，"我在地板下大声地说，"我一定会找到它。"我又递过去两块候选的石头。它们受到了同样的待遇。接下来的十分钟里，我们递过去几十块小石头。最后，他接受了一块，勉强地咕哝道："这是我的神灵。"

我爬出空隙，重新回到阳光下，衣衫褴褛，满身尘土。村子里的人似乎和我们一样松了一口气，因为神灵终于找到了。我坐在那里思考着，我们是真的归还了正确的石头，还是说巫师决定接受一块普通的鹅卵石，以免村民们认为他失去了最有力的武器之一，他会因此丧失自己的威望。

巫师小心翼翼地把这块鹅卵石和其他石头一起包进纸里，然后走回他的小屋，把它们重新埋了。

那天下午我们离开村庄，继续我们的库奎之旅。至于首领的身体是否恢复，我们一无所知。

几个星期以前我们第一次见到乔治王时，他狰狞的面孔让我们误以为他是一个脾气暴躁、动辄就会发火的人，他确实也没有让我们喜欢上他，那是因为他索要礼物这一令人恼火的习惯。如果查尔斯拿出香烟，乔治王就会伸出手，霸道地说"谢谢你的香烟"，然后欣然接受这份"礼物"；在他看来这不是一种恩惠，而是理所当然的。这总是导致香烟被普遍分发，也就意味着在旅程结束之前，不

可避免地会出现香烟短缺的现象，因为我们出发前已经细致、精确地计算过，以确保我们的行李控制在最低限度。不过，我们在接下来的几天里逐渐地意识到，在美洲印第安人的认知里，财富是共享的：如果有一个人拥有其他同伴所没有的东西，那么他应该分享这些东西。如果食物短缺，那么我们应该和独木舟上的每个人一起分一罐牛肉；如果我们愿意，美洲印第安人会给我们一些木薯面包，以此作为他们的回报。

随着我们对乔治王的了解逐渐深入，我们越发觉得他是一个富有魅力且和蔼可亲的同伴。他对河流的情况了如指掌，简直就是一本活字典。不过，我们之间偶尔也会出现一些问题，那就是我们无法准确地表达各自的想法，由于乔治王只能说一点混杂英语，他说的和我们理解的并不一定是同一件事。"一小时"对乔治王来说，显然是一段模糊不清的时间，如果我们问他，从岸边走到大坝后的村庄需要多长时间，他会这样回答："嗯，伙计！大概一小时！"小时这个时间单位在他那儿从来没有被分割或者翻倍过，他的"一小时"有时是十分钟，有时是两个半小时。当然，这完全是我们的错，我们不应该问乔治王"需要多长时间"这样的问题，因为我们的时间单位对他来说毫无意义。

如果问他"还有多远"，可能会更令人满意一些。他的答案通常会在"嗯，不是太远"（很可能表示一个小时的路程）和"伙计，非常非常远"之间切换，"非常非常远"则意味着，我们在一天内到不了那个地方。不过，我们很快就知道了"点"是最准确的评估距离的方法。乔治王所说的一个"点"指的就是一道河湾，但是想要把"九个点"转换成时间，还需要一些地理知识，因为在靠近河口的地方，有时笔直的河道会长达数英里，而上游的河水每隔几分钟就会有一个急转弯。

乔治王总是乐于助人，想方设法地满足我们的要求，尽管有时会适得其反。

"你觉得我们今晚有可能到那个村子吗？"我记得有一次我这么问他，说话的语气明显暗示出我希望可以那样。

"是的，伙计，"他回答道，"我认为今晚我们一定能到那里。"他的脸上洋溢着令人振奋的笑容。

夕阳西下，我们仍在河流上的无人区行进。

"乔治王，"我严肃地说，"村庄在哪里啊？"

"呃，还有非常非常远的路程！"

"但是你刚刚说，我们晚上可以到。"

"是的，伙计，我们已经尝试了，不是吗？"他用一种受到伤害的语气说道。

我们沿着库奎河往上游行驶的时候，河里到处都是倒下的树。其中一些障碍物只占据部分河道，我们可以绕过它们；还有一些树干非常长，就像桥一样横跨河流两岸，我们可以从那下面驶过。然而有时候我们也会遇到几乎全部浸在水中的大树，这样我们就无法避开了。这时，乔治王会把油门开到最大，在最后一刻关掉发动机，利用惯性把螺旋桨从水里甩出来，这样既可以避免它被河水里的树缠绕住，也能让独木舟越过一半的障碍物。然后我们不得不爬出来，在光滑的原木上保持平衡，在水流拖拽我们的脚的情况下，把船拖到另一边。

我们每隔几英里就会在小定居点停下来寻找动物。我们到访的每个地方都有一些被驯化的鹦鹉，它们或是在屋檐上跳来跳去，或是背着翅膀暴躁地在村子里蹒跚散步。这里的印第安人和我们一样，非常喜欢它们艳丽的羽毛和模仿人类说话的能力，而且，当我们到达时，阿卡瓦伊的鸟儿常常会对我们尖叫。

成年鹦鹉通常难以捕捉和驯服，所以阿卡瓦伊人会饲养从森林中的鹦鹉巢穴里捕捉的幼鸟。在一个村子里，一个妇女送了我们她刚刚捉到的一只雏鸟。这是一只极具吸引力的小鸟，它有着棕色的大眼睛，一张大得离谱的嘴，几根脏兮兮的、从它裸露的皮肤上刺出的羽毛。我无法拒绝这样一只有魅力的生物，但是我如果接受了，就不得不去学习如何喂养它。那个女人笑嘻嘻地告诉我应该如何去做。

首先，我在嘴里咀嚼一些木薯面包。当这只小鸟看到我这样做的时候，它变得异常兴奋，拍打着它那没有羽毛的粗壮翅膀，热情地上下摇晃着它的头，等待着即将到来的食物。接着，我把脸靠近它，它毫不犹豫地把张开的小嘴伸进我的嘴里。然后，我用舌头把咀嚼过的木薯面包送到它的喉咙里。

这种饲喂方式看上去非常不卫生，但是那个妇女告诉我，这是唯一能让鹦鹉雏鸟吃东西的方法。幸好，我们这只鹦鹉已经足够大，只要再过一周，它就能自己吃一些软糯的香蕉了；那时我们就不需

鹦鹉雏鸟

要每隔三个小时咀嚼一次木薯面包来喂它了。

抵达河流源头的村庄皮皮里派之前，我们已经用珠子换了好几只金刚鹦鹉、唐纳雀、猴子、陆龟，以及一些罕见的羽毛艳丽的鹦鹉。交换的所有动物中，最令人意外的是一只西貒的亚成体，这是南美洲的一种野猪。我们用很少的蓝色和白色珠子就从它的主人那里把它买到了手，可是他似乎对此还非常满意。当时我们还不明所以，不过很快我们就知道这是为什么了。

我们其实并不想要这只西貒，这不仅是因为它体型巨大，而且我们也没有适合它的笼子；但是鉴于它非常温顺，我们幼稚地决定用细绳子把它拴在独木舟前端的横木上。然而这比预想中的要困难得多，总的来说吧，西貒从肩膀到吻部逐渐变细，根本没有一根绳索能把它拴住。后来，我们把绳索拴在了它的肩膀和前蹄之间。我们认为这样就可以阻止它糟蹋船里的其他东西。然而，胡迪尼*——不久之后我们开始这样称呼它——似乎并不同意这个观点，刚一起程它就抬起前蹄，一次一只，非常轻松地从绳套里钻出来，然后大摇大摆地往船尾走去，享受我们打算作为晚餐的菠萝。我们不情愿地停了下来，重新把它牢牢拴住。我们今晚必须抵达皮皮里派，而且我们的发动机总是像乔治王所说的那样"虚张声势"，所以在接下来的一个小时里，我尽了最大努力，紧紧地抱住胡迪尼那长满刚毛的身体，阻止它的探索。

最后，我们终于抵达了皮皮里派。这个村庄距河岸大约有十分钟的路程，是迄今为止我们见到过的最原始的印第安人定居点。所有的男人都围着腰布，女人们则穿着珠子穿成的围裙。他们简陋的小屋摇摇欲坠，可以看出建造时一点也没用心。其中一些小屋没有围墙，所有的茅屋都直接建在干燥的沙地上，并不像库奎金的房子那样铺设地板。和在其他村子一样，乔治王在这里好像也有几个亲戚，为此我们受到了热烈的欢迎。这里除了有鹦鹉之外，我们还看到一群趾高气扬的大凤冠雉在屋子周围踱步。它是一种和火鸡差不多的鸟，长着蓬松的黑色羽毛、卷曲而帅气的冠羽，以及亮黄色的

---

* 意为善于逃跑的人。——译注

一只温顺的大凤冠雉

鸟喙。我们了解到它注定逃脱不了被烹煮的命运，不过，村民们发现了那些让他们无法抗拒的蓝珠子，所以高兴地用它和我们交换了六把珠子。

由于村子里没有闲置的房屋，我们和乔治王、埃布尔不得不把吊床挂在一座住着十口人的茅屋里。就在查尔斯准备晚餐的时候，我一边轻抚着胡迪尼，一边阴险地将一套精心制作的新绳索套在它的肩膀和前蹄之间。紧接着我把它拴在村子中间的一根柱子上，并在它的脚下放了一只菠萝和一些木薯面包，告诫它好好地躺着，老老实实地睡觉。

那个夜晚真是糟糕透顶。乔治王很久没见过他的亲戚了，所以和他们一直闲聊到深夜。大约午夜时分，一个小孩突然哭闹起来，众人安抚半天，孩子也没有消停。后来，一个男人从吊床上爬起来，再次点燃房屋中间的篝火。最后，我总算是睡着了，可是我闭上眼没多久就被乔治王晃醒了，他在我耳边小声地说道："那头公猪，松了。"

"等天亮的时候，我们再抓住它。"我嘟囔了一声，翻个身继续睡觉。刚刚哄好的孩子又继续号哭起来，另外，一股显然是猪身上发出的臭味钻进我的鼻孔。我睁开眼睛，发现胡迪尼正在房屋的柱子上蹭它的背。显然，如果不把它重新拴起来，所有人都别想睡个安稳觉。我疲倦地把腿从吊床上抽出来，轻声地叫醒查尔斯，请他帮忙一起逮住胡迪尼。

接下来的半个小时，胡迪尼不是跑进跑出，就是绕着小屋慢跑，我和查尔斯半裸着，光着脚跟在它后面追。后来，它总算被套住，我们把它重新拴在柱子上。胡迪尼成功地把村子里所有的人都吵醒了，它现在显然非常满意，用它的下颌在地面上拱了一个洞，把菠萝夹在前蹄之间，然后趴在了地上。安顿好它之后，我们回到吊床上，努力在黎明到来前睡上几个小时。

顺流而下的返程则一路顺利。我们用树皮把小树苗捆在一起，建了一只装西貒的大笼子，它刚好可以卡在船的前舱。开始的半个小时里，胡迪尼的表现堪称完美；我们用绳子拴住大凤冠雉的爪子，此时它正安静地趴在罩在设备上的帆布上；小鹦鹉和金刚鹦鹉在我们耳边友好地尖叫着，卷尾猴们则坐在木笼子里，深情地整理着彼此的毛发。我和查尔斯背着阳光躺着，望着万里无云的蓝天，看着绿色的树枝在我们身边掠过。

但是，这样的平静并没有持续多久，很快我们就遇到了一堆难缠的原木。我们爬到船外，低着头把船拖过浸在水里的树干。这对胡迪尼来说是一个千载难逢的机会。我们还不知道，它已经把笼子里两根较低的木条咬断了，不一会儿它就从独木舟上跳了下来。我紧随其后跳到水里，这一跳差点掀翻我们的小船。游了一段距离后，我终于抓住了它的脖子。它声嘶力竭地踢打着，叫喊着，最后还是被我关进它咬坏的笼子里。我脱下湿透的衣服，把它们晾到帆布上，与此同时，查尔斯开始修理被西貒咬坏的笼子。显然，胡迪尼对刚刚的游泳非常满意，还打算再来一次。剩下的旅程中，我们中的一个不得不坐在笼子旁看着它，只要见到它把笼子拱松，就立马把笼子系紧。

我们到达贾瓦拉时已是深夜，这里是乔治王的故乡，位于库奎金上游半英里的地方。我们把胡迪尼拴在一根特别长的绳子上，把其余的动物安置在一间闲置的小屋里，然后在那里度过了一宿。

第二天是我们返回因拜马代前的最后一天。大多数村民外出狩猎已经一个礼拜了，不过，乔治王告诉我，他们明天就会回来，并在感恩节唱"哈利路亚"圣歌。

我们听到的许多故事都与这种特别的宗教相关，它是南美洲这一地区所特有的一种宗教，正如其名字暗示的那样，它起源于基督教。19世纪末，一位来自稀树草原的马库西人遇到了一位基督教传教士。在返回部落后，他宣称在天空的高处拜访了一位名叫帕帕的伟大神灵。帕帕说他需要通过祈祷和布道来表达对神灵的崇拜，并让他返回马库西部落宣扬新的宗教信仰，这就是后来所谓的"哈利路亚"教。周边部落也接受了这个新的宗教信仰，到20世纪初，哈利路亚信仰已经从马库西部落传到了帕塔莫纳、阿雷库纳和阿卡瓦伊部落——这都是说加勒比语的部落，彼此也很相似。传教士显然没有注意到这种宗教的基督教起源。他们谴责这些信徒为异教徒，不遗余力地抵制他们。毫无疑问，当新的"哈利路亚"先知宣称，帕帕预言白人很快会来这里布道，并且提供与他们自己的宗教相矛盾的版本，就像前几次发生的那样，基督教传教士们的反对更加强烈了。通过分析传教士们的激烈的敌意，我们猜测这个宗教一定保留了大量的美洲印第安人的原始宗教信仰，我们想知道猎人回来后会发生什么事——是改良的基督教礼拜，还是野蛮粗暴的仪式。

我们问乔治王能不能记录这个仪式。他说可以，我们便安顿下来，等待着。

午餐后，我们看到远处有一条树皮制成的独木舟正顺流而下。我们觉得这可能是第一批返回的猎人，于是漫步到码头迎接他们。

独木舟停靠在岸，我们看到一个不可思议的身影沿着小路朝这边走来，我们惊讶地眨了眨眼。根据我们打听到的情况，我们应该看到一个身着传统服饰，身材苗条、体态轻盈的印第安人。然而，我们看到的却是一个老人，他下身穿着一件蓝色亚麻短裤，上身穿着布满亮片的运动衫（上面大胆地点缀着代表特立尼达钢鼓乐队的多色图案），头戴一顶装饰着白色羽毛的提洛尔式毡帽。这位身穿奇装异服的老人咧嘴笑了笑，把手伸进了他的蓝色裤子里。

"有人说你们想看'哈利路亚'舞。在我跳舞之前，你们能付多少钱？"

还未等我开口，我身边的乔治王就开始愤怒地用阿卡瓦伊语回应他了，双臂还不停地比画着。我们从未见乔治王如此激动过。

那个老人摘下帽子，紧张地把它拧在手里。乔治王怒气冲冲地逼近他，老人悻悻地转身往独木舟走去，毫不迟疑地爬上船，落荒而逃。

乔治王气喘吁吁地回到我们身边。"伙计，"他真诚地说道，"我告诉那个烂人，在这个村子里，我们唱'哈利路亚'是为了赞美上帝；如果他是为了钱来唱歌，那就不是真的'哈利路亚'，我们根本不需要他。"

———

下午，狩猎的队伍回来了。他们把成堆的熏鱼、拔过毛的鸟、熏成褐色的貘肉装在篮子里，背在背上。一个男人在肩膀上扛了一支猎枪，其他人则拿着吹箭筒、弓和箭。他们静静地走到村庄里的主屋前，没有和包括乔治王在内的任何人说话，主屋的地板已经刷好并洒上了水，迎接他们归来。他们把猎物拿进房屋，堆在中央柱子的四周。接着，他们又安静地走出房屋，沿着小路向河边走了50

码。他们在那里排成三个纵队，吟唱圣歌。伴着舒缓而有节奏的旋律，他们两队在前，一队殿后，列队朝着小屋走去。队首的三个年轻人负责领唱，他们每隔几分钟就转过身，面向队伍里的舞者。他们的队伍沿着小路缓慢地向前，弓着腰，跺着脚，以此突出他们吟唱的节拍。进入房屋后，他们立刻改变吟唱的歌曲和节奏，手挽着手，围着熏鱼和肉站成一圈。村里的妇女偶尔也来到茅屋这边，加入仪式，站在队伍的最后。他们哼唱三音符圣歌时，我好几次听到"哈利路亚"和"帕帕"这两个词。乔治王盘腿而坐，若有所思地拨弄着尘土中的小棍子。圣歌结束得相当随意，歌手们个个心不在焉，或是看着天花板，或是打量着地板。忽然，那几个带着队伍行进的男人再次唱起来，所有人重新排成一个整齐的队列，每个人把右手搭在身边人的肩膀上。十分钟以后，歌手们跪下来，齐声做了一次简短而庄严的祈祷。然后他们站起来，背枪的男人走过去和乔治王握了握手，给他点燃一根烟。"哈利路亚"仪式结束，尽管感觉很奇怪，但是它真挚的情感让我们印象深刻。

今夜将是我们在印第安人定居点度过的最后一晚。我辗转反侧，难以入眠。临近午夜，我跳下吊床，缓慢地穿过月光下的村庄。在一座圆形的大房子旁，我听到了说话的声音，透过木头墙的缝隙还看到闪烁的灯光。我停在门口，听到乔治王说："大卫，如果你想加入的话，我们非常欢迎。"

我弯腰走进去。一堆篝火照亮了屋子，也照亮了熏黑的屋顶横梁，几十只巨大的葫芦摆放在地板上，形成一道道美丽的曲线。吊

准备录制"哈利路亚"圣歌

床纵横交错地挂在柱子上，男人们和女人们惬意地躺在上面；其他人则坐在刻画有龟甲纹饰的木质工具上。这时，一个穿着珠子围裙的女人站起来，优雅地横穿房间，火光在她身上留下斑驳的黑影。乔治王斜倚在吊床上，右手拿着一个类似蚌壳的东西，绳子穿过铰链，把它的两半绑在一起。他若有所思地摸着自己的下巴，直到摸到一根坚硬的髭须。他合上那东西，牢牢地夹住那根须发，把它拔出来。

小屋里萦绕着阿卡瓦伊语的交谈声。一个男人蹲在地上，用长长的木棍搅动着身旁巨大的葫芦，然后把里面粉红色的、带有块状物的液体倒进一只小葫芦，小葫芦在大家手中不停地传递着。这种液体，我知道，是木薯酒，我曾经看过它制备的方法。它的主要成分是煮沸的木薯粉，还添加了一些甜西红柿和木薯面包，不过木薯面包需要由妇女们来嚼碎。据说，掺入口水有助于这种酒水发酵。

很快，小葫芦在我身旁的人群中传递了一圈，最后传到我手上。我想，如果拒绝它，一定是极其不礼貌的行为，但与此同时，它的制作方法又在我的脑海中挥之不去。我把葫芦举到嘴边，当闻到那种如呕吐物般的酸味时，我的胃便翻江倒海。我开始喝酒，我意识到如果让我再尝一口，我很可能控制不住自己的胃，所以我把葫芦放在嘴里，一饮而尽。我如释重负，把空葫芦递了回去，有气无力地笑了笑。

乔治王从吊床上探出身子，赞许地笑了。

"对，就是你！"他叫掌管葫芦的男人，"大卫喜欢木薯酒，一口喝完了。再给他添一碗。"

很快，一只盛满木薯酒的葫芦又递给了我。我尽可能快地把酒倒进我的喉咙。第二次喝的时候，我强迫自己忽略那令人作呕的气味，虽然木薯酒非常黏稠，还有沙子，但是那苦中带甜的味道倒不是那么令人不快。

接下来的一个小时，我一直坐着听他们聊天。这场面实在是太棒了，我很想跑回小屋，拿相机记录下这一切。不知怎的，这样的想法令人反感，它似乎践踏了乔治王和他的同伴们对我的盛情款待。我心满意足地坐在茅屋里，直到凌晨。

第六章　马扎鲁尼的水手号子

从马扎鲁尼回来后，乔治敦好像变得更具魅力。我们可以在这里尽情地享用大餐，再也不用忍受从罐头里倒出的食物和自己烹饪的黑暗料理；我们可以平躺在盖着雪白的床单的床铺上，再也不用蜷缩在吊床上，忍受那些从工具箱底翻出来的又湿又皱的毯子。尽管如此，我们还是有忙不完的工作：购买新鲜的补给品，为新行程制订计划；把拍好的胶卷分类、重新包装和密封，然后寄存在城市冷库的冷藏室里。沿路捕捉的动物也需要转移到大一点的固定笼舍里，不过蒂姆·维纳尔早已将笼舍准备就绪，剩下的一些动物需要送到我们寄养大食蚁兽的乔治敦动物园，胡迪尼和大凤冠雉也即将成为那里的临时"房客"。

我们的新旅程非常遥远，目的地位于亚马孙盆地的最南端。两个传教士在那儿的一个原始而又有趣的印第安人部落里传教，并与当地人一起生活。如果不考虑花六周的时间穿越丛林的话，搭乘水陆两用飞机是我们抵达那儿的唯一途径；根据事先与传教士的约定，飞机将降落在距离部落 50 英里远的地方，他们会安排搬运工和独木舟在那里迎接我们。当然，这只是我们的计划而已，我们发现这两个用无线电与乔治敦联系的传教士已经失联了三周，这让我们非常沮丧。他们的通信设备一定是坏了，所以没办法通知他们我们的到来。没有向导，没有搬运工，没有任何交通工具，如果就这样毫无准备地着陆，无异于自我流放到荒无人烟的森林。

不过，我们的脑海中已经开始酝酿一个替代方案。一家采矿公司的经理给我们留下简讯：他们在这个国家北部的阿拉卡卡地区有一处勘探营地，营地周边森林的动物资源异常丰富；不仅如此，营地里还有一些已经被驯化的动物，如果我们想要，他愿意无偿赠予我们。

我们在地图上了解到，阿拉卡卡位于巴里马河的源头，这条河的流向与圭亚那北部边境线基本重合，向西北注入奥里诺科河口。我们在地图上还发现了两个重要的线索。第一，代表机场的小红点标注在"埃弗拉德山"旁，位于阿拉卡卡河下游 50 英里的地方，这表明我们乘坐水陆两用飞机至少可以到那里。第二，一簇红色的圈圈沿着巴里马河南岸一字排开，也就是说那里有很多小金矿；根据这个信息，我们推断沿河一定会有很多的船，找一条愿意把我们从埃弗拉德山送到阿拉卡卡的船应该很容易。

我们进行了更详细的调查。航空公司告诉我们，接下来的两周时间内，只有明天可以不受限制地租下一整架两用飞机；码头那边的消息则是，一艘客船将在十二天后从巴里马河口的一处小定居点莫拉万纳返回乔治敦。如果我们决定出发，明天是我们唯一的选择。可是，我们又联系不上矿产公司的经理了，无线电话是他与乔治敦办公室唯一的联系手段，不过只能由他打电话给办公室，而办公室却联系不上他。我们留下一条简讯，好在他下次来电话的时候告诉他，我们将在三四天之内抵达阿拉卡卡。我们预订了几张"斯斯塔彭"号的返程船票，并租了一架水陆两用飞机。

第二天，我们坐上飞往埃弗拉德山的飞机，飞行中我们一直在考虑，行程如此仓促，我们能否顺利地抵达阿拉卡卡，又能否在合理的时间内返回乔治敦。飞了一个小时后，飞行员转过头朝我们大喊。"那座山，"他的尖叫声盖过发动机巨大的轰鸣声，"是这一带最好的一座山！"他指了指下面一座高出海岸上的森林大约50英尺的小鼓包。巴里马河沿着它的一边流淌，几幢小房子聚集在山脚下。飞行了70英里，我们头一回见到房子。

飞行员驾驶着飞机飞向一处陡峭的堤岸，准备在河水中降落。

"我希望下面有人，"他大声地咆哮着，"如果没有人，飞机就不能固定住，也没有小船接你们上岸，我们只能再次起飞，从哪里来，回哪里去。"

"他说得可真是时候！"查尔斯低声说。

飞机战栗着降落在水面上，透过舷窗外飞溅的水花，我们看到码头上站着一群男人。最终，我们可以登岸了。飞行员关闭发动机，让男人们把独木舟划过来。我们卸下所有的装备，然后把船划到岸边。飞机在一阵轰鸣声中再次起飞，用它倾斜的机翼祝我们一切顺利，然后消失了。

埃弗拉德山的定居点仅有六座茅屋，它们环绕着码头上的锯木厂。它附近的一条滑道上，堆着一堆巨大的、裹满泥土的树干，这些是在河流上游砍伐的树干，它们顺着河水漂流到这里的锯木厂。码头的地面上覆盖着一层粉橙色木屑。锯木厂的工头是一个东印度人，他对于从天而降的我们并不感到惊讶，简单而礼貌地打了个招呼后，就把我们带到一间空着的房子，告诉我们可以在那里度过一宿。我们再三谢过他，又问他第二天早上有没有开往阿拉卡卡上游的船。他摘下棒球帽，挠了挠头。

"没有，"他说，"我认为没有。'巴林·格朗'号是这儿唯一的一艘船。"他指了指停在码头上的一艘船帆被卷起的单桅杆大船。"明天它要把木材送到乔治敦，至少两三天以后才能回来。"

我们在小屋里安顿下来，做好长期等待的准备。黄昏时分，我们吃完晚餐，往河边走去。走到"巴林·格朗"号时，船长热情地和我们打招呼。船长是一个肌肉发达的非洲人，年纪比较大，穿着满是油污的衬衫和长裤，背倚着桅杆，惬意地躺在甲板上。我们接受他的邀请登上甲板，看到还有三位来自加勒比的船员正坐在船长周围，享受着夜晚带来的凉爽。我们加入他们，谈了谈我们接下来在巴里马河流域的打算，他们接过话茬，与我们分享了他们在这里的生活：他们把加工好的木板送往乔治敦，然后从那边带一些生活物资返回锯木厂。

他们不说圭亚那混杂英语，而是说一种掺杂着加勒比方言的英语，喜欢用一些不常见的词语，不过选择和使用得挺合理，这让加勒比式英语对话显得特别有意思。我结束斯里兰卡之行回到英国后，给 BBC 提供了大量击鼓和吟唱的录音，BBC 的素材库致力于收藏来自全世界的传统音乐录音。我想这是一个很好的机会，我可以收集一些加勒比地区的卡利普索民歌 *。

"你们知道一些古老的海洋民歌吗？"我问道。

"水手号子？那当然，伙计，我知道很多。"船长说，"其实，我的艺名是'魔鬼爵士'，一个恶魔。我之所以起这个名字，是因为当我喝上一些带劲的烈酒时，我就变成另一个人——一个魔鬼般的人。还有大副，他知道的歌曲更多，因为他在丛林里工作的时间比我久。他的名字是格兰德·斯玛什。你是想听一些水手号子吗？"

我表示非常想听，不仅如此，我还想录一段他们唱的内容。魔鬼爵士和格兰德·斯玛什低声地讨论了一会儿，然后转向我。

"没问题，先生，"魔鬼爵士说，"我们可以唱。但是你也知道，先生，如果没有一些助兴的东西，我可能记不起一些好听的歌曲。你有美元吗？"

我拿出两美元。魔鬼爵士微笑着，礼貌地把钱接了过去，然后叫来一名船员。

"拿着这些，"他一本正经地说道，"去向锯木厂的卡恩先生致以

---

* 起源于西印度群岛的一种音乐形式，由独唱歌手即兴编出歌词，对社会现实、政治事件或各种要人进行诙谐的讽刺。——译注

'巴林·格朗'号诚挚的问候，然后暗示他，"他的声音变得越来越小，"我们需要大量的朗——姆——酒。"

他咧嘴朝我一笑。

"只需喝上一点够味儿的烈酒，我就会变成一个强大的歌手。"

在等待助兴的酒时，我架好了录音设备。然而五分钟后，那个甲板手满脸沮丧地空手而归。

"卡恩先生，"他说，"没有朗姆酒。"

魔鬼爵士翻了个白眼，发出一声深沉的叹息。

"那就不得不换一种替代'燃料'了，"他说，"去让卡恩先生准备两美元的深红葡萄酒。"

信使带回一大堆瓶装酒，把它们一排一排地摆在甲板上。

格兰德·斯玛什拿起一瓶，厌恶地看着它。酒瓶花里胡哨的标签中间，不伦不类地画了一堆柠檬、橘子和菠萝，颜色极其艳俗。画面上方印着几个大写的红色字母"RUBY WINE"，图案下方则非常谨慎地标着一行黑色的小字——"港口类型"。

"唱出好歌之前，我们可能会喝很多。"他抱歉地说。

他打开软木塞，把酒瓶递给魔鬼爵士，然后自己又拿起一瓶。空气中弥漫着一股殉道般的氛围，他们勇敢地尝试着助兴的酒水。

魔鬼爵士用手背擦拭一下嘴，然后清了清嗓子。

从小我就知道，

我一点也不喜欢被他们称作"工作"的东西。

看，我爷爷死了，在去工作的路上；

看，我奶奶死了，在工作回来的路上；

还有我叔叔，看，他死了，在工作的卡车上。

所以我不知道是哪个该死的让我去工作。

我们热烈地鼓掌。

"我知道一些比这更好的歌，先生，"他谦虚地说，"但是，我现在记不起来了。"

他又打开一瓶酒，然后唱了更好听的歌曲。这其中的许多曲调，我曾经在一张西印度群岛的民歌专辑中听过。专辑中的歌词似乎没有这样的效果，而且主题也不是特别连贯。然而，魔鬼爵士的版本却大不相同。显然，他的这些歌才是原版，但是歌词的内容实在是太下流了，当他们在河上大声歌唱时，我对那位民歌收集者的智慧赞叹不已，他成功地更改和删减了歌词，使它们得以发行。

夜幕降临后，魔鬼爵士和船员们依然在尽情地歌唱。这时，青蛙合唱团开始表演，好像在给他们伴奏。那位船员被派去购买更多的深红葡萄酒。后来，我们了解到"莫斯基塔娶了白蛉的女儿"时发生了什么，还有蒂尼·麦克图克的父亲在酒馆的所作所为（显然都是虚构的）。那首水手号子这样开头："迈克尔·麦克图克不仅是一位河流探险家，还是一位伟大的丛林长官。"

深红葡萄酒虽然越来越少，但是现在好像不再需要这些助兴的酒水了。此时，魔鬼爵士和格兰德·斯玛什正在合唱。

马德尔，我已经厌倦了你，哈哈，

因为，你不是那么真诚，哈哈，

每当我走在海滩上，

我都会听说你爱上了某个北方佬。

我们站起来表明我们必须得回去了。

"晚安，先生。"魔鬼爵士友善地说道。

我们踉踉跄跄地走下踏板，伴着魔鬼爵士的歌声回到小屋。

第二天早晨，码头空空荡荡的。天刚蒙蒙亮时，"巴林·格朗"

在"巴林·格朗"号上记录水手号子

号满载着苦油楝、巨豆檀和紫心木驶向乔治敦。定居点好像空无一人，锯木厂异常地安静，潮湿闷热的环境让人难以忍受。我们爬上那座被称为埃弗拉德山的小山丘，随身带了捕动物的网，遇到动物时兴许它们可以派上用场。然而，灼热的阳光根本没给它们这个机会。巨大的切叶蚁巢平铺在山丘的一侧，整个斜坡都被纳入蚁穴的轨道网，但是我们没有见到一只蚂蚁。我们的注意力偶尔会被草丛中的窸窣声所吸引，有一次，我们瞥见一只蜥蜴的尾巴。几只蝴蝶在我们面前无精打采地飞舞着。除了这些及蟋蟀的叫声外，这里没有一点动物生活的迹象。如果我们要被长期困在埃弗拉德山，那么很明显，我们必须在离锯木厂很远的森林里跋涉才能找到一些动物。

傍晚时分，远处传来一阵发动机的轰鸣声，打破了这里幽怨的宁静。一想到驶来的可能是一艘大型汽艇，我们立马飞奔到码头，看看它是否有可能把我们带到上游的阿拉卡卡。轰鸣声越来越大，直到河湾处出现一条快速行驶的小独木舟。它以一条宽阔而华丽的弧线完美地绕过河湾，溅起一道壮观的弓形浪花。小船进入笔直的河道后，立马关闭发动机，稳稳地滑入码头的停泊处。两个机敏的东印度男孩从船里爬出来，他们头戴着白色无檐帽，身穿着汗衫和短裤。

我们向他们做了自我介绍。

"我是阿里，"其中一人回应道，"他是拉尔。"

"我们想去阿拉卡卡，"杰克说，"你们能载我们一程吗？"

阿里是两个人中的发言人，他絮絮叨叨地和我们说，他们是打算去上游伐木，但到不了阿拉卡卡那么远的地方，另外额外的负载不仅会减慢他们的速度，也会增加他们遇到危险的概率。如果没有这些问题的话，他们也没有足够的燃料把船驶到阿拉卡卡，即使有也无法保证他们能顺利返回。显然，我们的希望落空了。

"但是，"阿里犹豫地说道，"倘若你们能支付足够多的美元，或许我们可以带你去。"

杰克摇了摇头，说这艘船不仅小，而且没有遮挡物品的地方，要是碰到雨天，我们无法保全我们的设备，它们一定会被雨水打湿，现在他要好好考虑一下，我们是不是真的非要去阿拉卡卡不可。

阿里和拉尔对此很感兴趣，在这场精心策划的讨价还价游戏里，我们坐在码头的木屑上，尽情地享受着其中的每一步。后来，尽管阿里知道会在这笔交易中损失一大笔钱，但是他还是同意第二天一早载我们去阿拉卡卡，为此，我们需要支付他二十美元。

夜里突然下了一场大暴雨。雨珠敲击着小屋的屋顶，沿着茅草中的漏洞如瀑布般倾泻在地板上。查尔斯立马从吊床上跳起来，检查并确保所有的设备都在干燥的地方。屋外暴风雨肆虐，查尔斯被折腾得无法入眠，他索性给每件设备都裹了一层塑料罩，以防第二天我们在毫无遮蔽的独木舟上再次遭遇这样的倾盆大雨。

第二天一早，我们发现昨夜的暴雨把阿里的独木舟打翻了，看来我们无论如何也走不了了。如今，小船正躺在河床上，而它的发动机也被泡在 4 英尺深的水里。

不过，阿里和拉尔却一点也不烦恼，已经开始了打捞工作。他们艰难地把小船从河底拖到岸上。然后拉尔开始倾倒船舱里的水，阿里则努力钩住发动机，把它拽上岸，河水从发动机四周的缝隙里倾泻而出。

"一切正常，"他说，"我们很快就能让它发动起来。"

他们面无表情地拆开发动机。对机械知识相当熟悉的查尔斯目瞪口呆地看着这一切。"你们难道没有意识到，"他说，"那个线圈已经被完全打湿了吗？如果发动机不完全干燥的话，它是无法启动的。"

"一切正常，"阿里无动于衷地重复了一遍，"我们要把它们放在火里烧一烧。"他取下仍在滴水的线圈，把它抬到火堆上，放在一块弯曲的发光金属碟上。接着他拔掉发动机的插头，把其他的机械零部件聚集到一起，放到汽油中浸湿，随后一把火点燃它们。发动机其余的每个可拆卸零件都被拧了下来，现在正放在拉尔的汗衫上晾晒。整个过程对查尔斯来说既恐怖又极具诱惑力，他一直坐在旁边观看着，偶尔提供一些力所能及的帮助，显然，这在查尔斯的认知里是一个全新的机械修理方法。

不到两个小时，发动机组装完毕。阿里猛地拉动启动线，让我们惊讶的是，发动机发出了刺耳的轰鸣声。阿里关上发动机。"我们准备好了。"他说。

起初我们对独木舟尺寸的怀疑，现在看来完全是合理的，当我们把所有的设备搬到船上，再爬上去以后，独木舟没有留出一点空地。任何一点小动作，都有让河水灌入小船的风险。因此，那一天的旅行一直特别拥挤，非常不舒服，没过几小时，僵硬的姿势就让我们痛苦不堪。不论如何，我们还是非常开心，因为我们终于踏上了前往阿拉卡卡的旅程。

尽管我们一直在航行，但是看到的动物比在马扎鲁尼盆地要多得多。在这里太阳闪蝶非常常见，我们还两次看见蛇从船边的河里游过；但我们只能稍微歪着头去看蛇，生怕掀翻独木舟。我们偶尔能在岸边森林中的小块空地上，见到三三两两的半裸的非洲人或者东印度人，他们在小船经过时注视着我们。他们脚下的河里漂浮着一些在森林里砍伐的原木，它们被绑在一起，扎成筏子，最后会漂向下游的锯木厂。阿里和拉尔大声地朝外打着招呼，我们在嘈杂声中缓慢地驶过他们。忽然，一艘破旧的快艇从我们旁边急速掠过，激起的尾流让独木舟不停地上下颠簸，我们花了好几分钟时间，焦虑地努力保持平衡，防止小独木舟沉没在水里。

傍晚，我们抵达一个小村庄。它看上去既舒适又繁荣。岸边茂密的草丛里种着几垄木薯和菠萝，坚固的茅屋周围长着几棵瘦高的椰树。岸边的美洲印第安人站成一排注视着我们。他们身后站着两个高高的非洲人，让他们相形见绌。

我们把船拴好后跳上岸；经过五个小时的长途跋涉，我们终于等到这个可以随意伸展筋骨的机会。

阿里开始卸下船上的货物。

"这儿是科里亚博村，"他说，"沿着河往上游再行驶五小时，就能抵达阿拉卡卡。不过我们不能再送你们了，如果继续行驶，这船应该没有那么多燃料，而且这个村子里的男人有汽艇。他会送你们去阿拉卡卡。还有——给我二十美元。"突如其来的告知，让我们措手不及。"不行，"杰克说，"你们只带我们走了一半的路，你们只能得到十美元。"

阿里笑了笑。"谢谢，我们现在要去砍树。"他和拉尔弯腰把小船推离河岸。没有载荷的小船在河里急速前行，显得异常轻盈，不一会儿就消失在河湾处。

两个高个子的非洲人向我们走来。

"我叫布林斯利·麦克劳德，"他说，"我有一艘汽艇，可以载你们去阿拉卡卡，只要十美元。不过今早它去埃弗拉德山补给燃料——你们或许碰到过它——但是它明天就能回来，一回来我就带你们去。"我们高兴地接受了他的提议，随后去了一座安排给我们的茅屋。只要一想到明天能坐上宽敞的大船，也就是下午迅速驶过我们的动力十足的那艘，我心里就十分满足。

第二天早晨，就在我们即将吃完早餐的时候，另一个非洲人来了。他明显比麦克劳德年长，饱经风霜的脸上满是深深的皱纹，眼睛不仅布满血丝，而且微微泛黄，看上去有些狂野。

"布林斯利没和你们说实话，"他幽幽地说道，"那艘船今天回不来，明天也是，后天还是。那些男人要留在埃弗拉德山喝朗姆酒。你们为什么想去阿拉卡卡？"

我们说想去那里收集动物。

"伙计们，"他阴郁地说道，"你们完全没必要为了那些东西去阿拉卡卡。我在丛林里有一块用来挖金子的地。那儿有森蚺、鳄鱼、蜥蜴、毒蛇、大食蚁兽，还有让人麻木的鱼。它们不仅没有任何好处，还伤害我，你们可以随便捕捉。它们真是一群害虫。"

"让人麻木的鱼？"杰克焦急地询问，"你是说电鳗吗？"

"是的，很多，"他激动地说，"有小的，有大的，甚至有一些比独木舟还要大。它们真不是什么好东西，还有很大的破坏力；即使坐在船上，它们也会把你电翻，除非你穿着长长的胶鞋。有一次它们电了我，把我掀翻在地，我头晕目眩地躺在船上，三天后才爬起来。是的，那块土地上所有的东西都是我的，如果你们想看，我这就带你们去。"

我们匆忙地吃完早餐，和他一起登上独木舟。我们划船往上游去的路上，他讲了更多自己的故事。他叫西塔斯·金斯顿，大半辈子都在圭亚那的森林里寻找黄金和钻石。有时他也会发财，但是每次挣的钱很快就花完了，他又和以前一样穷困潦倒。前些年，他发现了一块采矿地，也就是即将带我们去看的那块。他说那里非常棒，可以让他在短短数年间变成一个大富翁，到那时，他就再也不用去丛林里工作了，还可以在舒适的海边定居。

独木舟从主河道拐进一条支流，很快就驶到一根陷在沼泽里的柱子旁。柱子顶端钉着一块长方形锡板，上面潦草地写了几个字"土地名称：地狱；所有人：C.金斯顿"，下面标注了许可证号和日期。

我们爬出独木舟，跟着西塔斯沿着一条窄路进入丛林。十分钟后，我们走出昏暗的森林，来到一片阳光明媚的空地。这儿的树木都被砍倒了，取而代之的是一个尚未搭建好的大型茅屋框架。

西塔斯转向我们，眼中闪着光芒。"这周围所有的土地，"他张开双臂画出一个圈，兴奋地说道，"下面都有黄金，都是那种天然成块的金子，你们只要找到一块，接下来的五年就不用做任何的工作了。不是吹牛！在地面以下 4 英尺的地方，你们就能看到红色的金泥，比鲜血还要红。这些都是真正的黄金，我要做的所有工作就是把它们挖出来。看，我来给你们演示。"

他握住一把随身携带的长柄铁锹，开始疯狂地挖掘地面。他嘴里不停地嘀咕着，使劲地将铁锹抢进地面。汗水从他疲惫的脸上滴下来，打湿了他的衬衣。最后，他干脆扔下铁锹，在刚刚挖开的洞底摸索着，然后抓起一把铁锈色的沙砾。

"这儿，你们快看，"他声嘶力竭地喊道，"比鲜血还要红。"他用食指戳了戳那些沙砾，继续自言自语，完全忽略了我们的存在。

"我虽然是一个老人，但是我有两个儿子，他们都是好孩子。他们是不会学贸易的。他们打算到这儿来和我一起淘金。我们要在茅屋周边种上木薯，还有菠萝，还有酸橙；我们要招来工人，然后一起把所有的地都挖开，把所有的金子都淘出来。"

他停止自言自语，把手上的沙砾扔回洞里，紧接着站起来。

"我想我们要返回科里亚博了。"他沮丧地说道，然后顺着小道往独木舟走去。他好像忘记了带我们来到这里的原因——给我们展示这里的动物；不知怎的，他被一股突然袭来的恐惧所困扰，虽然他脚底下踩的都是黄金，但是他毕生都得不到他梦想的巨额财富。

第七章　吸血蝠和格蒂

第二天清晨，布林斯利带来了一条令人沮丧的消息——昨天夜里，他的快艇抛锚了。这会儿发动机的状态不是很好，他可能没办法载我们去阿拉卡卡。我们听闻后并没有十分失落。科里亚博实在是一个非常宜居的村庄，这儿的村民既善良淳朴又乐于助人，另外，我们在这周围的森林里，还观测到大量野生动物活动时留下的痕迹。

更令我们惊喜的是，这里的村民们还驯养了许多动物。一位被大伙儿亲切地称为"妈妈"的老奶奶，是村里的首席"宠物饲养员"。她的小屋简直就是一座小型动物园。这里不仅有沿着屋顶跳跃的亚马孙鹦哥，在屋檐下的柳条笼中飞舞歌唱的蓝唐纳雀，一对邋遢的、在篝火的灰烬里扭打的金刚鹦鹉雏鸟，还有一只神出鬼没、被拴在黑暗的小屋里的卷尾猴。

当我们坐在小屋的台阶上和"妈妈"聊着天时，面前的灌木丛里突然传出一阵突兀的哨声。只见两只像猪一样的庞然大物拱开草丛，踏着沉重的步伐，庄严地朝这边走来。它们在离我们大约1码的地方停了下来，蹲坐在地上，用轻蔑的眼神上下打量着我们。乍一看，它们脸上长的似乎不是吻部，而是钝钝的鼻子，从侧面看几乎是一个长方形。这让它们看上去异常高傲，可是不合时宜的咯咯声多少破坏了这份尊贵。它们是世界上最大的啮齿动物——水豚。当我伸出手打算摸摸其中一只时，它猛地抬起头，狠狠地撞到我的手指。

"别怕，它不会伤害你。""妈妈"说，"这个小家伙只是想吮吸你的手指而已。"

我鼓起勇气，小心翼翼地伸出一根手指，慢慢地靠近这家伙的吻部。它发出如口哨般的咝咝声，张开嘴巴，露出亮黄色的门牙，把我的手指一下子嘬了进去。当它大声吮吸的时候，我甚至能感觉到指甲在它喉间两个突出的骨刺上来回摩擦。"妈妈"的英语表达能力虽然让人不敢恭维，但她还是边说边比画地让我们明白了这个家伙为什么这么喜欢吮吸东西。它俩刚被抓来的时候还非常小，所以"妈妈"只能用奶瓶喂它们。它们现在虽然已经长大了，但是没能改掉喜欢吮吸东西的毛病，送到它们面前的东西都逃脱不了被蹂躏一番的厄运。它俩的屁股上画着红色的宽线条，"妈妈"说这是她画的，为的是确保它们在森林里闲逛时不会被猎人猎杀。

我们表示想拍一段影像。"妈妈"点头表示同意，查尔斯随即调试好摄像机。实际上，水豚是一种水陆两栖动物，它们在野外大多数时间都待在水里，只有夜里才会浮出水面吃岸边的水草。正因如此，我们想拍摄它们在水里游泳的画面。我试图诱惑它们走到水里，可它们在河边哼哼唧唧的，死活不下水。引诱这一招行不通，我又尝试把它们赶到水里，我记得有一本自然手册说"水豚遇到危险的时候，会第一时间逃到水里"。然而，我们这两只水豚却与众不同，它们总躲到小屋阴暗的角落里。我在村子里一边拍掌一边大喊，来回追赶这两个家伙，弄得汗流浃背。"妈妈"坐在小屋的台阶上，一脸狐疑地看着我们。

"这不是个好主意。"我气喘吁吁地对查尔斯说，"这两个卑鄙的家伙显然是被驯化太久了，已经完全失去对游泳的兴趣。"

"妈妈"的脸上慢慢露出理解的神色。

"游泳？"她问道。

"是的，游泳。"我回应道。

"哈哈，游泳啊，"她面带着灿烂的笑容，喊道，"哎哎！"

两个赤身裸体的小孩在她的尖声召唤下，从屋底的灰尘中爬出来，走到她的跟前。

"去游泳吧！"她说。

孩子们蹦蹦跳跳地跑到河边。两只水豚低着头瞥了我们一眼，然后转过身悠闲地跟在他们后面。等水豚走到河边后，他们四个便一起跳到河里，在水中肆意地打闹，开心地尖叫。

"妈妈"则在一旁宠溺地看着他们。

水豚在河里戏水

她说："我把它们像孩子一样聚集起来。"她解释说，他们四个从婴儿时期开始就一直在一起洗澡，所以现在没有孩子，水豚就不会下水。

我们告诉"妈妈"，我们和她一样喜欢这些驯化的动物，希望可以带几只回到我们的国家。"妈妈"看着水豚。"对我来说，它们太大了，"她说，"你们真想带走它们？我还能捉到更多。"

面对这份馈赠，杰克异常兴奋，但是对他来说还有一件不确定的事情，那就是如何把这两只庞然大物运回乔治敦。最后，我们和"妈妈"商定，我们会竭尽全力在阿拉卡卡制作一个笼子——如果能到达那里的话——等返回这里的时候再带走它们。

村里的人大多不愿和他们的宠物分开，这种心情我们非常理解。一个女人养了一只温顺的拉巴 *。这是一种极具魅力的小生物，腿和羚羊一样纤细。它和水豚都是啮齿动物，而且是豚鼠的近亲。小家伙深褐色的皮毛上点缀着奶油色的斑点，这时它正躺在主人的腿上，用明亮的黑眼睛注视着我们。女人说，三年前她的孩子不幸夭折，之后不久，她的丈夫在森林里打猎时发现一只雌性拉巴，还有一只小拉巴。他射杀了那只成年的拉巴，把它作为食物，然后将小拉巴带了回来。女人决定用自己的奶水喂养它。如今，这个小家伙已经长大。她和蔼地抚摸着它，言简意赅地说："这是我的孩子。"

晚上，远处传来的发动机轰鸣声着实吓了我们一跳。一艘大型汽艇在夜幕的笼罩下绕过河湾，停靠在村里的码头上。汽艇的东印度籍船长说他要送物资和邮件去矿区的公司，第二天一早出发赶往阿拉卡卡，问我们是否愿意一同前往，我们欣然接受：看起来我们终于要抵达目的地了。

次日清晨，我们将所有的设备搬上汽艇。临行前，我们和"妈

---

* 根据作者在下文的描述，此处的拉巴应该是斑点无尾刺豚鼠（*Cuniculus paca*）。——译注

妈"说将在四天后返回这里，带走水豚；布林斯利也承诺届时一定修好小船，保证把我们送到下游的莫拉万纳。矿产公司的汽艇上堆满了货物，除了我们几个人之外，船上还有一个自称为格蒂的异常开心的非洲女人。尽管如此，船上给我们留的空间还是相当地宽敞，见识过小独木舟和布林斯利的小船后，这样的环境简直太豪华了。我们三个躺在船头，不知不觉地睡着了。

下午四点，我们抵达阿拉卡卡。越过河面望去，那里简直如同世外桃源一般，一排排小茅屋错落有致地坐落在高高的河岸上，屋后是一片茂密的竹林，竹叶随风摇摆，如羽毛般轻盈。然而当我们登陆后，刚才的美好瞬间消失得无影无踪。这儿三分之二的房屋都是那种带有朗姆酒馆的小商店，村民居住的破旧木屋便矗立在商店后面泥泞而肮脏的空地上。

五年前，阿拉卡卡还是一个欣欣向荣、有着数百人的社区。它周边的森林富含金矿，据说那段时间里，矿产公司的经理们常驾着卡车，带着他们的老婆在大街上兜风。如今，这里的金矿资源基本枯竭，街道上杂草丛生。大多数房屋已经坍塌腐烂，又重新被森林覆盖。萧条的镇子在热浪里朽坏，空气中都弥漫着一股衰败和退化的味道。在一座小屋旁，我们发现了一张严重风化的木桌，桌面几乎完全掩埋在藤蔓植物下。桌腿嵌在烂泥浆里，就连下面砖砌的平台都已经被藤蔓的根部挤裂。"以前这儿是医院。"有人告诉我们，"它就是太平间的工作台。"

尽管现在才是下午四点半，但是朗姆酒馆内早已坐满顾客，店里老式的留声机放着轻音乐。我们走进一家店，看到一位满身肌肉的高个子非洲男青年端着一大杯朗姆酒坐在沙发上。

"伙计，你们来这儿干吗啊？"他问。

我们说来这里找动物。

"很好，这里有很多，"他说，"不是我吹牛，我能轻易地逮住它们。"

"太棒了！"杰克回应道，"如果你能替我们捕捉到它们，我就付给你一笔数目可观的劳务费。不过，我们几个在这儿待不了几天，你有兴趣明天捉一些来吗？"

那个人当着杰克的面一本正经地摇了摇手指。

"哈哈，明天我什么也捉不到，"他严肃地说，"到明天我早就喝醉了。"

格蒂——那个和我们一起乘坐汽艇的乘客走进商店。

她倚靠在门柱上，紧紧地盯着中国店主的眼睛。

"老板，"她凄婉地说道，"我听汽艇上那些小伙子说，这里有很多吸血蝠。可是，我的吊床没有蚊帐，我该怎么做呢？"

"女士，你大可不必为这些吸血蝠烦恼。"那个端着搪瓷杯的非洲人说道。

"我现在非常肯定，"她坚决地回应道，"因为这些该死的蝙蝠，我的精神高度紧张。"

男青年悻悻地眨了眨眼。格蒂又将注意力转到了店主那儿。

"现在，你能给我些什么？"她露出矫揉造作的微笑。

"女士，我这儿可没有什么东西能给你；不过，我倒是可以卖给你一个两美元的灯笼。这东西可以确保那些吸血蝠远离你。"

"真的吗，老板？"她用傲慢自大的口气说道，"但我必须要说，我的财务状况非常糟糕。"她莞尔一笑。"还是给我一根两分钱的蜡烛吧。"

当晚，我们在商店附近的一间破败的休息室安顿下来，杰克和查尔斯在蚊帐里很快便睡着了，而我却像格蒂一样变得越来越紧张，不幸地失眠了，这在过去的四天时间里从未发生过。格蒂警告说这里有很多吸血蝠，为此我在吊床上挂了一盏煤油灯。我躺在床上，努力让自己睡着。十分钟之后，一只蝙蝠悄悄地从敞开的窗户飞进房间。它从我的吊床下面飞过，在屋内绕了一圈，飞进过道，不久之后又从我的吊床下经过，从窗户飞出去。它每隔两分钟以同样的线路进出一次，这种规律性的重复让我惴惴不安。

在抓住它之前，我不能确定它是不是一只吸血蝠，但是在这样的情况下，一些动物学上的细微差别似乎已无关紧要。

它的鼻子上似乎没有那些有害蝙蝠所拥有的精致的叶状结构，然而吸血蝠也没有。尽管没见过它们，但我确信它们一定装备了一对三角形的尖利门牙，用这对牙从受害者身上刮下一层薄薄的皮肤。然后，它们就趴在伤口上吮吸渗出的鲜血。这些可怕的家伙能在不打扰人睡觉的情况下大吃一餐，第二天早上，那条被鲜血浸湿的毛毯是它们来过的唯一证据。三个星期之后，这个人有可能罹患一种严重的疾病——麻痹型狂犬病。

吸血蝠

　　我发现真不应该相信店主信誓旦旦的鬼话，他说在有亮光的地方吸血蝠就不会吸血。当它以吸血蝠最经典的造型——将翼膜沿着前肢折起来，用四肢在地板上碎步疾跑，活像一只肮脏龌龊的四足蜘蛛——突然出现在房屋的角落时，我内心的恐惧达到了顶点。我实在忍无可忍了，俯身从吊床下捡起一只靴子，狠狠地朝这个畜生砸去。它猛地飞出窗户，消失在夜幕中。

　　真是世事难料，二十分钟后，我又开始感激那只吸血蝠。由于心里对它念念不忘，我没有睡着，从而得以录到这几周一直萦绕在脑海中的声音：南美洲森林里最恐怖的声音。

第一次听到这种声音，是在前往库奎的旅程中。那天晚上，我们把吊床挂在河边的森林里。星光透过树叶不停地闪烁，灌木和藤本植物的影子如鬼魅般隐约可见。正当我们打算睡觉的时候，森林里突然传来一阵阵呜呜的叫喊声，声音震耳欲聋，接着又像大风穿过电线发出的呼啸声一样，渐渐地消失。这可怕声响不是其他动物能发出的，只有吼猴才有这本事。

　　这几周我一直尝试着录下这些声音。在森林里的每一晚，我都会虔诚地将麦克风安装到弧形声音接收器上，然后给设备换上一卷新的磁带。尽管时间一宿一宿地流逝，但是我们一无所获。一天深夜，大伙儿极其疲惫地回到营地，我因为太累就没有安装设备。那天夜里我被猴子们尖锐的吼声吵醒，我立马跳下吊床，疯狂地组装设备。当一切准备就绪，我正要打开设备录音时，吼叫声却戛然而止。还有一次，在库奎，我觉得我成功了。那些猴子离得特别近，不仅发出的吼声音量特别大，而且记录仪也调试妥当。我兴奋地打开设备，一连几分钟都在记录那绝妙而又可怕的嚎叫。它们的表演随着最后两声短促、响亮的吠叫声而结束。我带着磁带凯旋，急急忙忙地把查尔斯从吊床上折腾起来，让他听我记录的声音。然而，整盘磁带都是空白的，原来是设备中的一个旋钮在白天的旅程中被弄坏了。

　　现在，我要感激吸血蝠，它让我在猴子们刚开始合唱时保持着清醒。它们尽管在大约半英里外的地方，但是发出的声音非常大。我使出浑身解数把设备搬出休息室，然后迅速调好设备，小心翼翼地把弧形接收器对准声音传来的方向。有了前车之鉴，这次我没有立刻回去给查尔斯播放磁带。次日清晨，我们一起听了录音，这次录制的效果非常完美。

———————

那天早晨，矿产公司经理驱车从营地赶到阿拉卡卡，他们的营地驻扎在 12 英里外的森林里。虽说早已收到电报，但看到我们时他还是非常地惊讶。由于他的小卡车上堆满了汽艇运来的货物，他抱歉地说今天不能带我们去营地。他建议我们第二天和他一起出发，并承诺再派一辆卡车来接我们。

我们利用剩下的时间在周围森林里搜寻了一番。杰克非常希望能找到一些马陆和蝎子，他遇到一棵像棕榈一样的矮树，便用手撕去包裹在树干上的干枯的棕色叶子。在他撕的时候，树上突然发出一声响亮的咝咝声，一只和小狗差不多大、全身覆盖金棕色皮毛的生物，舒展着身体趴在树干的上端。它一见到我们，便毫不犹豫地朝着地面方向爬去。当我们走近时，它正在地面上笨拙地爬行着，不过没跑几步，杰克就抓住了它肥壮的、几乎裸露的尾巴，把它提溜起来。它倒悬在半空中，珠子般的小眼睛恶狠狠地瞪着我们，弯曲的长吻不时地发出咝咝声，并不停地流着口水。杰克非常兴奋，他靠着纯粹的运气捉住了一只小食蚁兽，也叫树食蚁兽。

我们把它作为战利品带回休息室，杰克一回来就开始为它制作笼舍，而它则被我们放到了房屋旁边的一棵大树上。这个小家伙用前肢抱住树干，轻而易举地爬到了高处。爬到距地面大约20英尺的地方，小家伙停下来，转过身凶狠地瞪了我们一眼。然而没过多久，它就被几英尺外的硕大的球形蚁巢所吸引，似乎是忘记了刚刚的愤怒，径直爬向蚁巢，用它那灵活的尾巴盘绕着树枝，倒悬在树干上，然后用强有力的前爪撕裂蚁巢。蚂蚁如棕色潮水般从又深又长的裂口处鱼贯而出，全部聚集在小食蚁兽周围；它却没有一丝害怕，直接将管状的吻部伸入蚁巢之中，用黑色的长舌头舔食蚂蚁。五分钟之后，它一边大快朵颐，一边开始用后腿抓挠自个儿。随后，它的一只前爪也加入了搔痒的队伍中。后来，它觉得食物带来的满足感，已经弥补不了因取食而付出的代价——被蚂蚁叮咬，于是它选择优雅地撤退。浓密而又坚硬的毛发显然无法完全抵挡住蚂蚁，所以小食蚁兽每退一步，就不得不停下来用爪子搔一搔痒。

　　我和查尔斯一直观察着，并拍摄了整个过程，这时我们突然意识到，爬到树上去捕捉这只小食蚁兽，将是一件多么让人抓狂的事情。愤怒的蚂蚁成群结队地在树枝上爬来爬去，如果小食蚁兽都觉得被它们叮咬是一件很痛苦的事，毫无疑问，我们的感觉只会更强烈。幸运的是，小食蚁兽为我们解决了这个难题，因为它自个儿爬了下来，这会儿正坐在地面上，用它的后腿抓挠着右耳呢。不停叮咬的蚂蚁让它一刻也不能清闲，以至于它无暇顾及杰克，最后乖乖被拎起来关进笼子里。它安静地蹲坐在角落里，继续清理左耳朵里的蚂蚁。

　　夜里，我们拿着手电筒去森林里继续搜寻。黑黢黢的森林如同一个可怕而神秘的空间，充满着各种看不见的热闹。各处的声音不

小食蚁兽

尽相同；河边带有金属质感的蛙鸣声此起彼伏，走进森林深处时，昆虫的唧唧和嗡嗡声一跃成为主角。我们很快便适应了这种不间断的"合唱"，不过倒木突然发出的巨响或不明来源的尖叫声的回响，还是会让我的心提到嗓子眼。

在漆黑的森林里，我们能发现许多在白天看不到的动物。它们的眼睛如同反射器一般，看向我们时会反射手电筒的光亮，我们就能看见两个闪烁的小光点。通过眼睛的尺寸、颜色及两眼的间距，我们能大概猜测出那是什么动物。

我们把手电筒照向河面时，发现四双亮闪闪的、如同红通通的炭火一般的眼睛。那是凯门鳄的眼睛，它们几乎把身体全部潜伏在水里，只在水面上留一双眼睛。我们还在一棵树的高处发现一只被脚步声惊醒的猴子，它转过身盯着我们。它眨了眨眼睛，里面反射的光瞬间消失，然后在一声撞击声后完全消失——原来它转身从树枝间逃走了。

我们尽可能安静地向前行进，逐渐走进一片茂密的竹林，竹子在 30 英尺外的黑暗中摇曳着，不时地发出咯吱声。杰克将手电筒照向竹林底部那些缠绕在一起的带刺的根部。

"这儿真适合蛇生活。"他兴奋地说道，"你绕到竹林的另外一边，看看能否惊动一些动物，让它们朝我这边跑过来。"

我用手里的砍刀拨开竹子，在黑暗中谨慎地选了一条路，打算走过去。就在这时，手电筒发出的光亮照到地面上的一个小洞。

"杰克，这里有一个小洞。"我轻声地呼唤。

"我就说这里有嘛，那里面有什么东西吗？"他略显拘谨地回应道。

我小心翼翼地跪下来，朝洞里看了看。洞里有三只亮闪闪的小眼睛盯着我。

"当然有东西，但是，这家伙竟然有三只眼。"我回应道。

杰克三步并作两步，迅速来到我身旁，我们一起趴在地上朝洞里张望。借助两支手电筒发出的光亮，我们发现洞底蹲着一只满身黑毛的蜘蛛，大小和我的手掌差不多。我刚刚看到的眼睛，仅仅是它八只眼睛中的三只，在它丑陋的头顶闪闪发光。更令人生畏的是，它抬起两条前肢，露出尖尖的、闪着虹彩的蓝色腕趾，让我们清楚地看到它巨大而弯曲的毒牙。

"太漂亮了，千万不要让它跳出来了。"杰克一边喃喃自语，一边把自己的手电筒放在地上，然后从上衣口袋里拿出一只装可可粉的锡罐。我捡起一根小树枝，轻轻地把它拨弄到洞底的一边。这个家伙用它的前肢敲击小树枝，并猛地扑到上面。

"小心，别弄断它身上的刚毛，不然它就活不了多久了。"杰克说。

他把罐子递给我。"你把它放到洞口，我看看能不能说服这家伙自己走出来。"他把刀小心地插在地上，不停地震动小洞后面的土。不堪忍受的蜘蛛爬到洞口，然而面对新的危险，它又往后倒退几步。杰克继续在泥土里转动小刀。小洞的底部彻底坍塌了，蜘蛛迅速掉头，径直跑入锡罐，我立马盖上盖子。

杰克满意地笑了笑，小心翼翼地把罐子放回口袋。

接下来的一天将是我们在阿拉卡卡的最后一天，这是因为我们的船预计在三天内离开巴里马河口的莫拉万纳，而赶到那里需要两天的时间。按照计划，矿产公司的吉普车应该中午到达，然后带着我们去 12 英里外的营地参观。等待的过程中，我们兴奋地猜测着到那里以后能见到哪些动物。然而，吉普车并没有准时到达，下午晚些时候，经理才开车过来。他一脸歉意地向我们解释说，卡车出了故障，刚刚才修好，现在太晚了，不能去参观营地了。我们问他，如果我们到那里去，能得到什么动物。

"这个嘛，"他说，"我们以前有一只树懒，不过它死了；还有一只猴子，只是最近让它逃走了。不过，我相信我们一定能在附近找到一些游荡的鹦鹉。"

听到这些，我们心里可谓是五味杂陈。从大老远跑过来，才收获这么几只动物，真是不值得；虽然没能在最后一刻赶到营地，但起码我们没有错过什么奇观，这一点又让我们略感欣慰。

矿产公司经理说完便驱车离开了阿拉卡卡。现在，新的问题又出现了：我们需要立马找到一艘开往下游的船。我们挨个拜访了所有的朗姆酒馆。虽然很多人都有配备舷外发动机的独木舟，但是大家似乎都有很好的理由拒载：不是发动机出故障，就是独木舟太小，或者是没有燃料，而那个唯一真正了解发动机的男人现在还不在阿拉卡卡。最后我们终于找到了一个名叫雅各布的东印度人，当时他正郁闷地坐在一家朗姆酒馆里。他的长相实在是太显眼了，想让大家不关注到他都难。他的耳朵上有一簇黑色的毛，这让他看上去像一只忧郁的小精灵。雅各布承认他有一艘船，但是他不能载我们。然而他并没有像其他人那样找到合适的理由，而且我们的态度又相当坚决。朗姆酒馆里烟雾缭绕，我们在留声机发出的刺耳声音中激烈地争论着，不停地讨价还价。大约晚上十点半，雅各布的坚持最终被击溃，他非常失落地答应第二天一早送我们去科里亚博。

早上六点，我们起来收拾行李，计划七点准时出发，但是到处都找不到雅各布。直到上午九点，他才面色凝重地来到休息室，宣称小船和发动机都已经准备妥当，但就是找不到汽油。

无所事事的格蒂站在一旁，饶有兴致地看着我们对话。她略带同情地看着大家，然后发出一声沉重的叹息。

"伙计，这么拖拖拉拉难道不可怕吗？真烦人。"她说。

临近中午发动机才装满燃料，我们总算可以出发前往下游的科里亚博了。小食蚁兽蜷缩在笼子里睡着了，在它身旁放着的半个蚁巢，是它旅途中的点心。杰克在阿拉卡卡为水豚准备的大木箱子被放在船头，两边各伸出去 2 英尺。

我们幸运地赶上了涨潮，小船在湍急的河水中急速行进。可是，雅各布小船上的舷外发动机总是反复无常，不能受到任何形式的干扰。如果一小块漂浮的木头阻塞了水冷系统的入口，或者我们要求船以全速行驶，它都会闹脾气罢工。一旦出现一点小差错，就要耗费相当长的时间才能让它再次运行。雅各布解决这种问题的办法简单粗暴，那就是用最大的力气尽可能快地拉启动绳，直到发动机转起来。他觉得发动机内部的工作是神圣不可侵犯的，决不能加以干涉，他这样的信念后来被验证是非常正确的。不过，有一次不得不重新启动发动机的时候，他差不多花了一个半小时在那里拉启动绳。当发动机再一次启动后，雅各布怒不可遏地咬紧牙齿，没有表露出一丝胜利的喜悦，随即坐在船舵上，回到了一如既往的忧郁状态。

我们终于在傍晚时分抵达科里亚博，雅各布把小船停在布林斯利·麦克劳德的汽艇旁。除非迫不得已，他并不想关闭发动机，所以我们要尽可能迅速地卸下行李。不到十分钟船就清空了，然而在发动机没有熄火的情况下，取得这样的成就并没有让雅各布开心，他最终还是一脸沮丧地踏上返回阿拉卡卡的路。

当得知布林斯利的汽艇可以正常运转时，我们总算松了一口气。虽然他现在只身一人去大坝后的采矿地淘金，但是我们得到保证，第二天上午十点之前他一定会回来。

在科里亚博引诱水豚进入木箱

出乎意料的是，他真的准时赶了回来。我们用熟透的菠萝和木薯面包把水豚引诱进木箱，然后把箱子搬到甲板上，开启在巴里马河上的最后一天航程。这是一段相当长的旅程，我们要在曾经到访过的每一处定居点停留，看看有没有人捕获了我们当时想要的动物。还真有村民这么做了，所以当我们抵达埃弗拉德山的时候，甲板上不仅有小食蚁兽，还有水豚、蛇、三只金刚鹦鹉、五只鹦鹉、两只长尾鹦鹉和一只卷尾猴，这其中最珍贵的当数一对红嘴巨嘴鸟。收购这些动物的谈判耽搁了太长的时间，以至于汽艇距离莫拉万纳还有 10 英里的时候，天就已经黑透了。我们直到凌晨一点才抵达停靠在莫拉万纳码头的"斯斯塔彭"号。我和查尔斯、杰克爬上舷梯，小心翼翼地穿过甲板上熟睡的人群，来到大副的房间。他穿着一件颜色鲜明的条纹睡衣走了出来，当他发现有任务要执行时，便把大檐帽戴在头上。我们跟着他来到早先预订的两间客房，随后把动物们塞进其中的一间，直到凌晨两点半，我们三人才拖着疲惫的身体爬到另一间房。

当我再次睁开眼的时候，已经是第二天中午；此时的我们正在大海上航行，乔治敦就在远方的地平线上。

第八章　金先生和美人鱼

　　在乔治敦，蒂姆·维纳尔打造的"车库动物园"给我们带来许多意想不到的惊喜。我们在巴里马探险期间，全国各地的朋友们送来各种各样的动物。我们曾经搭乘过的水陆两用飞机近期到访过卡马朗河，飞行员送来几只那里盛产的长尾鹦鹉，还有西格尔夫妇托他捎来的一只温顺的红冠啄木鸟。蒂尼·麦克特克寄来一只草原狐，以及一只装满各种蛇的袋子。蒂姆并不满足于全职照料这些从各地收集来的动物，闲暇时他也会"怂恿"当地人捕获一些他们能找到的动物，车库里饲养的一些动物就是在植物园里捉的。植物园的园丁捕到一对獴，我们曾见过这个小家庭在草地上窜来窜去。尽管它们不是南美洲的本土动物，但是蒂姆还是很高兴能捕获它们。很多年以前，獴被蔗农从印度引进南美洲，蔗农希望借此控制老鼠的数量，从而使甘蔗免遭破坏；自打那时起，獴的数量开始急剧增长，如今它们已经成为沿海城市里最常见的动物之一。植物园里还有一大群负鼠，这是一种和袋鼠一样在育儿袋里哺育下一代的动物。我曾非常期盼能碰到负鼠，因为这是仅有的能在澳大拉西亚以外见到的几种有袋类动物之一，但是现在我非常地失望。蒂姆饲养的这两只负鼠就像大老鼠一样，长着几乎赤裸的尖鼻子、又长又锋利的牙齿，还有一条令人厌恶的鳞状尾巴。它们是所有收集到的动物中最丑的，这一点毋庸置疑。蒂姆笑嘻嘻地说，一见到它俩，他就毫不犹豫地给它们取名为大卫和查尔斯。

这些新来的动物中，最引人瞩目的非佩尔西莫属。佩尔西是一只既爱发脾气又爱哭闹的树豪猪，和树豪猪家族的其他成员一样，它也是个十足的暴脾气。如果有人想尝试着去摸摸它，它一定会皱起小脸，将全身的棘刺抖得咯咯作响，嘴里发出咝咝的声音，甚至还会愤怒地跺脚；不用说，它肯定非常乐意用长长的门牙去咬那些试图靠近它的人。树豪猪非常善于攀缘，爬树的时候，它会用竖起来的尾巴抓住树干协助攀爬。许多树栖动物用于辅助攀爬的设备非常相似，如猴子、穿山甲、负鼠和小食蚁兽等都有一条向下弯曲的尾巴。然而佩尔西的尾巴却与众不同，它是向上弯曲的，这与一些生活在巴布亚的老鼠倒有几分相似。

尽管大家送来许多新的物种，我们又从巴里马河流域带回来一些，但是收集名录中两个最重要的动物名字仍然空缺，我们至今还未寻得圭亚那最具吸引力的两种动物。首先是一种名叫麝雉的鸟。科学家们之所以对它如此着迷，主要是因为它们的翅膀上长有一对

树豪猪佩尔西

脚爪，这种现象在所有现生的鸟类中仅此一例。虽然这对爪子对成年的麝雉来说毫无用途，一般深藏在翅膀的羽毛里，但是对羽翼未丰的雏鸟来说，它们却是不可或缺的；雏鸟会把带爪子的翅膀作为第二双腿，协助它在鸟巢周围的树枝里攀爬。化石证据表明，鸟类是由爬行动物进化而来。麝雉前臂上长有爪子，是唯一一种保留这种特征的现生鸟类，而且全世界只有在南美洲这一带的海岸线上可以寻找到它们的身影。

另一种让我们非常期待的动物是海牛，它是像海豹一样的大型哺乳动物，一生都在溪流里悠闲地吃草。作为哺乳动物，海牛会浮出水面，把独生子女抱在鳍肢里给它喂奶。最早在南美洲海岸线附近航行的水手描述了海牛哺育幼崽的情形，据说美人鱼的传说便由此而来。

我们获悉麝雉和海牛在坎赫河流域非常多，而且那里距离乔治敦的海岸线仅有数英里之遥。我们还有一周的时间可以用来碰碰运气，所以，从巴里马回来的第三天，我们便再次踏上征程，坐上前往新阿姆斯特丹的火车，那是一个坐落于坎赫河口的小镇。

圭亚那直到19世纪初才成为大英帝国的殖民地。此前的几百年里，它一直处于荷兰的统治之下。当我们乘坐火车沿着海岸行进时，这里曾经被荷兰殖民过的迹象随处可见。沿线的火车站以它们服务的制糖厂来命名，如贝特瓦维格廷、维尔达德、昂弗尔维格特。在我们左侧遥远的海堤上有许多大型制糖厂，那是荷兰政府为了把盐碱地变成肥沃的土地而兴建的。在宽度足有1英里的伯比斯河口的边缘，新阿姆斯特丹在热浪中饱受煎熬，那里矗立着风格迥异的建筑群，混杂着现代的混凝土建筑、木制平房，以及几幢优雅的白色房子——荷兰殖民时期的建筑风格被它们展现得淋漓尽致。

最有可能帮我们找到海牛和麝雉的人是渔民，所以我们一到新阿姆斯特丹便直奔港口。那里的渔民多是非洲人和东印度人，闲暇时他们不是坐在地上修补渔网，就是在码头的小木船上闲聊。我们询问有没有人能捉到"水妈妈"，这是当地人对海牛的称呼。尽管没有人认为自己有这样的本领，但是大家一致认为一个叫"金先生"的非洲人可以做到。

从渔民们的描述来看，金先生是一个多面手。他虽然只是渔夫，但是他力气极大，可以胜任新阿姆斯特丹各种各样的工作，拿打桩来说，这里几乎没有人能比得过他。据说，他平时的娱乐活动是和牛比赛摔跤。不仅如此，他还是一个非常老练的猎人，比所有人都要了解这一区域的野生动物的情况。如果新阿姆斯特丹只有一个人能捕到海牛，那一定非金先生莫属。我们立马启程去拜访他。

　　我们最终在鱼市找到了他，当时他正和一个鱼贩在那里讨价还价。金先生果然名不虚传。他长得非常结实，穿着亮红色衬衫、黑色条纹裤子，如同拖把一样的杂乱的头发上戴了一顶小小的卷边软呢帽。我们问他能否帮忙捉一头海牛。"这个嘛，伙计，"他一边抚弄着浓密的连鬓胡子，一边说，"虽然这里有很多水妈妈，但是想捉到它们并没有那样简单，水妈妈可是最狂躁的动物。它们进入渔网后便会陷入极度的恐慌，不停地四处乱窜，这些家伙实在是太强壮了，即便再结实的网也会被冲破。"

　　"那你要怎么做呢？"杰克问道。

　　"只需要做一件事。"金先生阴沉地说，"一旦水妈妈进入网里，你就轻轻抖动网上的绳子，让绳子产生的振动通过水流传递到它的身体上。如果操作得当，水妈妈会很喜欢那种感觉，然后乖乖地躺在那里一动不动，最后嘛……哈哈哈！"金先生发出一阵狂喜而又意味深长的声音，脸上绽放出天使般的笑容。"据我所知，这里只有一个人可以做到，而那个人——就是我。"他补充道。

　　金先生如此专业的陈述深深地折服大家，我们当场决定雇用他。

在此之前，我们已经租好了次日要乘坐的汽艇。金先生承诺届时会带上两个助手及一张特制的渔网，明天一早开始猎捕行动。

我们租借的汽艇上除了一位非洲籍船长之外，还有一位东印度籍工程师。没过多久，我们就发现，他们对金先生没有丝毫我们预想中的崇敬之情。在坎赫河上行进大约半小时后，一只栖息在高处树枝上的鬣蜥引起了大家的注意。

"金先生，快往那儿看，"名叫兰格的工程师说道，"捉住它怎么样？"

金先生傲慢地表示，捕捉鬣蜥时汽艇一定要停下来。待船停稳后，他撑起壮硕的身子跳入一艘小艇，让一位助手把芦苇拨开，行驶到树下。那只鬣蜥大约 4 英尺长，身上绿色的鳞片在阳光的照射下闪闪发光，它此时正一动不动地趴在距离水面有 15 英尺的纤细的树枝上。金先生将一根竹子砍断，并在它的顶端系了一个活扣，然后举起长竿在鬣蜥的头顶挥来挥去。

"金先生，你这是在做什么？你是认为它会顺着竿子爬到你的手上吗？"那位名叫弗雷泽的船长一本正经地嘲讽道。

鬣蜥还是一动不动，从下面往上看更为明显。

"嘿，金先生，"兰格也跟着讽刺道，"你是不是为了落个好名声，昨晚自己在树上绑了一只鬣蜥啊？"

然而，金先生并没有回应这些无礼的嘲讽，只是命令他的助手爬上大树，将活扣套在鬣蜥的脖子上。鬣蜥见状慵懒地爬上更高的树枝。

"我猜想那个小淘气会选择跳下来。"弗雷泽说。

金先生敦促他的助手爬得更高一些。十分钟后,在微风中摇曳的鬣蜥似乎默许了套索在它面前晃来晃去。有一次,当绳子靠近它的鼻子时,它还温顺地舔了舔。尽管金先生一直鼓励鬣蜥把头钻进套索里,但它就是不肯。最后,可能是因为树上的助手离得太近,鬣蜥的耐心被消磨殆尽,只见它冷漠地转向绳索的另一边,优雅地从空中跳进水里,只在芦苇深处留下一个浑浊的漩涡。

"我刚才就觉得这家伙有逃跑的倾向。"弗雷泽向全世界宣告。

金先生气呼呼地返回汽艇。

"这东西多得是,"金先生说,"我们一定能逮到很多。"

一排排笔直而巨大的溪边芋如同天然的屏障,沿着河岸排列。尽管它们的茎和我的手臂差不多粗,但是只要用刀轻轻一挥就能把它们割断,这是因为其内部海绵状的细胞结构一点也不结实。溪边芋那笔直的茎光秃秃的,只在距离水面15英尺以上的地方萌发出少量如箭头般的叶片;除此以外,其顶端密布形状及大小和菠萝非常相似的绿色果子。溪边芋的叶片是麝雉最喜爱的食物,所以经过芋丛时,我们一直用望远镜搜寻着它们的身影。

正午时分,太阳炙烤着大地,甲板上的金属配件烫到无法碰触。河面上没有一丝风,溪边芋的叶子纹丝不动地悬挂在热浪中,闪闪发光。这一刻万籁俱寂。

下午一点左右,我们见到这次行程中的第一只麝雉。一阵从溪边芋中发出的低沉叫声吸引了杰克的注意力。弗雷泽立即停下船,我们通过杰克的双筒望远镜，发现溪边芋的阴影中有一只大口喘息的鸟儿。当汽艇靠得越来越近时，又出现了一只，紧接着是第三只。很快，我们便意识到芋丛里都是乘凉的鸟儿。

我们直到下午四点才清楚地看到它们的真实面貌。这时太阳几乎已经落山，空气也不再像中午那样闷热。当汽艇绕过一道河湾后，六只正在芦苇叶中觅食的麝雉突然出现在我们面前。它们和鸡差不多大，羽毛呈栗色，身子壮硕，脖子纤长，头顶长着一簇又长又尖的冠羽，光亮的红眼睛周围裸露着一圈蓝色的皮肤。当觉察到有人靠近时，它们立马停止觅食，警觉地盯着我们，尾巴上下摆动着，

巢中的麝雉

并发出刺耳的叫声。经过权衡，它们最终还是决定离开，扑棱着沉重的翅膀消失在芋丛的深处。令人遗憾的是，查尔斯没能拍下它们的身影。

　　尽管看到如此罕见的鸟儿，已经令人足够兴奋，但是麝雉雏鸟独一无二的攀爬行为仍让我们念念不忘。当汽艇沿着河水缓慢向上游行驶时，杰克拿着望远镜一刻不停地搜寻着可能隐藏在芦苇丛中的鸟巢。临近傍晚，我们在一簇生长在溪边芋旁的荆棘上，找到一个用小树枝搭建的距离水面 7 英尺左右的简易鸟巢。我们激动地跳进小艇，朝着荆棘丛全速前进。鸟巢里蹲坐着两只裸露的小鸟，只见它们将头越过巢穴边缘，死死地盯着我们。当小艇靠得越来越近的时候，害怕取代了好奇，瘦骨嶙峋的小家伙们离开巢穴，用腿和带爪子的翅膀疯狂地乱抓，蹒跚地爬上鸟巢外的荆棘树。这简直太神奇了，根本不像是鸟类能做出来的行为。就在小鸟紧紧抓住我们头顶摇晃的树枝时，我站了起来，朝小鸟温柔地伸出手。完美地展示完攀爬能力之后，它们又展示了一个只有雏鸟才能完成的特技。这两个小家伙竟然猛地将自己弹射到半空中，干净利索地从 9 英尺高的地方跳进水中，河面溅起一大片水花。在我们的注视下，它们在水面下奋力地游着，没过多久便消失在杂乱的荆棘丛深处。

　　尽管它们跑得太快，没给我们留下一点拍摄的机会，但是在旅程的第一天就能轻易地发现麝雉的雏鸟，让我们确信在这片区域应该还有很多雏鸟。我们接下来的搜寻工作变得更为细致，陆续地发现一些带鸟卵的鸟巢，其中一个非常适合拍摄。我们驾着小艇缓慢靠近，雌鸟见状拖着沉重的身子飞离巢穴，旋即又飞了回来，用脚趾抓住一根纤细的树枝，慢慢地挪到窝里。它坐下来的时候并没有像其他鸟类那样在蛋上扭来扭去，而是以一种看似随意，但实际上很不舒服的姿势蹲坐在上面。

在接下来的几天时间里，我们数次来到这里，希望可以看到孵出来的小鸟，然而直到返回乔治敦的那一天，这些蛋仍没有一点破壳的迹象。除了第一天我们见到的两只雏鸟外，再也没出现过任何一只雏鸟。

第一天傍晚时分，我们一行人抵达了金先生认为最适合捕获海牛的地方，这是坎赫河的一段带有支流的水域。据他推测，潮水将在半个小时后到达，届时海水会沿着支流的河道汹涌地汇入坎赫河，慵懒的海牛也会跟着潮水来到这里，享受丰盛美味的水草。现在，只要在河口处支一张大网，就可以轻易地捕到海牛。他在河道两岸揳了几根大木桩，以此撑开特制的渔网。一切准备就绪后，他随手摘下黑色的卷边软呢帽，然后懒洋洋地躺在小艇上，一边抽烟，一边等待时机展示神奇的"绳索抖动捕猎法"。

两个小时后，他放弃了。"不行，不行，"他说，"今晚的潮汐不够强，水位也没怎么上升。我知道一个更好的地方，今天夜里可以去那里捉它们。"

我们把网收回船里，把小艇系在汽艇后面，然后沿着河流继续往上游行进。天完全黑下来的时候，我们将船停靠在一座甘蔗种植园自带的码头上，刚靠岸就闻到一股从河面飘来的令人作呕的甜味。兰格从船上的厨房里端出一盘热气腾腾的米饭和虾。晚餐后，金先生以一种殉道者的口气让我们赶快去睡觉，他将在午夜独自一人去捉海牛，让我们第二天一早就能看到它。我们非常想观摩捕捉的全过程，问他能否在行动开始前叫醒我们。

"伙计，我凌晨两三点开始行动，你们不会愿意跟我一起的。"他说道。

我们一再保证时间不是问题，他最后终于勉强同意把我们叫醒。

坎赫河流域是我们迄今为止见到的昆虫密度最大的地方。这里除了有白蛉、库蠓、蚊子之外，还有一种新的动物——大黄蜂。昆虫们从舱门的缝隙中挤进来，围着灯打转，如一片黑黢黢的乌云。那些没有找到入口的虫子则成片地聚集在舷窗上，玻璃上像是覆盖了一层不透明的污垢。查尔斯负责管理药箱，为了今晚的行动，他还特意翻出一大罐驱虫药膏。我们挂起蚊帐，爬上床铺，准备睡觉。

凌晨两点，杰克叫醒大家。我们小心翼翼地穿上长袖衬衫，把裤腿塞进长裤里，为了避免蚊虫叮咬，还往手和脸上涂了大量的药膏。我们爬到船尾，想确认一下金先生是否整装完毕，谁知他还躺在吊床上，张着嘴呼呼大睡。

杰克轻轻地晃了晃他。金先生睁开眼睛。

"伙计，你到底在做什么？现在是午夜，我正在睡觉。"他愠怒地说。

"不是说要逮水妈妈吗?"

"你们看不见吗? 天这么黑,没有一点月光,我没办法在这样的环境里捉水妈妈。"他说完便闭上眼睛。

既然已经起来且穿戴整齐,不管金先生是否愿意同行,我们都决定去猎捕一些动物。我们把手电筒照向漆黑的水面时,好几对亮闪闪的光点反射回来,很显然,这片水域里有很多凯门鳄。我们解开套在汽艇后面的绳索,爬上小艇,顺流而下。我和查尔斯坐在船尾划桨,尽量不发出一点声音,杰克举着手电筒蹲坐在船头。我们轻轻地把船划向岸边的溪边芋。此时,除了远处的几声蛙鸣及蚊子偶尔发出的嗡嗡声,周围没有任何声响。杰克缓缓地将手电筒照向水面,来回挥动。突然,他停止挥动,将手电光固定在一片溪边芋上,然后示意我们不要再划桨。

我们轻轻地把船桨收回来,让小艇慢慢地靠近溪边芋。我们可以在手电光里辨认出凯门鳄那布满鳞片的反射着光的头部,此时一条凯门鳄正面对着我们,漂浮在水面上。杰克把手电筒照向鳄鱼的眼睛,然后小心翼翼地趴下来。当他完全趴下来的时候,他的脚不小心碰到船底的一捆锡罐,发出一阵轻微的碰撞声,凯门鳄迅速钻入水里,水面只留下一个水涡。杰克坐了下来,转向我们。

"我刚才就觉得,"他说,"这个家伙有逃跑的倾向。"

我们继续出发,不到五分钟,杰克又发现一条凯门鳄。我们缓缓地逼近它,然而当小艇距离它不到 10 码的时候,杰克却突然关闭了手电筒。

"我们忽略了一点，"他说道，"从两眼的距离来看，这条凯门鳄至少有 7 英尺长，我可不想冒这个险去徒手捉它。"

没过多久，我们又发现了一条。我们又一次静静地滑过如镜子般的黑色水面，注意力完全被杰克的手电筒投射出去的光圈，以及光圈中央两束警觉的红光所吸引。

"过来，抱住我的脚。"杰克小声说道。

查尔斯从船尾小心地挪到船头，牢牢地抓住他的脚踝。我们缓缓地靠近那条让人着迷的凯门鳄，杰克再一次将身子探出去，悬在小艇的一侧。凯门鳄离得越来越近，我从船尾望过去，它的眼睛被船头挡住，消失在我的视野中。突然，水花四溅，杰克发出一声胜利的欢呼："我抓到了！"他把手电筒放到船舱里，半个身子还悬在船外，双手死死地抓着那条凯门鳄。

"看在上帝的分儿上，坚持住，伙计！"他对查尔斯大吼道，此时查尔斯正俯身坐在他的脚踝上，艰难地将他固定住。河面溅起一阵阵巨大的水花，经过数个回合的较量，最终还是杰克技高一筹。他满脸笑容地返回了船舱，只见他的手里紧紧地握着一条长约 4 英尺的凯门鳄。杰克用右手卡住它的后脖颈，把它长而多鳞的尾巴夹在自己的腋下。凯门鳄发出凶狠的嗞嗞声，张开可怕的双颌，露出一口粗糙而坚韧的黄牙。

"我把你的工具包带来了，我觉得它可能会派上用场。"杰克匆匆向我解释着，"你能把它拿给我吗？"在这千钧一发之际，根本没有讨价还价的余地，我只能把包张开递给他，杰克小心翼翼地将凯门鳄塞了进去，然后立马捆紧包上的绳索。

"真好，不管怎么样，有东西可以向金先生炫耀一番了。"杰克说。

<hr style="width:20%">

为了寻找海牛，我们和金先生的团队在坎赫河上又搜寻了三天。这几天，我们是白天布网夜晚也布网，雨天布网晴天也布网，涨潮布网退潮也布网，反正那张网一刻也没闲着。尽管做了充分的准备，制订了各种不同的方案，但是至今仍然看不到一丝胜利的曙光。由于没有更多的物资补给，我们最终不得不郁闷地返回新阿姆斯特丹。

"伙计，我想可能是咱们的运气不好。"收到酬劳后，金先生说了一句饱含哲理的话。

正当我们沿着码头往回走时，一个东印度渔民匆忙地朝我们跑来。

"是你们在找水妈妈吗？"他询问道，"我三天前捕到一只。"

"它现在是什么情况？"我们兴奋地问道。

"我把它放在城外的一个小池塘里，如果你们想要，我能轻松地抓住它。"

"我们非常想要，现在就去把它抓住。"杰克说。

东印度人原路跑回去，没过多久就用手推车运来了一张特制的渔网，还请来三个帮手。

我们一行人穿过拥堵的街道时，时不时地就能听到有人在那儿喊"水妈妈"。我们走到城镇外围，来到湖边的草甸时，身后尾随着一大群喧嚣的观众。

这座湖尽管宽阔而浑浊，但好在不是很深。大家坐在湖岸上，静静地盯着湖面，仔细地寻找着海牛栖身的位置。突然，一个人说有一片荷叶很奇怪，总是不停地动。那片荷叶折了起来，消失在水下，过了几秒钟，一只棕色的鼻子从那里浮出水面，巨大的圆形鼻孔中喷出一股气，随即便消失在水里。

"它在那里，它在那里。"人群立马沸腾起来。

渔夫纳里安安排好他的帮手们，他们一起跳进湖里。他让大家拿着网，在水中站成一条直线，横穿海牛出现的小湾。他们缓缓向岸边走去，湖水没过了他们的胸部。当他们抵达岸边后，海牛再一次浮出水面。纳里安大声指挥着渔网两端的人，让他们抓紧时间爬上岸，原本还是一条直线的渔网如今成为一条弧线。海牛被突然出现的渔网弄得措手不及，翻身钻出水面，巨大的棕褐色侧翼一览无余。

人群中随即爆发出一阵惊讶的欢呼声。"它好大啊！伙计，它太大了！"

湖岸上的帮手们显得非常激动，拼命地往岸上拽渔网，围观的群众也自发地加入拉网的队伍。湖水里的纳里安见状，朝兴奋的人群怒吼。

"停下来，不要拉。"他大喊道，"不要这么快地拉网。"

没有人采纳他这个微不足道的建议。

"这张网值一百美元，"纳里安尖叫道，"你们再不停下来，它就要裂了。"

然而，再次看到海牛侧翼的人群，早已陷入越快把它拖上岸越好的痴狂中。他们继续拉扯着大网，直到把海牛困在靠近湖岸的水域。这头海牛身形硕大，还没等我们查看更多的细节，它突然拱起身体，猛烈地摆动巨大的尾巴，溅了大家一身泥水。渔网破了，海牛顺势溜走。纳里安怒不可遏，他朝着岸边大声地咆哮，愤怒地要求站在附近的人群赔偿他的渔网。随后，大家进行了热烈的讨论，有人说，既然这条美人鱼如此热情，就应该去请金先生过来，他可以在网住它的时候抖动网上的绳索来安抚它；但这并不是一个合适的建议。大家仍在喋喋不休地争论着，除了杰克之外，没有一个人关心海牛在哪里，他沿着湖岸来回踱步，根据水里泛起的水花寻找着海牛的踪迹。

最后，争论终于消停。杰克告诉纳里安最后看到海牛的地方。

纳里安拿着一根长长的绳索走过去，嘴里大声地抱怨着。

"这些愚蠢的人，"他轻蔑地说道，"他们弄破我价值一百美元的网。这一次我一定用绳索捆住它的尾巴，让它插翅难逃。"

纳里安再一次跳到湖里，在水里来回地搜寻，用脚去感知海牛的位置。他发现它正懒洋洋地躺在水底。他弯下腰，将身子探入水中，直到下巴碰到水面。他在水中摸索了几分钟。随后，他眉开眼笑地直起腰，正要说话，但紧紧攥在他手里的绳子把他拽倒了。他奋力站起来，吐出浑浊的水，开心地向大家挥舞着手里所剩的一截绳子。

"我终于捆住它了。"他大喊道。

刚刚还特别温顺地让绳子系住尾巴的海牛，好像突然意识到危险，立马直立起来，不停地拍打着水，试图挣脱束缚。此时的纳里安早已准备就绪，驾轻就熟地引导着海牛游向湖岸。那几位内疚的帮手再一次用网围住海牛，纳里安手持绳索，艰难地爬到岸上。岸上的人往上拉，纳里安往上抬，先是"美人鱼"的尾巴，随后是整条"美人鱼"被慢慢地拖上岸。

岸上的它并没有惊人的美貌，它的脑袋像一截笨重的树桩，丰满肥厚的上嘴唇上稀疏地点缀着小胡子，豆大的眼睛深深地嵌在肥嘟嘟的脸颊上，如果不是稍微有些化脓，你根本觉察不到它们在哪儿。除了硕大的鼻孔外，它的脸上没有什么让人印象深刻的特点。从鼻子到巨大的竹片状尾巴，它足足有 7 英尺长。海牛胸前有两个船桨形状的鳍肢，但是后面却没有，海牛把那里的骨头藏在哪儿一直是个谜。由于失去水的支撑，它那巨大的身躯像一袋湿沙子一样瘫在地上。

这个家伙似乎对我们试探性的戳刺毫不在意，就连我们把它翻过来时，它也没有发出一声抗议。它纹丝不动地躺在地上，鳍肢向外张开，我开始担心它是不是在捕获的过程中受了伤，赶忙咨询身旁的纳里安，它是否安好。他大笑着说道："这家伙不会死的。"他

纳里安和海牛

朝着海牛身上泼了点水，在水的刺激下，它拱了拱身子，并用尾巴拍了拍地，随即又一动不动地躺在地上。

新阿姆斯特丹的政府把市政运水车租给我们，替我们解决了运送海牛的难题。为了方便运输，我们在它的尾巴和鳍肢上绑上绳子。纳里安和他的三个帮手把它从地上艰难地抬起来，穿过草甸，送到卡车上。

它的鳍肢无力低垂着，胡须下面微微地滴着口水。它看上去非常地舒服，但是一点也不诱人。查尔斯说："如果再有船员把它误认成美人鱼，我想他一定是在海上待得太久了。"

第九章　返程

　　我们这次的探险活动结束了。杰克和蒂姆会乘船把这些动物带回伦敦，我和查尔斯不得不立马乘飞机回伦敦赶制纪录片。就在我们即将离开时，杰克交给我们一个尺寸巨大的方形包裹。"在这里面，"他说，"有好几只非常漂亮的蜘蛛、蝎子，还有一两条蛇。它们都被装在罐子里，而且只留了一些很小的通气孔，虽然说逃跑是不可能的，但是你们必须把它们带进机舱，这样它们才不会被冻死。你们还能带上这只年轻的南浣熊吗？"他补充道，然后递给我一只欢快的、毛茸茸的小家伙，它长着一双棕色的大眼睛、一条带有环纹的大尾巴，还有一个好奇的尖鼻子。"它还没有断奶，所以你们在返程的路上，需要每隔三四个小时给它喂一些装在这只瓶子里的奶。"

　　我和查尔斯随身带着那个大包裹和装着南浣熊的小旅行匣，登上飞机。这个小家伙引起了大家极大的兴趣。飞机飞过加勒比群岛时，一位女士走过来抚摸它，并询问这是一种什么动物，我们是如何带着它登机的。我们不得不给她解释，然后告诉她我们正在进行一场收集动物的探险。她将目光投向了我脚边的盒子。

"我猜，"她面带着微笑说道，"这里面肯定装满了蛇，还有一些令人毛骨悚然的爬虫吧。"

"事实上，"我用一种阴沉的语调说道，"就是那样。"这个荒谬的回答逗得大家哈哈大笑。

在第一段旅程中，南浣熊的表现非常好，但是当我们开始向北往欧洲飞的时候，它拒绝喝奶。由于担心它会受凉，我就把它塞进了我的衬衫里，可是它却把长长的鼻子放到我的胳膊下面，呼呼大睡起来。飞抵里斯本的时候，我尝试说服它喝点奶，在苏黎世又尝试了一次，虽然我们加热了牛奶，甚至用茶托装着捣碎的香蕉和奶油诱惑它，但是它依旧拒绝进食。凌晨一点，我们抵达阿姆斯特丹。飞往伦敦的航班将在六点起飞。我和查尔斯在休息大厅里找了长皮椅安顿下来。这个小家伙已经有整整三十六小时没有进食，我们越来越担心它的身体状况。我们努力在脑海里搜寻着南浣熊最喜欢的食物，但是唯一能记住的只有一些博物方面的书，那里面将它们描述为一种"杂食动物"。

查尔斯突然迸发灵感。"为什么不尝试一下蠕虫呢？"他说，"它可能会被这些好看又不停蠕动的虫子所吸引。"我很赞成他的想法，可是我俩都不清楚，在凌晨四点的阿姆斯特丹，到哪里能捉到这样的虫子。我们突然想到，荷兰人素来以他们的花为荣，机场周围摆满了精致的花坛，现在那儿的花正竞相开放。我把这个小家伙丢给查尔斯，径直走到机场广场。借助探照灯的强光，我蹑手蹑脚地踏入了花坛。机场工作人员在不远处盯着我，但是当我用手指挖花坛中松软的泥土时，他们长舒一口气，任由我在那儿折腾。不到五分钟，我就挖到了一打不停蠕动的粉红色蠕虫。我带着战利品耀武扬威地回去了，更让我们感到欣慰的是，小南浣熊吃得非常开心。当它吃完的时候，它还舔了舔嘴唇，简单明了地表示还要加餐。我们又往郁金香花坛跑了四次，直到它满足为止。六小时之后，我们把这只精力充沛、不停踢打的小家伙交给了伦敦动物园。

南浣熊宝宝

与此同时，杰克和蒂姆在乔治敦仍有大量的工作要做，以便让即将远航的动物做好回家的准备。杰克的身体状况在探险的最后几周每况愈下，如同一片乌云，一直笼罩着团队。慢慢地，他的病越来越明显，他显然染上了一种极其严重的麻痹性疾病。几天后，在乔治敦为他治疗的医生建议他立马飞回伦敦，让那里的专家为他治疗。伦敦动物园的飞禽主管约翰·耶兰临时顶替杰克的位置，协助蒂姆·维纳尔将收集到的动物通过海运带回伦敦。

这是一项费力而又复杂的工作：为了确保海牛能有一趟舒适的旅程，他们在轮船的一片甲板上搭建了一个特制的帆布游泳池；为了满足这些动物非同一般的胃口，他们在船上准备了大量的食物，这其中就包括 3 000 磅 * 莴苣、100 磅包心菜、400 磅香蕉、100 磅青草，还有 48 只菠萝；为了让这些收集到的动物在十九天的旅程中不仅能吃好喝好，还要保持身体干净，蒂姆和约翰需要每天从早到晚不间断地工作。

数周以后，我才在伦敦动物园见到这些动物。我看到海牛慵懒地在水晶般洁净的池子里游来游去，这个水池是动物园专门为它在水族馆里新建的。它如今被驯化得非常温顺，我俯下身把一片卷心菜叶子浸在水里，它就会游到边上，从我手里取走菜叶。我们在库奎收到的小鹦鹉如今已经羽翼丰满，几乎认不出来了，但是我坚信它一定还记得我。当我和它说话时，它还会像一个月之前我给它喂

---

* 1 磅约等于 0.454 千克。——编注

我嘴里咀嚼过的木薯面包那样，不停地上下晃动它的小脑袋。那群蜂鸟看上去棒极了，它们在温室里的热带植物间不停地飞舞盘旋，这是为它们特制的温室。我看到那只树豪猪佩尔西蜷缩在一根树枝的杈上睡着了，脸上仍然带着它那特有的闷闷不乐的表情。

当我看到水豚时，它们正要被送到惠普斯奈德的一座大围场，那也是动物园的财产；它们交头接耳，小声地交流着，兴奋地吮吸着我的手指，就像它们在巴里马时那样。食蚁兽正茁壮地成长，它们的食物是生肉末和牛奶的混合物。此外，在昆虫之家，我惊喜地发现从阿拉卡卡捕获的蜘蛛在到达伦敦没几天后就繁殖了数百只小蜘蛛，现在它们正在迅速地成长。

寻找胡迪尼着实花费了我不少精力，这一路上它带给我的麻烦要远远多于其他动物。后来，我找到它的时候，它正低着头咕噜咕噜地吃着一大盘饲料。我俯身靠在它围场的墙壁上，叫了它好几声。然而，它完全忽略了我的存在。

第二卷

寻龙之旅

第十章　前往印度尼西亚

按理说，一个由企业主导的团队想要成为闻名于世的"探险队"，至少需要数月的精心策划。团队必须为此制订详细的计划并获得相应的许可，无论是旅程清单、签证、日程表，还是精心标记的行李和设备，抑或是以大型货轮为起点，以光脚的运输工人为终点的交通运输链，都应该事无巨细地妥善安排。然而，我们没有为此次的印度尼西亚之行做任何实质性的准备，当查尔斯·拉古斯和我揣着前往雅加达的机票在伦敦登上飞机时，我无比希望行李中能有一份详细的旅行清单。

我俩从未去过远东地区，也都不会说马来语，在印度尼西亚更没有认识的朋友。甚至在几周之前，我们还决定不要随身携带太多的备用物资，因为十个人的探险队可能会挨饿，而两个人怎么着都能找到可以果腹的食物。鉴于同样的思维方式，我们也不曾考虑接下来的四个月里要在哪里睡觉及如何睡觉的问题。事实上，我们是在拜访印尼驻英大使馆后，才匆忙定下这趟行程的。那一天，大使馆的官员不仅热情招待我们，还承诺寄推荐信给印尼政府，请求他们为我们的印尼之行提供力所能及的帮助。然而，当我们在起飞前夜再次拜访印尼大使馆时，我们发现了一个天大的乌龙事件：由于他们记错出行的日期，那封信如今还安稳地躺在大使馆里。一位官员说，既然事情已经这样，不如你们自己带上这些信件，等到了印尼之后再寄出去，可能效果会更好一些。

印度尼西亚横跨赤道，西起苏门答腊岛，东至新几内亚岛的西部，绵延 3 000 多英里，环拥着爪哇岛、巴厘岛、苏拉威西岛、婆罗洲，以及散落其间的数百座小岛。虽然它的国土面积不大，但是东西距离却和美国相当。我们计划横穿这些岛屿，记录沿途见到的动物及各地的风土人情，最后抵达长约 22 英里，宽约 12 英里，坐落于群岛正中央的科莫多岛，寻找一种享誉世界的动物——地球上最大的蜥蜴。

很久以前，民间一直传说科莫多岛上生活着一种和龙一样的生物，当时还没有科学证据表明这种怪兽真实存在。据说，它们长着巨大的爪子、尖锐的牙齿、黄色的舌头，壮硕的身体上布满铠甲式的鳞片。这些传说是从周边的渔民和采珠人口中传出来的，他们是当地唯一一群能自如穿行于珊瑚礁的人。巨蜥生活的无人岛被危险的珊瑚礁所环绕，四周危机重重，所以几乎没有人可以抵达那里，也就没有人证实这些传说的真伪。1910 年，荷兰殖民政府的一位官员来到科莫多岛探险。他惊喜地发现民间的那些传闻都是真的，为了向世人证明这一点，他射杀了两条巨蜥，并把它们的皮剥下来带回爪哇岛，然后寄给一位名叫奥文斯的荷兰动物学家。奥文斯因此成为第一位在正式出版物中描述这种可怕动物的科学家，他将它们命名为科莫多巨蜥（*Varanus Komodoensis*）。不过，现在世界上绝大多数人更倾向于称它们为"科莫多龙"。

后来陆续发现的一些证据表明，科莫多巨蜥以捕食岛上生活的野猪和鹿为生。它们尽管是食腐动物，但是也会积极地捕食猎物，粗壮有力的尾巴就是它们杀死猎物的致命武器。科学家们除了在科莫多岛采集到科莫多巨蜥的标本外，也在附近的林卡岛、弗洛勒斯岛的西部地区发现过它们的身影。除此以外，这种生物从未在地球上的其他地方出现过。科莫多巨蜥的分布区域如此狭窄的原因至今仍不得而知。不过现在可以确定的是，这种巨蜥是生活在六千万年以前的一种更大的史前巨蜥的后代，如今在澳大利亚还可以发现后者的化石。问题来了，科莫多岛的形成时间较晚，为什么巨蜥只生活在这座岛上，它们是如何抵达这里的，这些仍是未解之谜。我和查尔斯现在正坐在往东飞的客机上，对我们来说，如何前往科莫多岛，似乎同样是一个无解的难题。在伦敦，没有人能告诉我们应该怎么做，我们希望抵达印尼首都——爪哇岛的雅加达时，能够找到答案。

雅加达的建筑并不是典型的远东风格。这里有一排排整洁的白色筒瓦平房、钢筋混凝土建成的酒店、看上去像大气球一样华丽的剧场，以及荷兰殖民时期仅存的几座带有传统门廊的老建筑，和世界上其他热带地区的城市并没有差别。然而，雅加达的居民却不像这座城市里的建筑那样西方化。许多男人身着当地的传统服饰纱笼，这是一种穿在下身、可以覆盖到脚踝的围裙；多数人头戴黑色的天鹅绒帽，当地人称之为 *pitji*（礼拜帽）*，它是传统穆斯林服饰的一部分，如今被这个刚独立的国家视为民族团结的标志。不论属于什么种族，信仰何种宗教，几乎所有印尼人都戴这种帽子。

这里的大多数人都非常贫困。街道上聚满了用扁担挑着各种各样货物的小商贩，有的卖衣服，有的卖陶器；但更多的人在沿街叫卖小吃，扁担的一头是点燃的火盆，另一头是新鲜的食材，只要客人们付了钱，他们立马就能做出一道沙嗲———一种腌制过的竹扦烤肉。成排的贝塔克停在街道两旁，这是当地的一种人力三轮车，一旦拉上客人，它们便肆无忌惮地穿行于喧闹的美国汽车和叮叮作响的有轨电车之间，不禁让人为它们捏一把冷汗。每辆贝塔克上都绘有装饰性的图案，内容多为艳俗的景观或可怕的怪兽；车子的座椅下一般还会钉两根钉子，撑起一根长长的皮筋，当贝塔克快速行驶时，皮筋会发出响亮而欢快的声音。雅加达的主干道两旁开凿了运河，荷兰曾强迫其所有的殖民地在街道上挖凿这样的运河。女人们成群结队地蹲坐在河岸上，洗衣服、洗水果，或者洗澡、游泳，还有一些人毫不避讳地把运河当成厕所。

总而言之，雅加达不仅是一个喧闹、拥挤、忙碌、肮脏的城市，而且非常非常地热。我们迫不及待地想逃离这里！

---

* 本卷中出现的斜体单词多为马来语，括号内为中文释义。——译注

然而我们意识到，我们必须在雅加达住上几天，对相关部门进行礼节性的拜访，请他们批准我们的探险计划。我们原本以为有伦敦的大使馆开的介绍信，这趟印尼之行会一帆风顺，不曾想到仅仅在雅加达办理手续就要折腾一个多星期。我直到现在才清醒地意识到，今后的行程中还有更多意想不到的困难。这个刚刚成立的新政府正在推动一批原则性的大变革，社会环境非常不稳定。九个月前，这里还爆发过一次大规模的骚乱。另外，我们长着和荷兰人非常相似的面孔，这也招惹了不少麻烦。印尼曾被荷兰殖民，他们直到六年前才把殖民者驱逐出境，那场激烈的冲突持续数月之久，双方的伤亡极其惨重。我们请求印尼当局允许我们携带拍摄器材前往边远地区，其中包括雅加达官员从未听说过的一些地方。而且时间非常紧迫，我们为此付出了惨痛的代价。我们不得不在潮湿闷热的天气里奔波于各个政府办公场所；我们当中有一人要每天一大早赶到保税仓库报到，让海关清点设备，如此持续一个星期。除此以外，我们还必须申请财务清算单、军事许可证、公路通行证、农业和森林部的许可函，办理信息部、内政部、外交部及国防部对探险计划的批准函。尽管接待我们的每一位官员都非常友好，尽量在他们力所能及的范围内给予我们最大的帮助，但他们死活不愿意盖章，除非其他部门先认可他们的决定。

好在我们碰到了一位贵人。她在信息部工作，是一位魅力十足且富有同情心的女士，英语说得特别流畅，唯一不足的地方就是爱哭鼻子。当那些令人头疼的问题折腾我们一周后，她出现了。那时其他部门把我们踢到她那儿，让她盖一个特殊的、例行公事的章，以此作为一个审批项目的开端。为此，我们在她的办公室足足排了一个小时的队。她先是草草地翻了翻我们提交的材料，然后逐字逐句地阅读那份需要盖章的申请。不一会儿她抬起头，厌倦地摘掉眼镜，露出一个苍白的笑容。

"你们为什么想要这个？"

"我们来自英国，来印尼打算拍一些纪录片，希望能游览爪哇岛、巴厘岛、婆罗洲，还有科莫多岛。我们计划拍摄野生动物，也想捕一些动物带回去。"

听到我说"纪录片"时，她的脸上绽放出笑容；而我提到"游览"时，她的表情开始变得僵硬；最后一句"野生动物"让她的笑容彻底消失。

"*Aduh*（哎呀），"她悲伤地说道，"我认为这个计划不可行。然而，"她轻快地补充道，"我可以为你们安排其他任何行程。你们可以去婆罗浮屠。"她指了指一张贴在墙上的旅游海报，海报上的图案是爪哇岛中部的一座巨大寺庙。

"*Njonja*（女士），"我说，这是印尼人对已婚妇女的正式称呼，"虽然那里非常壮观，但是我们来到印尼的目的是拍摄动物，而不是寺庙。"

她看上去有点吃惊。

"每个人，"她严厉地说道，"都会去拍摄婆罗浮屠。"

"或许吧。但是我们想拍的是动物。"

她拿起刚刚盖完章的申请，伤心地把它撕成两半。

"我觉得，"她说，"对你们来说重新开始比较好。一个礼拜后再来吧。"

"可是我们明天就能来啊，况且我们在雅加达也待不了那么长时间。"

"明天，"她回复道，"是开斋节，是我们穆斯林最隆重的节日。公休假日从明天开始。"

"这个假期要持续一整个礼拜？"查尔斯不耐烦地问道。

"不是。这个假期结束后，紧接着就是圣灵降临节，那是另外一个假期。"

"可是，"我说，"你们是穆斯林国家，又不是天主教国家。你们不会在所有的宗教节日都放假吧？"

在这几周的谈判中，这是她唯一一次没有表现出任何攻击性。

"为什么不行？"她激动地说道，"我们在获得自由的时候，就和总统说希望所有的节日都放假，而且他也同意了。"

———

时光飞逝，转眼又过去了一周。尽管我们已经解决了绝大多数问题，但是新的麻烦仍在不断涌现，为此我不得不飞往位于爪哇岛东部的泗水，申请更多的许可，查尔斯则一个人在雅加达继续"战斗"。当我从泗水返回时，信息部的朋友已经帮我们摆平所有的难题。在这期间，查尔斯填了一式八份的、迄今为止我们见过的最详细的表格，每一份都要贴上专门拍摄的他的正脸和侧脸照片，按上他所有的指纹，还要盖几枚特别重要的印章。为此，查尔斯花了整整三天时间，每天不停地排队，不过他觉得这都可以理解，对最后的结果也相当满意。然而，我却开心不起来。

我说："女士，我是不是也要填这些表格？"

"不，不，没这个必要。正如你所说的那样，这是一个奢侈品。我看你离开之后，拉古斯先生无所事事，就给他找点事做。"

我们在雅加达耽搁了整整三周时间，但是跟刚来时相比，我们似乎并没有离此次行程中需要的所有政府许可更近一步。我决定向我们的"盟友"吐露心声。

"明天，"我故意说道，"我们必须得离开，不能继续在办公室里浪费时间了，我们实在等不起了。"

"好极了，"她说，"你说得很对，我立马给你们办理去婆罗浮屠的手续。"

"女士，"我说，"请允许我最后说一遍，我们是动物学家。我们是来找动物的，不会也不可能去婆罗浮屠。"

━━━ ▭ ━━━

站在婆罗浮屠前的时候，我们非常感激那位女士的劝说。她一直那么坚持，到了最后，我们都忍不住要接受她的建议，哪怕只是为了逃离雅加达的官僚主义带来的挫败感。她说，为了庆祝佛祖诞辰两千五百周年，这里将举行一场盛大的仪式，正是她的这番话，最终瓦解了我们的抗拒。我们推断，这座寺庙位于向东前往科莫多岛的路上，它至少不会打乱整个行程；除此以外，我们如果在半路上发现需要其他的手续，可以直接去省城办理。但是，当真正地见到这座寺庙时，它带来的巨大视觉冲击，让我们未来的计划都不再重要。神殿、壁龛、舍利塔层层叠叠地矗立在富丽堂皇的金字塔上，将山坡覆盖；山顶有一座巨大的钟形佛塔，它比山下最大的建筑还要大上数倍，其尖顶直插云霄。我们登上顶峰，极目远眺，脚下的爪哇平原被一片绿油油的水稻田和棕榈林所覆盖；引首以望，一座蓝色的锥形火山坐落在远处的地平线上，火山口喷发出的烟柱在绿松石般的天空中蔓延。

　　寺庙四周设有入口。入口的拱门上雕刻着造型怪异的面具，它那双恶狠狠的眼睛正好位于门楣之上。我们从东边拾级而上，穿过一座拱门后，才发现这座寺庙内藏乾坤。从远处看，它像一座由石头砌成的金字塔，但是内部隐藏着一系列高墙走廊，它们环绕在每一层平台的边缘。这些走廊都是露天的，被围在高高的栏板之中。两侧的墙壁里镶嵌着精美绝伦的带状浮雕，上面装饰着花卉、树木、花瓶和丝带等图案。佛龛中的佛像结跏趺坐，双手施印，凝神沉思。走廊的墙面如此之高，以至于我们四周及头顶全部都是雕刻着精美图案的建筑构件。

我们沿着走廊在每一层平台上慢慢绕行，全部看完才会继续往上爬，脚下的凉鞋踏在磨损的石板上，发出的清脆声响在走廊中萦绕。佛塔四面的佛像姿态各异。东边的佛像施触地印；南边的佛像施与愿印；西边的佛像施禅定印；北边的佛像则将左手放在大腿上，右手施无畏印。底层露台的墙壁上镶嵌着带状浮雕，展现了佛祖年轻时的生活。佛祖位于画面中央，国王、大臣、战士和漂亮的女人们紧紧地簇拥着他。在许多带状浮雕的背景和角落里，工匠们雕刻了一些迷人的动物，如孔雀、鹦鹉、猴子、松鼠、鹿和大象等，使得整幅作品更加完整。相比之下，露台越高，雕刻则越朴素，似乎洗去了尘世的铅华，内容多为佛祖传道和为苍生祈福。

我们从第五层露台，也就是最后一层露台继续往上爬，来到三层圆形平台的第一层。这里的氛围截然不同，不仅带状浮雕不见了，就连原本四四方方、四角分别对应罗盘上的四个方位的走廊，也被圆润的圆形露台所取代。离开幽暗的走廊，眼前的景色豁然开朗，只见七十二座钟形佛塔依次排开，环绕着中央巨大的佛塔。这些佛塔是中空的，四周开凿出一个个方格，半掩着一尊说法造型的佛像。七十二尊佛像中只有一尊暴露在外，没有佛塔的保护。在最后也是最高的一层平台上，坐落着一座光洁且毫无特色的巨型佛塔，塔尖高耸。这就是整个寺庙的核心和制高点。

婆罗浮屠始建于公元 8 世纪的中叶，这是佛教建筑修建的黄金阶段，尽管如此，婆罗浮屠仍可以称得上是这一阶段的最佳范例。这座用石头堆砌的建筑的每一处细节，都象征着佛教世界的格局。

我们没有看到婆罗浮屠的最底层的露台，因为它被掩埋在现存地基下。据说，为了防止基座被上面堆砌的巨大石头压塌，寺庙的建造者们不得不将最底层掩埋在泥土中。如今，当掩埋的那一层被一点点清理出来时，人们发现上面刻画的内容是惨烈的地狱场景，所以也有人认为这一层是作为寺庙的象征性设计的一部分，被有意掩埋在地下。信徒进入寺庙之前，必须抑制和摒弃所有尘世间的感情和欲望。当他们拾级而上，沿着走廊在每一层露台绕行时，他们象征性地再现了佛祖的生平事迹，逐渐脱离了凡尘的糟粕，以此净化他们的精神世界，从而上升到一个新的境界；登得越高，他们的精神世界就会变得越纯洁，最终与那座最大的佛塔融为一体。

婆罗浮屠落成不久，印度教就取代了佛教，成为这个国家的国教。六百年后，印度教被驱逐出爪哇岛，信徒们到巴厘岛避难，直到现在，那儿仍有不少印度教的信众。这座巨大的寺庙逐渐被人们所遗忘，它孤独地坐落在这座小山上，最终变成一座孤岛。如今，佛教在爪哇地区几乎消亡殆尽。尽管如此，漫步在婆罗浮屠走廊里的人们依旧能感受到它所迸发出的力量和存在感。周边的居民还是非常尊崇它；那尊暴露在外、没有佛塔保护的佛像手里常常放满人们供奉的鲜花，前来参观的游人仍然络绎不绝。

一年一度的佛诞节庆典定于晚上举行。随着夜幕降临，喧闹的人群沿着既定的线路登上最高层露台，围绕在那尊露在外面的佛像周围。突然，佛像旁边出现两个剃着光头、身着黄袍的僧侣，他们在那里热烈地讨论着什么。有人说，那个大和尚专程从泰国赶来组织这次庆典活动，他正在和另一个负责人讨论具体流程。后来，僧侣们一边引导着心不在焉的人群在露台上转圈，一边诵经祈福。人们将装满水的矿泉水瓶依次摆放在佛像的脚下。仪式结束后，大家蜂拥至佛塔的周围，不是坐在塔基上，就是靠在塔尖上，有说有笑的，一点也不虔诚。一位印尼籍的摄影师不耐烦地大叫起来，试图驱赶镜头前的人，好让自己可以清楚地拍到佛像。一位僧侣见状非常愤怒，他大声地呵斥，让人们从神圣的佛塔上下来，但是收效甚微。一些比较虔诚的信徒则继续在佛像下打坐念经。一位盘腿而坐、凝神沉思的僧侣毫无征兆地站起来，发表了一段热情洋溢的讲话。

婆罗浮屠最顶层露台上暴露的佛像

我问身边的人他在说什么。

"刚才，"他答道，"他介绍了佛祖的生平。现在他在问谁是开车来的，能不能把他带回城里。"

礼佛的人要在这里通宵打坐冥思。我们跟着喧闹的人群一起熬到午夜。在煤油灯投下的幽暗的灯光里，佛像孤独地坐着，脚下是一堆燃尽的香和一排廉价的矿泉水瓶，一旁的人群肆无忌惮地在那儿笑闹。

我们在喧闹的"冥思"中离开了婆罗浮屠。

第十一章　忠诚的吉普车

　　婆罗浮屠之行让我们摆脱了雅加达官方的种种限制，现在我们可以自由自在地在爪哇岛上漫游，尽情地搜寻野生动物了。我们的当务之急是租一辆车，因此我们不得不坐上前往泗水的火车，这是爪哇岛东部最大的城镇。然而，我们到了以后才发现，想在这里租车简直是天方夜谭。我们似乎又要陷入无尽的厄运，忍受长达数周的折磨了。就在此时，幸运之神降临了。我们在一家中餐馆遇到了达恩和佩吉·胡布莱希特夫妇，和他们一起享用了燕窝汤和油炸蟹腿。达恩出生在英国，但是父母都是荷兰人，他熟练地掌握了荷兰语、英语和马来语，在泗水城外不远的地方经营着两家制糖厂。达恩痴迷于航海、磨刀及东方音乐，除此以外，他还和我们一样非常热衷于探险。当听到我们的计划后，他立马让我们搬出酒店，住到他家里，把那儿作为我们的大本营。他的妻子佩吉非常支持他的安排。第二天，我们按计划搬了过去，只见房间里杂乱地堆积着相机、录音机和一摞摞胶卷，还有一堆堆脏衣服。对于我们的到来，佩吉不仅不介意，还很高兴，她说就是多两张吃饭的嘴而已。

晚上，达恩翻出地图、船期表和时刻表，为我们的行程制订周密详细的计划。他告诉我们，爪哇岛东部的人口相对比较稀疏，有好几处茂密的原始森林，我们在那里应该能发现我们想要寻找的动物。此外，岛上最东边的小镇外南梦距离神奇的巴厘岛仅有 2 英里，两地之间定期运营摆渡船。他紧接着开始翻阅自己的轮船航行计划表，表示五周后他有一艘货轮将要离开泗水，前往婆罗洲。如果我们能赶在那之前完成爪哇岛和巴厘岛的行程，那么他可以提供几个铺位，如此一来，我们就可以马不停蹄地前往婆罗洲，开启新阶段的探险活动。现在我们只剩下唯一的难题——找一辆车，达恩说这事包在他身上。

"我们有一辆破旧的吉普车，一直停在厂里。"他说，"我回头去看看能不能让它起死回生。"

两天之后，这辆加满燃油的吉普车就停在了胡布莱希特家门口，它的里里外外都经过了检修，并重新上了润滑油。第二天早晨，我们五点起床，把设备和行李搬到车上，在由衷地感谢胡布莱希特夫妇的盛情款待和无私的付出之后，便驾着吉普车一路向东，朝着未知的目的地进发。

虽然这辆车的性能特别好，但是单看构造，它无疑是一个罕见的机械怪胎，它身上的零部件来自多辆型号及品牌完全不同的汽车。

由于年久失修，车内仪表盘里的大多数仪表都遗失了，现在替换上的这些大多是移花接木，以电压表为例，上面的文字和刻度清楚地显示它曾是空调机的一部分。汽车喇叭其实就是一片拴在转向管柱上的弯曲金属片，为了避免接触不良，达恩把连接处的油漆和污垢刮了。这种做法虽然非常有效，但是它有一个缺点——我们每次按喇叭时都会被电到。除此以外，汽车的轮胎不仅品牌不同，就连尺寸也略有不同，但是它们在没有轮胎表面花纹这件事上，却出奇地保持一致——除了一两处用白色帆布打的补丁外，每条轮胎光滑得可以当镜子来用。总的来说，它是一辆心地善良、精力充沛的代步车。我们一边高声歌唱，一边激动地驾驶着它在路上飞驰。

这是一个阳光明媚的早晨。连绵起伏的火山群在右边的地平线上一字排开，构成爪哇山脉的一部分。路边是齐膝深的梯田，农民们戴着巨大的锥形草帽，弯腰站在泥泞的稻田里插秧。一群白鹭在周边的泥水里忙着觅食。远处，一大片刚刚吐出嫩叶的稻苗化成一团薄雾，笼罩在棕色的水面上，水中倒映着白云、火山和蓝天。

道路两旁长着高大的相思树，路面笔直地向前延伸，但不是很平坦。我们偶尔能碰到有着巨大木质车轮的吱吱作响的牛车，驾车的都是包着头巾的农民。当地人喜欢把稻谷整齐地铺在路面晾晒，为了避免碾轧到它们，我们在行驶中多次急转弯。我们途经很多小村庄，除此以外，路上还有许多奇怪的路标，和我们在其他地方看到的都不一样。如果道路拥挤，我们或许还会紧张，但是放眼望去，没有其他车辆，所以我们一路都比较轻松。

安全地行驶五个小时后，我们进入一个小村庄，就在这时，一个腰间别着左轮手枪的小警察突然跳到路中央，站在我们的车子前。他一边舞动着自己的手臂，一边拼命地吹哨子。我们见状立马熄火。他把头伸进车窗，喋喋不休地说着印尼语。

"非常抱歉，警官先生，"查尔斯用英语回复道，"我们是英国人，不会说印尼语。请问我们是不是违反了什么交通法规？"

警察依然叫嚷着。我们出示了护照，可这似乎让他更恼火了。

"*Kantor Polisi. Polisi! Polisi!*（警察局。警察！警察！）"他怒吼道。

我们觉得，他可能是想让我们和他一起去警察局。

随后，他把我们带到一间简陋的、刷着白色涂料的房间，八个穿着卡其色制服的警察神情凝重地围坐在一张堆满文件和橡皮印章的办公桌前。最中间的那位应该是级别最高的长官，因为他的肩章上有两根银色条纹，而且配的手枪也更大。我们再次为不会说印尼语而道歉，紧接着出示了介绍信、许可证、护照、签证等所有的证明材料。那位官员面露愠色，草草地翻阅着材料。他只对护照感一点兴趣，查尔斯那一大套按满指纹的表格则被完全忽略。最后，他从那一沓证明材料中抽出一张。那是伦敦动物学会的会长开的介绍信，它将我们引荐给新加坡的一个权威机构。他读道："请在动物饲养方面给予持本信件的人力所能及的帮助，本学会将表示衷心的感谢。"他皱了皱眉头，仔细地核查着签名和铜版印刷的抬头。我和查尔斯一边紧张地赔着笑脸，一边给坐在长椅上的巡警们递烟。

那位官员小心翼翼地将文件叠成一摞。他不慌不忙地将一根烟蒂捻在嘴里，把它点燃，然后靠在椅背上，朝着天花板吐出一口烟。突然，他做出了决定。他站了起来，粗声粗气地说着什么，可我们一句也没有听懂。逮捕我们的那个巡警示意我们往外走。

"我希望是单间牢房，"查尔斯说，"不过，我还是想知道我们到底做错了什么！"

"我怀疑，"我回应道，"我们刚刚在单行道上逆向行驶了。"随后，我们跟着巡警来到停吉普车的地方。

他示意我们上车。

"*Selamat djalan*（旅途愉快），"他说，"一路平安。"

查尔斯激动地握着他的手。

"你知道吗，警察先生？"他说，"你实在太好了！"

我们特别地真诚。

<hr>

深夜，我们终于抵达外南梦。战争爆发之前，这个小镇非常繁荣，从它的港口发出的渡轮，是爪哇岛和巴厘岛之间最主要的交通工具之一。近年来，由于航空运输业的兴起，它的重要性逐年降低，即便如此，小镇依然保留了许多原来繁荣时的迹象，例如汽油泵、剧院和办事处。外南梦唯一的酒店坐落于镇中心的广场上，虽然地理环境特别好，但是破败不堪，非常杂乱。我们走进一间由混凝土

砌成的小房间，整个房间狭窄而潮湿，墙壁上粉刷着一层白色石灰粉，刚进屋，一股浓郁的霉味就扑面而来。房间里有两张床，为了防止蚊虫叮咬，每张床还安装了一个由木头和铁丝网制成的特殊"蚊帐"，这让它们看上去像两个大号的橱柜。蚊帐里面的空间十分局促，要是它的外面有足够的空间，我宁愿睡在外面被蚊子叮，也不想因为睡在里面而患上幽闭恐惧症。

根据法律及向雅加达政府提交的承诺，我们必须在第二天前往当地的警察局、林业局、信息部等部门汇报行程。信息部的官员得知我们要在周围的乡下寻找野生动物后，表示有一点点担心。由于无法说服我们放弃这个计划，他只能指派办公室的一位办事员作为我们的向导和翻译。面对如此友善的坚持，我们别无选择，只好接受。

我们的向导叫优素福，是一个清瘦修长、郁郁寡欢的年轻人，在他看来，花一周的时间沿着海岸线在小村落里搜寻野生动物，可不是一件好差事。第二天，他穿着一身整洁的白色工作服，拎着一个巨大的公文包来到酒店，带着些许殉道者的语气说，他已经准备好和我们一起去"热带雨林"了。查尔斯坐在驾驶位驾驶着吉普车，优素福则坐在副驾驶位上，而我只能坐在他俩中间，两条腿跟变速杆缠在一起。我们告别外南梦，朝着达恩建议去的地方进发，据说那里有一片迷人的森林。我们在沿途的每一座小村庄都会停留，在词典和优素福的帮助下对村庄周边野生动物的情况做一次调查。随着时间的流逝，路况变得越来越差，沿途的村庄越来越分散，乡村也更为原始，而山却越来越多。临近黄昏，我们驾驶着吉普车来到

把吉普车从沼泽中挖出来

一个陡峭的山口，到达顶点时，我们又惊又喜，甚至忘记了呼吸。在我们下方 300 英尺处的山脚下有一道宽阔的海湾，它的边缘被一片茂密的棕榈树林所覆盖，海面上一道道乳白色的浪花不断地涌向陆地，在白色的珊瑚沙海滩上发出轰鸣。我们抵达印度洋了。夕阳西落，山下的村庄闪烁着黄色的灯光。

接下来的几天，我们把绝大多数时间都用在探寻村庄后面的森林上了。正午时分的森林里除了充斥着昆虫尖锐的鸣叫声外，似乎没有任何生机。这里既潮湿又闷热，地面长满尖刺和多节的匍匐植物，偶尔还能碰到一朵悬垂的兰花。这个钟点在森林里闲逛，绝对是一种怪诞的经历。这就如同深夜时分徘徊于小镇，街道上虽然空无一人，但到处都是废弃的杂物；人类活动留下的痕迹虽然微不足道，但是总能引发无限的联想。我们在正午的森林里不仅能看到动物留下的皮毛、脚印及粘在洞口的毛发，还能发现它们吃剩下的已经腐烂的果皮，这些痕迹清楚地表明，很多动物可能就在离我们不远的藏身之处呼呼大睡。

相比之下，清晨的森林则生机勃勃。这时候大多数夜行性动物还在外面游荡，有些昼行性动物已经起来觅食。一般来说，这样热闹的场面只会持续数小时。当太阳完全升起，气温升高时，填饱肚子的昼行性动物会心满意足地找地方打盹，而夜晚行动的动物则早就躲进了洞穴。

优素福从不和我们一起行动，他说待在"热带雨林"里非常难受。大约一周之后，我们遇到一位中国籍的橡胶园农场主，他正打算驾车前往外南梦。优素福当即决定和他一起返回镇上。我们虽然有点难过，但绝对谈不上悲伤。优素福迫不及待地收拾完行李，丢下我们两个，独自一人坐上农场主的车出发了。

当宣称对动物感兴趣后，我一直担心村民们会对我们没有拿出来复枪猎捕老虎而感到失望。我们成天只观察蚂蚁、蜥蜴之类的既普通又毫无特色的动物，让他们非常疑惑。尽管这样，一个老头还是会每天都来看望我们，偶尔也会带一些蜥蜴或者蜈蚣。还有一次，他不知从哪儿弄到一盆鲀，给我们端了过来，每一条鲀都气得鼓鼓的，像一个个奶油色的小球。就在我们打算离开这个村子的两天前，他领着一小群人，兴高采烈地来到我们的小木屋。

"Selamat pagi（早安），"我说，"早上好啊。"

作为回应，他把一个说马来语的小孩推到我们面前。经过一番费劲的交流后，我们总算弄清楚是怎么回事，原来这个小孩昨天去森林里收集藤条时碰到了一条大蛇。

"Besar（大），"男孩说道，"大，特别大。"

为了描述那条蛇的尺寸，他用脚趾在地面上画了一条直线，在距它六步远的地方，又画了一条直线。他指着地面上的两条线，不断重复着"Besar"。

我们点了点头。

爪哇岛已知的所有蛇里，仅有两种能达到这样的尺寸，并且它们都是蟒蛇。一种是亚洲岩蟒，它可以长到 25 英尺长；另一种是网纹蟒，它的长度则更长，曾经有人见过一条长达 32 英尺的恐怖的网纹蟒，这也是到目前为止世界上最长的蛇。如果小男孩看到的这条蟒蛇真有 18 英尺长，那它确实是一个难以对付的家伙，要是不小心让它缠住，肯定会被挤压致死。临行前我曾向伦敦动物园承诺，如果有条件捕捉一条"又大又好看的蟒蛇"，我们一定会采取行动。

实际上，业界公认的捕捉蟒蛇的方法非常简单，而且相对安全可靠。它至少需要三个人通力合作才能完成，为了更加安全，这种方法建议蛇有多少码就安排多少人。方法指出，在领队分配任务之前，勇敢无畏的猎人们应该与蛇保持适当的距离。团队中的一个人负责蛇头，一个人负责蛇尾，剩下的人则负责中间盘起来的部分。安排妥当后，领队一声令下，每个人各司其职，抓住自己负责的那一部分。为了确保万无一失，负责蛇头和蛇尾的人一定要同时行动，这一点至关重要；但凡有一头失控，蛇就能缠住负责另一头的人，开始用力挤压。因此，团队成员相互信任也非常重要。

我略带疑惑地看着眼前这支临时组建的队伍，虽然每个人都勇气可嘉，但是我怀疑自己有没有这个能力把捕蛇"战役"的计划准确无误地传递给大家。

为了让大家理解这个计划，我喋喋不休地说了好久，还在地上画了一幅示意图。紧接着，我又花了一刻钟时间，让另外五个人相信，他们没有被我纳入这次计划，不用担心自己的安危。由于查尔斯需要负责拍摄，如今只剩下老人、小男孩和我。所以，我只能安排老人负责蛇尾，小男孩负责中间那截，而我自己则负责蛇头。我貌似领取了最危险的任务，不过这正是我所期望的。尽管我要冒着被咬的危险，但是蟒蛇的尖牙并没有毒，造成的后果甚至还不如一般动物的抓伤。事实上，控制蛇尾的那个人才最辛苦，因为蛇遇到危险时，通常会从泄殖腔喷射出大量难闻的排泄物。

当我确定他俩愿意帮忙，并且明白各自的职责时，才安排大家收拾设备。一切准备就绪后，我们往森林走去。小男孩走在最前面，用他的帕兰刀*在浓密的灌木中砍出一条小径。我拿着大布袋和绳索紧随其后。老人背着一些摄影器材走在我后面，查尔斯拿着摄像机走在最后面，随时准备拍摄。要说现在一点都不紧张，可能连我自己都不信。我特别讨厌徒手捕捉毒蛇，因为稍有差池可能就要面对死亡，即使侥幸活命也要忍受数周由蛇毒带来的极大痛苦，但是我比较钟爱无毒的蟒和蚺。不过话又说回来，我到目前为止还没有捉过一条长度超过 4 英尺的蛇，而且我对帮手也没有足够的信心，真不知道当我大喊"Mendjalankan"（开始行动）之后，他们除了勉强记得我千叮咛万嘱咐的任务之外，还能不能采取任何应急措施。为了沟通方便，我特地从词典里挑了这个词，再三确认它的意思是"执行"，我期望这样用没问题。

　　道路变得越来越陡峭。我们在爬坡的过程中遇到一片竹林，艰难地在吱吱作响的茂密竹茎之间穿行，衣服被汗水浸湿，身上落满了黑色的尘土和干燥的碎叶。接着，我们穿过一片空地，我突然瞥见大树的树冠覆盖着我们下面的山坡和宽阔的海湾，一直绵延到 1 英里外的村庄。没过多久。小男孩停下来指了指地面，只见一截生锈的铁丝和几块破损的混凝土块从匍匐植物的绿色叶片下冒了出来，显得特别突兀。我们小心翼翼地跨过去，惊奇地发现叶片下面还有一个用混凝土浇筑的深坑。深坑的附近是一条依山势修建的沟渠。这不禁让我想起中美洲和中南半岛的森林里发现的那些荒废的古代历史遗迹。

---

* 马来人常用的一种刀。——译注

男孩打破沉默。

"轰隆！轰隆！"他说，"*Besar. Orang Djepang.*（大。日本人。）"
原来我们发现的是日本人在三十年前修建的炮台的遗址，当时他们
入侵并占领了整个爪哇岛。

我们在山坡上继续前行。过了一会儿，小男孩再次停下来，指
着地面说，昨天就是在这儿看到了蛇。我们卸下身上的装备，然后
分头在矮树林里寻找那个家伙。当我抬头看着缠在树枝上、如同迷
宫一般的藤蔓时，我怀疑即使蛇出现在眼前，我也发现不了它。这
时突然传来老人激动的尖叫声。我立刻跑过去，只见他站在空地上
的一棵小树下，见到我之后便指了指树枝。一条大蛇缠绕在大树枝
上，露出白花花的肚皮。但我也只能看出这么多了；由于这条蛇缠
在错综复杂的藤蔓之中，周围枝繁叶茂，光影交错，让人根本无法
辨别它的头尾。这下麻烦大了：我的"捕蛇大法"没有记载如何捕
捉一条缠在树上的大蛇。不过，我非常确定，和我相比，它有着更
强的攀爬能力，此外，我们也没有演练如何对付一条树上的蟒蛇。
如今，唯一的解决方案是把它从树上弄下来，等它到了地面，我们
便可以实施原定的捕捉计划。我借助手上的帕兰刀，纵身一跃，跳
上树干。蟒蛇缠绕的树枝距离地面大约 30 英尺。它躺在距离树干至
少 10 英尺的地方，等我爬到附近时，我长长地舒了一口气。它扁平
的三角形头部搭在卷曲的身体上，两只黄色的、如按钮般的眼睛直
勾勾地望着我。这条蛇特别美，它那光亮而平滑的身体上布满黑色、
棕色和黄色相间的花纹。现在很难判断它的体长，我能看到的最大

的一圈，周长至少有 1 英尺。我背靠在树干上，用手上的帕兰刀使劲地砍那根树枝。

那条蛇一直目不转睛地盯着我。直到树枝开始晃动，它才意识到危险，竖起头吐出又长又黑的信子，发出咝咝的威胁声，盘绕在树枝上的身子开始滑动。见状，我加快砍伐的节奏，树枝嘎吱作响，缓缓地向树干合拢。我又砍了两下，树枝连同蟒蛇一起掉到空地上，刚好落在老人和小孩的身边。

"*Mendjalankan*！"我咆哮道，"快，抓住它。"

他们一脸茫然，目瞪口呆地望着我。

我看见蛇头从树叶里钻出来，它蠢蠢欲动，打算爬向空地另一边的竹林。如果它爬到那里并成功地缠在竹子巨大的根茎上，那我们就再也别想提住它了。

我一边以最快的速度从树上下来，一边愤怒地朝队友们大吼"*Mendjalankan*"，然而，站在查尔斯和摄像机旁边的两人却无动于衷，冷漠地看着眼前的一切。

当时那条蛇距离竹林仅有 3 码，我跳到地面上，抄起袋子就追了上去。我知道，如果想要抓住它，我必须自己先控制住它。幸运的是，它只是一心想着往竹林里面钻，根本没有注意到我在追它。虽然它爬行的速度不是特别快，但是对于这种尺寸的蛇来说，已经足够惊人。

它刚把头钻进竹林，我就一把抓住它的尾巴，向外猛地一扯。显然，如此无礼的举动激怒了这条蛇，它立马掉头转向我，随后张开大嘴，把头往后缩了缩，调整到一个适合攻击的姿势，黑色的信子在嘴边进进出出。我右手拿着袋子，像撒网一样往外一甩，刚好把袋子干净利落地罩在它头上。

"套住它。"查尔斯在摄像机后面喊道。

我猛扑到麻袋上，在褶皱间摸索着，一把抓住它的颈背。在这千钧一发之际，我脑海中突然闪现"捕蛇大法"的注意事项，我立马用另一只手控制住蛇的尾巴。我趾高气扬地站了起来。那条大蛇不断地挣扎扭动，把自己盘成一圈一圈的。这条蛇保守估计至少有12英尺长，而且相当沉。尽管它的脑袋和尾巴已经被我举过头顶，但是中间那截身子还是躺在地面上。

当我把蛇举到半空中时，小男孩终于决定来做我的助手。他来得真不是时候，刚一走近，蛇就喷出一股难闻的排泄物，射得他满身都是。老人见状乐得直不起腰，一屁股坐在地上，眼泪都笑出来了。

———

尽管我们把大部分的时间花在这个村子附近，但是我们偶尔也会沿着海岸线拜访更远的小村庄，探索森林里的新区域。因此，我们不得不开着吉普车，行驶在各种路面上，其中既有布满尖锐的鹅卵石的路面，也有河水没过轮毂的河道，还有泥泞的沼泽。吉普车曾经多次陷入柔软的沼泽里，车轮空转着发出嗖嗖的声音，直到曲轴和车轴都平卧在沼泽的表面上为止。

很多人会下意识地给车起个名字，定个性别。我曾经觉得这种行为太过于感性，然而近几周的经历让我改变了以前的看法。毫无疑问，我们的吉普车有着超凡的人格魅力。尽管这家伙平时有些喜怒无常、任性妄为，但它非常忠诚。它不仅喜欢在清晨发脾气，还喜欢在我俩独自出发时闹别扭，除非我们一边说着甜言蜜语哄它，一边不停地转动曲柄启动发动机；但是，当我们近旁有村民围观，或我们拜访当地政府官员，需要一个体面的告别时，它又变得非常善解人意，只要轻轻触发启动装置，它立马生龙活虎。只要一发动，它就勇气十足，从不言败，勇敢地和我们一起面对遇到的任何困难。

尽管如此，它不再年轻却是不争的事实，它的很多零件和功能已经严重老化了。记得有一次，它的一条向鼓式制动器输送液压油的管道不停地缓慢泄漏。我们平时不怎么用制动器，原因是刹车时会产生令人害怕的剧烈颠簸，除此以外，它还会以惊人的速度在路上减速；但是考虑到失去所有液压油会导致吉普车的制动系统瘫痪，我们决定为它实施补救手术。我们拧开有问题的油管，用石头使劲敲打裂缝的地方。如此简单粗暴的维修，竟然治好了它颠簸的毛病，这真是出乎我们的意料。

在一次意外中，它以一种更加积极的方式展现了它的忠诚。在我们和另一个"机械敌人"录音机的一次例行冲突中，它给予了我们极大的帮助。这台录音机脾气十分火暴，它可能觉得自己出身高贵，总是不满于我们安排给它的一些奇怪任务。有好几次，我们把它调试好，确保它能正常工作，然后把接收器放在它旁边，期待能录下一种特别的鸟鸣声。当鸟儿开始歌唱时，我们兴奋地按下按钮，却发现线轴拒绝转动，或者线轴转了，但里面的线圈不能正常地工作。通常情况下，在这台机器闹过脾气，而且鸟儿也飞走了以后，它会神奇地恢复正常，出色地完成当天剩余的工作。如果它冥顽不化，我们有两个法子可以治它。第一招是用力拍打，这个方法一般会奏效，当然也有失灵的时候，这时我们会采取更严厉的惩治措施。我们先把所有零件拆下来，然后把它们整齐地放在香蕉叶上或者其他光滑的物体表面。我们通常从中找不出什么毛病，不过这不要紧；我们只要把所有部件照原样重新组装起来，机器就如同被施了魔法一般，可以正常工作了。

　　吉普车提供帮助的那一回，是我们唯一一次发现录音机内部少了一个零件。当时，全村人都准备好，就等着唱歌。然而，我激动地打开录音机时，却发现接收器一点反应都没有，当时的情形别提有多尴尬了。拍打战术失败后，我用帕兰刀的刀尖当起子，小心翼翼地把它拆开，原来是一根电线断了，而且断裂的方式非常奇怪。电线太短，根本拧不到一起，更糟糕的是，我们没有随身携带多余的电线。我抱歉地看了一眼活动的召集人，正当我打算取消这次演唱会时，停在不远处的吉普车引起了我的注意。它的前轴下面悬挂着一截我从未见过的黄色电线。我跑过去查看一番，尽管我不知道它的源头，但是伸出来的部分完全是自由的。我用帕兰刀从中截了6英寸，费了九牛二虎之力才把它装到录音机里，最终的效果特别好。我想可能是因为吉普车的自我牺牲精神让录音机感到羞愧，所以后者才表现得这么好。

这次经历让我们对吉普车有了更多的信心，我们在告别村民，离开村子时，深信它有能力把我们及我们的设备安全送到外南梦和巴厘岛。我们再次踏上未知的旅途。然而出发后还不到一小时，它突然开始颠簸，左前轮剧烈地震动。我们立即熄火，查尔斯钻到车底检查车况，没过多久，他带着一身油污和一个坏消息爬了出来。由于连续行驶在颠簸的路面上，连接转向杆和前轮的四个螺栓已经全部脱落，断成了两截。

没有比这更糟的了，汽车的转向系统出了故障，意味着它不能转弯，也就无法继续行驶。周边最近的村庄距离这里大约有 10 英里，而最近的汽车修理厂在外南梦。我们束手无策之时，吉普车再一次展现了它的睿智。查尔斯拆下那些油乎乎的金属碎片，发现底盘上有一排口径相同的螺栓，他从中拧了四个下来。从目前的情况来看，它们好像没有承担任何实质性的功能，吉普车也没有什么不良反应。查尔斯拿着螺栓再次钻到前轴下，经过一番折腾，面带笑容地爬出来。它们非常合适。我们点燃发动机，重新上路。当小心翼翼地转过第一个弯后，我们如释重负，紧接着开足马力，终于在深夜时分赶到外南梦。海峡对面是巴厘岛，以及和我们走过的路一样糟糕的漫漫长路。不过这将是这辆年迈但性能优越的吉普车最后一次承受这种野蛮的待遇了。

第十二章　巴厘岛

　　巴厘岛与其邻近的其他岛屿相比，显得非常特殊，为什么会这样，答案或许可以从它的历史中寻得。大约一千年前，信奉印度教的国王统治着爪哇岛、苏门答腊岛、马来半岛和中南半岛，当时的首都位于爪哇岛。随着国力的兴衰，当时的巴厘岛要么是爪哇国的附庸，要么是一个独立的地区。公元 13 世纪至 15 世纪，麻喏巴歇王朝统治着爪哇岛。在这一政权的末期，伊斯兰教传教士开始在爪哇岛宣扬新的宗教信仰。很快，周边一些小附庸国的国主皈依了伊斯兰教，随后纷纷宣布独立，脱离信奉印度教的麻喏巴歇王朝的统治。为此，各个岛屿之间爆发了战争。据说当时最后一任国王的祭司预测，四十天后麻喏巴歇王朝的政权将土崩瓦解。到了第四十天，国王不堪压力，命令支持者将他活活烧死。他的小儿子，也就是麻喏巴歇王朝的王子，带着所有的王室成员逃到了巴厘岛——麻喏巴歇王朝仅存的领地。得益于这次大迁移，巴厘岛接收了爪哇岛最优秀的乐师、舞者、画师及雕塑工匠。这批艺人和工匠的输入，对巴厘岛的文化产生了极其深刻的影响；这或许可以解释，为什么巴厘人在才艺方面天赋异禀。如今，在印度尼西亚的各个民族中，只有巴厘岛民众信奉印度教，而且这种信仰在岛内非常普遍，以至于他们生活的各个方面，大到村庄的布局，小到服饰的样式、每天的生活习惯，无一不受到宗教的支配和改造。巴厘岛的印度教与印度本土的印度教信仰几乎没有任何交流，已经演变成一种极其特殊的信仰。换句话说，巴厘岛民众所信仰的其实是一种独特的宗教。

当驱车穿越美丽的村庄、富饶的土地，以及遍植棕榈和香蕉的庄园时，我们和所有来巴厘岛度假的游客一样，以为自己来到了天堂。巴厘岛将人们心目中理想的热带岛屿变成了现实，这里的人民勤劳善良、热爱和平，这里的土地富饶美丽、物产丰富，这里的阳光灿烂明媚、永不消逝，人与自然和谐共生。

我们简直太幸运了，能沿着这条路驶入巴厘岛！相比之下，游客们只能乘飞机抵达巴厘岛最大的城镇登巴萨。昨天深夜我们驾车抵达时，感觉这里丝毫不像一座海岛天堂。它已经完全被剧院、汽车、酒店、纪念品商店及酒店外搭建的混凝土舞台占领了。游客们虽然可以舒适地躺在藤条椅上，一边欣赏酒店精心准备的舞蹈表演，一边品尝身边摆放的威士忌和苏打水，但是这和其他地方的度假村又有什么区别呢？

我们之所以来到这个城市，除了其他一些原因之外，主要还是因为这里有众多的政府办公部门，根据要求，我们必须向它们汇报行踪。我们在登巴萨幸运地认识了马斯·苏普拉托，在他的帮助下，我们快速地办完了所有手续。尽管马斯不是土生土长的巴厘人，但他是巴厘岛舞蹈和音乐领域的权威专家。他还是一名舞蹈经纪人，手下有一批专业的舞蹈演员，目前这群舞者正在世界各地巡回演出。正因如此，他对东西方的细微差距有着敏锐的洞察力，也是我们所见到的为数不多的对政府部门办事拖延感到沮丧的印度尼西亚人之一。他自愿作为向导带领我们参观巴厘岛，这可把我们高兴坏了。如今，我们才慢慢地意识到幸运之神一直在眷顾我们。

我期待马斯带我们去巴厘岛的乡村，尽快远离混杂着各种文明的登巴萨。然而，他却在第一晚领着我们穿过灯红酒绿的市区，拜访城郊一处静谧的、与世隔绝的庄园，据说这是一位巴厘岛贵族的私宅。明天这里将举办一场隆重的宴会，他想让我们见识见识筹备的过程。凉亭里挤满忙碌的人群。女人们熟练地将棕榈叶折成漂亮的装饰性花边，然后用细竹片将它们固定在鸡蛋花和流苏上。白色与粉红色的金字塔形米糕，成排地摆放在香蕉叶做成的绿色"餐巾"上。屋檐下悬挂着用鲜花制成的花环，供奉神灵的神龛也披上了隆重的礼服。帐篷之间趴着六只活海龟，它们的前肢被残忍地刺穿，用藤条捆扎在一起，粗糙而干燥的海龟头无力地耷拉在地面上。它们缓慢地眨着眼睛，疲惫而呆滞地扫视着周围开心热闹的人群。当晚，作为牺牲的它们可能就会被宰杀。

第二天，马斯又带我们返回那里。院子里挤满了参加宴会的人，比昨晚多得多。每个人都盛装出席：男人们下身着纱笼，外罩束腰长袍，头上包着头巾；女人们身着紧身上衣，搭配着长裙。王子作为家族的首领盘腿坐在平台上，一边与贵客交谈，一边吃着穿在竹扦上的烤龟肉，其间还不忘喝几口咖啡。一个小男孩坐在他前面，用木槌不停地敲击一件乐器，发出一阵阵单调乏味的叮当声。这种乐器有点像木琴，不过琴面上只有五个用于敲击的青铜键。

马斯告诉我们，这是一场为锉牙仪式而特意准备的宴会。在巴厘人的观念里，参差不齐的牙齿是野兽和魔鬼的象征，每一个成年人都应该有一口整齐的牙齿，所有不规则的地方都要被锉除。如今，这种仪式早已不如从前那般流行，然而即便如此，如果有人生前没有参加过锉牙仪式，亲属们也会在遗体火化前将其牙齿锉平，避免参差不齐的牙齿所携带的兽性阻碍他的灵魂升入天堂。

临近正午，从家族所在的亭子里走出一支整齐的队伍，走在最前面的是一个年轻的姑娘。她的身上裹着一块绣着金色花纹的红布，肩膀上披着用同样布料制成的肩带，头上戴着一顶用金色树叶和鸡蛋花编织成的华丽而精致的花冠。几位年纪稍长、同样盛装打扮的女人陪在她的身边，一边走一边吟唱。队伍沿着拥挤的小巷走向一座悬挂着蜡染布的亭子。白衣祭司正在那边的台阶上等待着她们。年轻的姑娘在他面前停了下来，然后虔诚地伸出双手。白衣祭司用神职人员专用的手势拿起一个竹编的漏斗，往里面灌上水，让水慢慢滴到女孩伸出的手指上。在整个祭祀仪式中，祭司的嘴唇不停地在动，然而周围的乐器声和歌唱声太过于嘈杂，把他的声音淹没了。紧接着，祭司把漏斗放置在一旁，将女孩带进亭子，让她躺在亭子里的长榻上，枕着一个长枕头，据说枕头上的那块布具有特殊的魔法。祭司为工具祈完福之后，便俯下身开始替她锉牙。与此同时，陪同的女人们唱得更响亮了，她们中的一个人按住她的脚，另外两个人抓住她的手。我想即使女孩在手术中哭喊出来，外面的人也不会听见。每隔十分钟，祭司会停下手里的动作，然后拿出一面镜子，让女孩可以清楚地了解锉牙的进程。半个小时后，仪式结束。女孩走出亭子，站在台阶上，这样所有人都能看到她。她眼中噙着泪水，原本华丽的头饰现在杂乱无章地戴在头上，这是因为唱

锉牙仪式现场

诗班的每位成员都从她的头饰上摘下一片金叶，插在自己的头发上。她手里捧着一个制作精美的小椰子壳，里面装着她吐出的牙齿碎屑。她穿过亭子，沿着刚才的路回到家庙，把牙齿碎屑埋在祖先的神龛后面。

次日，我们在离开城镇的时候惊奇地发现，登巴萨周边的乡村与车水马龙的城镇及国际机场相比，简直判若两个世界，这里丝毫没有受到西方文明的影响；我们不得不放弃吉普车，在稻田里纵横交错的乡间小路上步行，去寻找那些原生态的村落。马斯·苏普拉托每天都带领我们在岛上游历，不论白天黑夜，村里只要举办娱乐活动或者宗教仪式，就有我们的身影。

巴厘人是一个热爱音乐和舞蹈的民族。无论是王子还是贫农，这里的每一个男人都有同样的抱负，那就是加入村里的乐队或者舞蹈队；而那些没有表演天赋的人，也愿意在自己力所能及的范围内捐一些东西，用于购买演出所需的服装和乐器，他们为此倍感荣幸。在巴厘岛，即使是最贫穷、最小的村庄也拥有自己的佳美兰乐队。* 这是巴厘岛的传统形式的乐队。乐队演奏的乐器以金属打击乐器为主，主要有大吊锣、摆放在水平架子上的尺寸较小的锣、小铜钹，以及多种类似于木琴的乐器，我们在登巴萨的仪式上曾经见过。除了这些之外，乐队里还有拉巴布琴（两弦的阿拉伯式小提琴）、竹笛，通常还有两面鼓。

---

* 佳美兰音乐是印尼的一种以金属打击乐器为主体的合奏音乐，是印尼最具有代表性的音乐形式，主要流行于爪哇岛和巴厘岛。——译注

佳美兰乐队

　　乐队使用的乐器大多价值不菲。这主要是因为很多乐器是巴厘岛的工匠造不出来的，他们能铸造木琴上所用的青铜键，但制造那些音色清亮悦耳的锣的"秘方"，只掌握在爪哇岛南部一个小镇的工匠手里。因此，越是精美的锣越珍贵。

　　佳美兰乐队奏出的音乐摄人心魄，它的打击节奏非常微妙，还拥有抑扬顿挫的旋律和气势恢宏的和音。我原以为自己不会被这种陌生的、充满异国情调的音乐所吸引，事实证明我错了。乐师们在表演时热情饱满，信念坚定，甚至达到了一种忘我的境界；而且他们演奏的音乐时而让人热血沸腾，时而引人深思，我和查尔斯被迷

佳美兰乐队中最小的成员

得神魂颠倒。

演奏一场完整的佳美兰音乐需要二十人到三十人，每个人的节奏精准无误，配合得天衣无缝，可以和任何一个欧洲乐团相媲美。他们没有乐谱，即便是再复杂的旋律也都是记在乐师的脑海里。乐队的曲目非常丰富，以至于他们表演数个小时也不会出现重复的节目。

这样出神入化的演奏技能，只有通过艰苦的训练才可以获得。每天当夜幕降临后，乐师们就会聚集到村中心的亭子里开始排练。每当乐队叮叮当当的敲击声响起时，我们和马斯都会循声找到排练场，坐在外面欣赏他们的演奏。佳美兰乐队的领队一般是鼓手，他可以通过击鼓控制演出的节奏。通常情况下，他不仅是一个优秀的鼓手，而且精通其他所有的乐器。比如说，他会让排练暂停，走到木琴演奏者那儿，向后者演示该如何演奏，才能正确地表达出音乐的主题。

在这样的排练场，我们第一次遇到跳黎弓舞的小女孩，黎弓舞是巴厘岛最优雅、最华丽的舞蹈之一。这三个跳舞的小姑娘都还不满六岁。佳美兰乐队的乐器有序地摆放在广场的三面，舞台也因此形成，女孩们就在那里上课。她们的老师是一位头发花白的老年妇女，她年轻时曾是一位非常著名的黎弓舞演员。她的授课方式极其严厉，甚至可以说有些残暴，在学生们跳舞时，她会把她们的头、胳膊和腿用力地推到正确的位置。时间一小时一小时地流逝，音乐一直持续不断，孩子们在教练严厉的注视下，眨巴着无辜的大眼睛，手指颤抖地完成跺脚和旋转动作。午夜时分，音乐终于停止。训练课结束，舞者刚刚还是一副冷漠而神秘的样子，现在一下子变回了天真烂漫的孩子，嘻嘻哈哈跑回家。

第十三章　巴厘岛的动物

　　我们的参考书上说，巴厘岛的动物没有特别的吸引力，除了一两种鸟之外，其他所有的动物都能在爪哇本岛上发现，而且爪哇岛的种群数量更多。然而，这些书没有记载巴厘岛的本土动物。后来，我们决定在岛上的一个小村庄里住上两周时间，其间我们惊喜地发现，这里的很多动物与岛上的舞蹈和音乐一样，都是巴厘岛所特有的。

　　每天清晨，我们都能看到一群雪白的鸭子大摇大摆地去村外觅食。它们与我们以往见到的所有的鸭子都不同，后脑勺上有一小簇迷人的卷毛，带着一点浮华和卖弄风情的意思，就好像它们是故事书里为出席嘉年华而盛装打扮的动物。每群鸭子后面都有一个拿着细长竹竿的男人或者男孩，竹竿的顶端绑着一簇羽毛。他们水平地拿着竹竿，将它举在鸭子的头顶上，这样一来竹竿上的羽毛就一直在领头鸭前面上下摆动。这些鸭子自打孵化出来，就被主人们训练跟随着羽毛行动，所以在羽毛的引导下，鸭子们欢快地在狭窄的小路上列队前行，来到刚刚收割或耕过的稻田。养鸭人到那儿之后，便把竹竿插在泥里，竿顶绑着的羽毛在微风中轻轻摇曳，一直在鸭群的视野内；这样一来，这群小家伙就会在稻田里待上一整天，开开心心地在泥水里寻找食物，永远不会偏离那一簇将它们"催眠"的羽毛。夜幕降临时，养鸭人再过来拔起竹竿，发出快乐嘎嘎声的队伍再一次跟着上下翻飞的羽毛，沿着田埂返回村子。

这里的牛也非常好看。它们穿着红黑色的外套，套着齐膝的白色长袜，屁股上还装饰着一些整齐的白色斑点，它们是白臀野牛被驯化的后代，如今在东南亚的一些森林里还能发现野生的种群。巴厘岛上的这些牛血统非常纯正，几乎和野外生存的白臀野牛没有任何区别，很多爪哇岛的狩猎运动员会来到这里，不辞辛苦地追踪和猎捕野牛。

村里的猪引发了我们极大的兴趣，它们的起源和祖先都是未解之谜。它们和其他品种的猪几乎没有任何相似之处。第一次偶遇时，我曾下意识地认为那是一头畸形的猪。它的脊椎两头高、中间低，垂在消瘦的肩膀和臀部之间，好像被笨重的肚子给坠弯了。这牲畜的肚子像沙袋似的，走路时在地面上不停地摩擦。如此丑陋的外貌并非个例，没过多久我们便发现巴厘岛上所有的猪都长这样。

这里的狗特别多。要说它们有什么独特品质的话，那就是它们是迄今为止我们遇到的最令人厌恶的生物。它们饥寒交迫，大多数患有疾病，透过那溃烂的皮肤，你甚至能清晰地看到里面的脊椎和肋骨。它们以垃圾堆上的生活垃圾为食，也会吃一些摆放在神龛、亭子、房屋门口的米饭，这是巴厘人每天用于供奉神灵的祭品。射杀它们或许对它们来说更为仁慈，但是村民不仅没有这么做，反而允许它们无限地繁殖。村民们白天能容忍它们的吠叫，甚至欢迎它们在夜间不停地嚎叫。他们认为这样可以吓跑那些在村子里游荡的恶灵和魔鬼，否则它们会侵入各家各户，残害熟睡的人们。

在这儿的第一夜，一条叫声洪亮的大狗正好在我们准备休息的亭子外过夜，一直到凌晨三点钟还在嚎叫，简直让我忍无可忍。经过权衡，我宁愿去见恶魔，也不愿和这个讨厌的守护者共度余夜；于是我抄起一块石头径直朝它砸过去，以期用这种暴力的手段，说服它去其他地方完成属于它的使命。结果，它原本忧郁的嚎叫变成了愤怒的狂吠，村里所有的狗都被招呼起来，最后形成了震耳欲聋的大合唱，一直持续到黎明。这是我当晚唯一的成就。

在我们看来，巴厘人对动物福利漠不关心。他们不仅默许这些病入膏肓、皮包骨头的野狗在村里流浪，而且热衷于斗蟋蟀和斗鸡。

斗蟋蟀是一项小型娱乐活动。蟋蟀们平时被养在小竹笼子里。比赛开始之前，人们会在地上挖出两个平底的圆形小坑，以及一条连接这两个坑的通道，把两只蟋蟀分别放在两个小坑里，主人则坐在一旁，不停地用一根大羽毛激怒它们。随后，其中一只被怂恿着爬过隧道，到达另外一边的小坑，在羽毛的刺激之下，它开始攻击对方。蟋蟀间的战斗非常残暴，它们会用强劲有力的大颚咬住对方的腿，然后不停地翻滚身体。最后，其中一方会硬生生地将对手的一条腿撕扯下来，从而被宣布为胜者。残废的失败者会被扔掉，唧唧叫的胜利者则再次回到笼子里，静候下一次的战斗。

相较于斗蛐蛐，斗鸡的影响力则更为广泛，它是每年祭神仪式上必不可少的环节。出于对神灵的崇敬，巴厘人会在仪式上用鲜血祭祀神灵。不仅如此，斗鸡对巴厘人来说还是一项重要的体育活动，人们投入大量的财力竞猜最终结果。我们听说有一个人对他的鸡非常有信心，抵押了包括房产在内的所有财产——大约几百英镑的样子——押这只鸡获胜，不过，由于赌注太大，没有人敢和他玩。

斗蛐蛐

村里主要的街道两旁摆满了钟形的竹笼，每个笼子里装着一只小公鸡。老人们整天无所事事地坐在那里，抚摸着他们的斗鸡，偶尔也会一把抓住它们的胸骨，锻炼斗鸡的跳跃能力，并故意弄皱公鸡脖子上的羽毛，评估它们的战斗力。斗鸡身上的每一个特征，例如它的颜色、鸡冠的尺寸、眼睛的明亮程度，都是展现其性能的重要指标，主人们会根据这些特征确定与自己的斗鸡相匹敌的对手。

有一天早晨，我们发现镇上的集市特别热闹，街道两旁摆满了小摊，小贩售卖着沙嗲，妇女们分发着巴厘人最喜欢的棕榈酒和粉红色的饮料。原来，这里正准备举办大型斗鸡节。斗鸡的赛场建在举行公共活动的草棚里，在泥地上插上一圈竹条，就成了一个简易的擂台。擂台四周是一排由棕榈叶编织的、高约 1 英尺的围栏，观众席就在后面。

斗鸡节当天，男人们带着各自的斗鸡，从 10 多英里外的偏远的村落赶到镇上，每个人都将斗鸡装在一个用棕榈叶编织的小背包里，包的背面有一个缝隙，鸡尾巴刚好可以从这里伸出来。斗鸡场的周围聚满喧闹的人群。在屏风旁边盘腿而坐的老人是今天比赛的裁判。他的左边放着一碗水，水面漂浮着半个底部有孔的椰子壳。这是一个简易的计时器，椰子壳从水面沉到水底的时间为每场比赛的时间。此外，他的左手边还有一面小锣，他会在比赛开始和结束时敲击它。

十来个人提着斗鸡，跨过屏风。经过评估，公鸡们被两两配对，同时确定了它们的出场顺序。人们清理斗鸡场的时候，公鸡们被带到一旁，主人们将一条长约 6 英寸的锋利的刀片绑在它们的一条腿上，代替早已被移除的鸡距。没过一会儿，全副武装的第一对选手被带回赛场。比赛正式开始之前，它们被主人抱着，面对面地注视着对手。这样做很容易激怒它们，它们会竖起脖子上的羽毛，不断地大声啼叫。这样的初步展示可以让观众判断这些斗鸡的品质，赌客们在场上大声地下赌注。一声锣响，比赛开始。两只公鸡脸对着脸，绕着对方转圈，竖起羽毛。它们凶猛地啼叫着，跃入空中，用闪闪发光的刀片互相残杀。其中一只公鸡体力不支，不停地往擂台外逃。围观的群众见状立马往后退，因为绑在公鸡腿上的刀片不仅能刺杀对手，如果稍有不慎，也会给人带来严重的伤害。它的主人只能一次又一次小心翼翼地将它放回斗鸡场。一块深黑色的血渍从它翅膀下的羽毛中慢慢渗出，表明它受了重伤。它一次又一次地想逃离赛场，却一次又一次地被抓回来。受伤的斗鸡不愿意再面对那个野蛮的对手，但是按照当地的习俗，只有一只斗鸡战死，比赛才算结束。这时，裁判通过敲锣发出一道指令，只见一个人拿来一个钟形的笼子，将两只鸡罩在笼子里。如此一来，那只受伤的公鸡只能接受被屠杀的命运。

第二场比赛更加令人厌恶。两只斗鸡势均力敌，战斗进行了一轮又一轮，它们不停地用爪子撕扯对方的鸡冠和颈羽，试图用绑在腿上的刀片给对手致命一击。最后，两只公鸡都血流如注。比赛间隙，主人将鸡喙含在嘴里，尽力往鸡的肺里吹气，好让它复苏。一个人用手指沾了点鸡血让公鸡尝。不一会儿，由于失血过多，一只公鸡开始在地上摇摇晃晃，对手抓住机会给了它致命一击。它倒在血泊里，不住地喘着气。胜利者跳过去撕扯它的肉垂，试图啄它已经暗淡的眼睛，直到被主人拉开才作罢。

那一天，很多公鸡在战斗中死亡，大量的赌资在赌徒手中流转。晚上，村里有许多家庭都吃上了鸡肉。或许这样神灵可以得到安抚。

按照原定计划，我们明天将乘船返回爪哇岛，但是临行前的最后一晚必须住在登巴萨。我们在镇上找到一家安静的小旅馆，把行李寄存之后，便去拜访帮助过我们的官员，并向他们告别。午夜时分，我们才回到小旅馆。老板正焦急地转着自己的手腕，等我们回来。原来，一个卡车司机从村里带来一条消息，请他转达给我们。显然，这条口信非常紧急也非常重要，但不幸的是，由于语言障碍，我们根本听不懂老板说的内容。老板也极其苦恼，不停地重复 *"Klesih, klesih, klesih"*。我们一头雾水，但是见他如此坚持，我们觉得有必要去 30 英里外的村子一探究竟。明天一早我们就要离开这里，如果今晚不去，将永远无法知道在那里究竟有什么急事等待着我们。

凌晨一点，我们赶回村里，在吵醒几位熟睡的村民后，才终于找到那位留下口信的人。他叫阿利特，是收留我们的房东的小儿子。谢天谢地，他会说几句英语。

"在隔壁村，"他犹豫地说道，"有一只 *klesih*。"

我问 *klesih* 是什么，阿利特尽他最大的努力向我们解释。不过，通过他的描述，我们只知道这是一种动物，根本无法断定它的种类。现在唯一的办法就是到现场确认。阿利特赶忙找来一支火把，陪着我们走入黑黢黢的田野，朝着目的地进发。

大约一个小时后，一个小村庄的轮廓隐约浮现在我们眼前。

"请大家，"阿利特轻声说道，"保持安静。这个村里都是凶残的强盗。"

刚走进村子，村里的看门狗就发出了警报，狂吠不止。此时我真的非常期待那些"凶残的强盗"可以挥舞着剑冲出来，把这些狗解决了；然而并没有人出现。或许，村民们早已经习惯这种噪声，在他们的观念里，这是看门狗在驱赶潜行的恶灵。

阿利特领着我们穿过一条条荒凉的街道，来到村子中心的一座小房子。他用力地敲着门，过了很久，一个蓬头垢面、睡眼惺忪的男人开了门。阿利特告诉他，我们来看那只 *klesih*。男人看上去有些不相信，不过阿利特最终还是说服他让我们进屋。他从床底下拿出一只被捆得结结实实的木盒，小心翼翼地解开绳子，揭开盖子。一股土腥味扑鼻而来。他拿出一个全身覆盖着三角形鳞片、如足球一般大小的"包裹"。

原来 *klesih* 是穿山甲。男人轻轻地把它放在地上，它的侧腹缓缓地起伏着。

我们静静地等待着。几分钟后，那个球慢慢地舒展开来。它先是伸出长长的卷尾。紧接着，一个湿漉漉的尖鼻子出现了，充满好奇的小脸则藏在最后面。小家伙眨巴着黑亮的眼睛，气喘吁吁地环顾四周。我们几个在旁边一动不动。穿山甲胆子越来越大，翻个身站起来，如同一只身披盔甲的小恐龙，在房间里踱来踱去。不一会儿，它爬到墙根，用前爪开始打洞。

"哎呀！"它的主人大声说着，跨过去一把抓住小家伙的尾巴末端，把它拎起来。穿山甲再次缩成一个球，像悠悠球一样来回摆动。男人又把它塞回盒子里。

"一百卢比。"男人说道。

穿山甲将卷尾挂在我的手上，慢慢蜷成一个球

我摇了摇头。尽管有些食蚁兽可以吃肉糜、牛奶和生鸡蛋的混合物，以此替代它们的日常饮食，但是穿山甲只能以蚂蚁为生，甚至只吃某些特定种类的蚂蚁，所以我们并没有期望把它带回伦敦。

"如果我们不买这只穿山甲，这个男人会对它做些什么？"我问阿利特。

他咧嘴一笑，用手拍了拍嘴唇。"吃了，"他说，"味道挺不错。"

我看看那只盒子。小家伙把前爪和下巴搭在盒子边缘，向四周张望，满怀期待地用黏糊糊的长舌头寻找两边的蚂蚁。

"二十卢比。"我一边坚定地说，一边替自己的奢侈开脱。我想，在放归这只动物之前起码能拍一些照片。男人盖上盖子，欣然地把盒子递给了我。

阿利特点燃另一支棕榈叶火把，将它举过头顶，带着我们离开村庄，再次进入稻田。由于腋下夹着一只大盒子，我稍稍有点拖后腿，远离了火把的光亮。此刻，头顶的月亮又大又圆。茂盛的棕榈树在布满星辰、如黑丝绒般的夜空下随风摇曳。我们悄悄地穿过泥泞而细窄的小道，两旁是齐腰高的水稻。一群闪着奇异绿色光芒的萤火虫，在稻海上跳着炙热的舞蹈。我们途经一座寺庙，它的山门有着精致的轮廓，周围温暖的空气中还弥漫着鸡蛋花的芳香。透过蟋蟀的窸窣声和水渠中潺潺的水声，我们隐约听到远处有一支佳美兰乐队正在为节日通宵演奏。

这是我们在巴厘岛的最后一夜。原来离别是这样令人不舍。

第十四章　火山和扒手

　　抵达泗水时，达恩带着一堆从英国寄来的邮件、无限供应的冷饮和一些令人振奋的好消息迎接我们。这些天，他设法弄到了前往三马林达的货船上的几个铺位，那里是位于婆罗洲东海岸的一个小城镇；他还答应至少给我们做两周免费的翻译。这艘船将于五天后起航，虽然我们没有按照原计划立刻出发，但是我和查尔斯并没有因此生气，反而暗自庆幸；经过数周的长途跋涉，我们都认为应该好好休整一番。当我们把拍过的胶片全都装进密封盒，检修完所有设备之后，达恩和佩吉把我们带到泗水城外的别墅度假。

　　城镇四周是肥沃的平原，种着各种各样的农作物。我们驱车行驶在两旁种着罗望子树的大道上，途经一块块稻田和高大的、随风摇曳的甘蔗林。随着海拔的升高，天气越发凉爽，空气也越发洁净。远处的山坡被吉贝种植园所覆盖，高大的树冠上结满蒴果，其中的

杰克·莱斯特在圭亚那握着一条巴西彩虹蚺

在我们第一次前往塞拉利昂的旅途中，查尔斯·拉古斯拍摄一队蚂蚁

我在塞拉利昂记录蛙类的叫声

在圭亚那的马扎鲁尼河上游勘察岩画

皮皮里派一间茅屋的内景，当时我们和一个十口之家住在一起

这是三趾树懒，我们很快意识到在它的左腋下藏着一只树懒宝宝

小食蚁兽也叫树食蚁兽，它正坐在蚁巢上

在巴厘岛，一位戴面具的演员在佳美兰乐队的伴奏下跳舞

前往爪哇岛东部活火山布罗莫的途中

在"克鲁温"号的甲板上，我与猩猩查理在一起

我们初次见到小熊本杰明的时候，它每隔三小时就需要进一次食

前往科莫多的旅途中，哈桑在帆船上掌舵

海上风平浪静，我们停了几天，等一阵风把我们送走

科莫多岛上最大的巨蜥似乎完全不关心我们的存在

伊莱弗夸的蝴蝶风暴

查尔斯站在巴拉圭查科灌丛带的一片灌木林中

大犰狳在伦敦动物园见到了比它体型小的近亲，这种动物此前一直在巧妙地回避我们

一些还长着白色茸毛般的纤维。特里特斯是我们即将入住的小村庄，它的海拔有 2 000 英尺；它位于瓦里朗火山的侧面，那里有一片壮观的锥形火山群。

爪哇岛是太平洋火山带的一部分。巨大的火山带起始于苏门答腊岛的南部，然后一直向东延伸，穿过爪哇岛、巴厘岛和弗洛勒斯岛，最后向北延伸至菲律宾。这条弧线上的火山群在历史上数次大规模地喷发，造成了极其惨烈的后果。爪哇岛和苏门答腊岛之间的一座小型火山岛——喀拉喀托火山岛，在 1883 年曾剧烈地喷发，喷发时携带的能量竟然将体积为 4 立方英里的岩石抛到空中，产生的岩浆将小岛周边的一大片海域完全覆盖。不仅如此，火山爆发所引发的巨大海啸还淹没了周围低洼的海岸，致使 36 000 人遇难。即使在 3 000 英里之外的澳大利亚，都能感受到大爆炸产生的巨大动静。

印尼的火山特别多，仅爪哇岛上就有 125 座，其中有 19 座长期处于持续活跃的状态，有时候它们只是冒冒烟而已，有时候却会在毫无征兆的情况下剧烈喷发。默拉皮火山就是如此，它曾经在 1931 年突然爆发，导致 13 000 人死亡。火山对爪哇岛和当地居民的影响无处不在。那些美丽但不祥的圆锥形山峰主宰着这里的景观；它们倾泻在大地上的熔岩和火山灰经过数百年的风吹日晒，已经完全风化，成为世界上最肥沃的土壤之一；它们那些恐怖的活跃时期，使它们在岛民的神话中成了法力强大的神灵的居所。

尽管瓦里朗是一座休眠的火山，但它的火山口还是常年冒着白烟。我站在别墅的花园里，就能看到它高达 8 000 英尺的火山锥。这儿特别凉爽，早已驱散泗水炎热的气候所带给我的那种疲惫感。所以我决定爬上那座火山，去探探它的火山口。

查尔斯觉得索然无味，尽管我告诉他可以骑马走一大半路程，他还是不想去。于是我在附近只租了一匹马，约定第二天一早出发。

天刚蒙蒙亮，一位开朗的老人就牵着一匹消瘦的马来到我们的住处。马儿低着头，带着一副生无可恋的表情。然而，老人却非常兴奋，他拍了拍马肚子，咧着嘴哈哈大笑，露出一口黑色的烂牙，一看就是经常嚼槟榔。他说他的马是特里特斯最强壮、最敏捷的，绝对配得上我为它支付的高昂租金。

我怀着愧疚的心情爬上马背，哎，我竟然向如此可怜的家伙寻求帮助。山民在一旁使劲地戳它，但它还是以龟速向前行进。我坐在马上，马镫几乎可以触碰到地面。我们就这样缓缓出发，穿过村庄。

没走多久，道路开始变得崎岖。我的坐骑悲哀地看着前面陡峭的山路，气喘吁吁地停了下来。老人笑了笑，然后向前粗鲁地拽着缰绳，马儿却不为所动。从这匹马发出的隆隆声，我可以明显感觉到它正饱受消化不良的折磨；出于同情，我跳下马来，它立即敏捷地跑了起来。走了大约半英里，我们来到一段平坦的山路，向导让我重新骑上马。起初还一切正常，可是过了十分钟，马的速度开始逐渐下降，最后它干脆停滞不前。老人再次拉缰绳，由于用力过猛，把绳子都给拽断了。马儿这下子不受控制了，我不得不再次跳下马。刚一下来，马鞍就分家了。看到设备散落一地，马儿显得非常沮丧，以至于我彻底打消了尝试骑马的念头。我们慢慢地步行前进，每过半个小时我就要停下来，等着那匹昂贵的坐骑和它的主人追赶上来。

我们在上山的路上经过一片景致奇特的森林。那儿不仅兰花开得特别旺盛，就连树形蕨也长势喜人，它们的叶片就像巨型的蕨丛，从光秃秃的、秀美的茎干顶端长出来。随着海拔的升高，周围的树变成了木麻黄，看起来很像一片松林。它们的树干伸展开来，上面没有缠绕藤蔓，只有一些从树枝上垂下的轮生树叶和松萝。经过五个小时的长途跋涉，我来到一处用茅草搭建的露营地，墙边的柳条筐里盛满明黄色的硫黄。一群男人闻声从小棚子里走出来，肆无忌惮地上下打量着我。他们身材矮小，皮肤黝黑，赤着脚，穿着破旧的衬衫和纱笼，有的人戴着破旧的毡帽，有的人戴着破旧的礼拜帽，还有的人包着头巾。

我坐在上山的小径旁，吃起随身携带的三明治。几分钟之后，向导终于到了。他和我说，从这里到火山口只有一个小时的路程，但接下来的路程过于陡峭，他的马实在走不了那样的路。所以，他想待在这里休整一下，一来可以修理马具，二来可以让这匹筋疲力尽的马缓一缓。

当我吃完饭的时候，那几个采集硫黄的男人一边和老人耳语着，一边向我投来怀疑的目光。后来，他们六人背起空背篓，沿着木麻黄树林中的一条又长又窄的小路朝前走去。尽管知道他们不欢迎我，但我还是厚着脸皮跟在队伍后面，艰难地行进着。森林的尽头是一片粗犷的巨石区，环境极其恶劣，只零星生长着一些发育不良的灌木。那儿的海拔超过了 9 000 英尺，空气稀薄，气温很低。每隔一段时间，山间就会腾起一股雾气，将我们团团围住。我们一行人安静地走着，前面的人完全忽略了我的存在。半个小时后，有人用假声开始唱歌，曲调听上去非常忧伤，但是歌词应该是现编的。

"Orang ini，"他唱道，"ada Inggeris, tidak orang Belanda."

至少这句话我听懂了。它的意思是"这个男人是英国人，不是荷兰人"。既然我出现在他的歌词里，作为回应，我也打算即兴唱几句。我花了好几分钟才把脑海中仅有的几个单词串起来。前面的歌手刚唱完，我便大胆地接上。

"今天早晨，"我模仿他的音调唱道，"我吃的是米饭。晚上，我吃的还是米饭。明天，很抱歉，我还要吃米饭。"

尽管这段歌词一点也不有趣，也没有什么实质性的内容，但是它拉近了我和他们之间的距离。这群男人停了下来，坐在巨石上，笑得眼泪都流出来了。在他们的情绪稍微平复之后，我拿出一包烟，给每人发了一根。我们尝试着交流，但我担心他们听不懂我的话，而我没带词典，也没法完全弄清楚他们的意思。不过，他们对我不再冷淡，再次出发时，我们已经是一支团结的队伍。

我们终于爬到了火山口。它如同一口巨大的竖井，四周是陡直的峭壁，没有任何生命的迹象，200 英尺深的坑底则是一片遍布巨石的荒野。瓦里朗并不是真正的死火山，站在火山口，能看到一股股往上翻腾的白烟。我朝火山口的两旁望去，发现原来白烟并不是从一个地方冒出来，而是从一百多个散落在各处的小喷口中冒出来的。

采硫黄的工人

每个喷口都发出刺耳的咝咝声，喷出白烟，看起来好像有一大片山坡都着了火，在缓慢地燃烧。空气中弥漫着刺鼻的硫黄味，我每呼吸一次都能闻到这股味道，脚下的地面上则覆盖着一层厚厚的黄色硫黄。透过滚滚浓烟，我看见在火山口工作的小小身影。他们用岩石堵住了喷气孔，阻止气体直接喷到空中，然后接上一系列导管，引导气体向下喷，气体在此过程中逐渐冷却，析出其中的硫黄。其中的一些管子已经被硫黄堵死，工人们正拿撬棍将它们砸碎。其他工人则从咝咝作响的管口处收集硫黄，硫黄在那里不断凝结，中心温度高的地方是红宝石色，边缘是刺眼的明黄色。

我的同伴们在轰隆声中此呼彼应，相互打气，随即消失在旋转的烟雾中，去完成他们的工作。令人惊讶的是，这些令人窒息的烟雾似乎对他们毫无影响。不久，他们背着满满一篓硫黄，兴高采烈地走出烟雾，一刻也不耽误地朝山下的营地走去。我跟着他们，很高兴可以逃离那里，去山下呼吸纯净的空气。天空万里无云，大气无比清澈，我甚至可以看到数千英尺下的绿色平原，以及对面地平线上的爪哇海。我的东边矗立着另一组山脉，起初我以为山顶飘浮着云彩，后来才发现那是一层比瓦里朗大得多的火山烟雾。我指指那座山，问同行的伙伴它的名字是什么。他把手罩在眼睛上方。

　　"布罗莫。"他答道。

———

　　远处的烟雾激发了我的好奇心，那天晚上，达恩说布罗莫是爪哇岛所有火山中最美丽和最著名的一座。于是，我和查尔斯决定去探访一番。

　　第二天，我们告别特里特斯，驾驶着吉普车，沿着海边的平原一路向东行进。从路上看，布罗莫火山像一块不起眼的块状突起，隐藏在一座更大的火山的残骸中。数千年前，这座巨大的火山喷发了，如同喀拉喀托火山一样，它的绝大部分火山锥都被炸毁了，仅剩下这个直径约 5 英里的、像超级大碗一样的基座。尽管如此，它所蓄积的能量并没有因为这次巨大的喷发而耗尽，不久之后，破火山口里又出现一系列新的喷口，它们不仅喷射出火山灰，还形成了新的火山锥。不过其中没有哪一座火山锥高过破火山口的环形崖壁，而且除了布罗莫之外，其他的火山锥都是死火山。因此，在平原上驾车驶向它的游客们一路上所见到的，并不是布罗莫的火山口，而是环绕在它周围的一圈参差不齐的崖壁的轮廓。

傍晚时分，我们顺着一条岩石小路，来到火山外围山坡上的一个小村庄。眼前的群山被云层所覆盖，客栈老板说，每天只有在凌晨的时候，火山周围才没有雾气。为了见到它的真面目，我们第二天凌晨三点半就起身了。天还很黑，气温也很低。刚走出去没几步，我们就看到几个穿着纱笼的村民围坐在一群马的旁边。这些山地人和硫黄采集者一样，身材矮胖，皮肤黝黑，与平原上身形纤瘦的人差异很大。一个留着浓密胡须的男人同意把两匹马租借给我们，并愿意充当向导。

经历了瓦里朗租马事件后，我又惊又喜地发现眼下我这匹坐骑精力十足。马的主人赤着脚跟在后面小跑，偶尔用皮鞭猛地抽一下马屁股。我曾试着劝阻他，因为这匹马本来就跑得挺快，不需要再加速。不过，我也不必为自己的安危操心，马儿对他的鞭打不理不睬，只有当主人跑到它身边，趴在它的耳朵上大喊一声"驾"，它才会加速。

我们在破晓时分抵达被青草覆盖的破火山口，下方是一片像月球表面一样荒凉的景观，破火山口底部的部分地面被一缕缕薄云遮盖。巴托克峰矗立在它的中心，距离我们差不多有 1 英里，这是一

巴托克死火山旁的搬运工

座完全对称的金字塔形山峰，陡峭的灰色山坡上布满了深浅不一的沟壑。布罗莫矗立在左边，是一座低矮的山丘，它虽然没有巴托克那般轮廓分明，但圆形山顶上不断喷出的巨大的烟柱，让它更加引人注意。在曚昽的晨光中，围绕着破火山口的那圈参差不齐的屏障拉得很长很长。我们休息了一会儿，心中充满敬畏，耳边除了布罗莫发出的怒吼外，什么声音也没有。

山地人喊了一声"驾"，催促马儿沿着沙石小路往下走，这条小径一直通向破火山口的底部。太阳冉冉升起，把我们头顶滚滚的火山烟染成暗粉色。随着气温的升高，薄云缓缓散开，映入眼帘的是一片宽阔平坦但毫无特色的平原，它一直延伸到布罗莫和巴托克山脚下。荷兰人将这儿命名为"沙海"，这个名字虽然生动，但并不准确。火山喷发出的灰色火山灰在风雨的作用下，慢慢填进这个巨大的碗形凹口。布罗莫火山周围没有夏威夷火山那样的熔岩流，这是因为两地火山喷发时的情况不一样。爪哇岛火山最典型的特征是它们的熔岩非常黏稠，在相对较低的温度下就能凝固。正是这一特点让它们的喷发变得如此剧烈，当地壳深处的熔岩上升到火山口时，它就会冷却，阻塞喷发口。地下的压力不断上升，最后发生剧烈的爆炸，将整座火山锥炸开。

马儿轻快地在贫瘠的平地上小跑着，不一会儿我们就到了布罗莫的山脚下。我们丢下它们，爬上陡峭而泥泞的斜坡，向火山口走去。我们站在火山口的边缘，凝视着脚下这口"大锅"，只见滚滚浓烟从下方300英尺处的一个大洞里喷涌而出，剧烈地升腾，大地在这巨大的冲击下不停地颤抖。不一会儿，一股乳灰色的烟柱轰鸣着腾空而起，直冲云霄，就在它即将接近我们的时候，一阵风吹来，滚烫的灰色尘埃散落一地，在火山口内侧形成了一道铅灰色的疤痕。

我们决定冒险，沿着覆盖着粉状火山灰的斜坡往下走了50英尺，每走一步，脚下都会发生细微的崩塌。火山的轰鸣压倒一切，在我们脚下释放出的巨大能量令人生畏。我回过头，看见老人正急切地示意我们往回走。有许多凹陷处充斥着浓重的有毒气体，我们如果在不知不觉间走进去，就再也回不来了。

几个世纪以来，当地人民一直向布罗莫贡献祭品，祈祷它不会突然爆发，给周围的村庄带来灭顶之灾。据说很久以前，这里还会用活人进行祭祀，不过到了今天，人们只会将一些硬币、鸡和布匹扔进这个地狱般的洞里。

这样的仪式是在我们到访后的几周举行的。有人告诉我们，人们聚集在火山口边缘敬献祭品。有些不太迷信且胆大的人会像我们那样爬进火山口，从神灵的"胃"里抢回一些祭品。在争抢一件更有价值的祭品时，一个人失足从陡峭的山坡上摔了下来。聚集的人群眼睁睁地看着他掉下去，却没有人愿意营救他。他的尸体像一个破碎的玩具，一动不动地留在火山口深处。

站在火山口拍摄的查尔斯·拉古斯

带有迷信色彩的习俗很难杜绝，尤其是那些声称可以安抚死神的；发生这样的悲剧，也许是因为牺牲人类的信念尚未从这个国家人民的头脑中彻底消失。

次日，我们驱车返回泗水。由于达恩的车库里并没有多余的车位，我们只能把吉普车停在窗子外面的碎石路面上。为了防止它被偷，我们拆除了发动机上的关键零件，让它无法移动。

第二天一早，我们打算开车去镇上。查尔斯启动发动机，挂上挡位，可是后轮却一动不动。我们仔细检查一番，惊恐地发现小偷在昨夜将半轴拧开，把它们从轮毂上拆了下来，导致车轮不再受主轴驱动。我们为此愁眉不展；达恩虽然也很苦恼，但并没有像我们这样烦躁不安，只是略感惊讶。

"哎呀，"他说，"有一段时间，这里非常流行偷挡风玻璃上的雨刷，所以大家都将它们锁起来，只在下雨的时候装上它们。看来那阵风已经过去，如今流行偷半轴了。或许，只不过是有人在小偷市场上预订了一套。我明天一早派园丁去那里看看，我想找到它们的可能性很大，这里的小偷通常会给被偷的人一个机会，让他们买回自己的东西。"

第三天早晨，那批半轴失而复得，不过花了我们好几百卢比。

时间飞逝，转眼到了该出发前往婆罗洲的日子。经历半轴被偷事件之后，我们非常担心摄影器材的安危，它们被分装在二十只箱子里，其中一些价值好几百英镑。我们计划先用吉普车把它们运到海关查验棚接收检查，再把它们送进船坞，沿着码头的斜坡搬到船上的一间带锁的客舱里。虽然说起来很容易，但实际上这是一项艰巨而危险的任务。达恩说，在码头上如果东西没有人看管，就等于把它们送给别人。为此，我们决定让达恩留在海关关卡，跟海关官员交涉；而我到船上去找我们预订的船舱，等器材送到时将它们锁起来；查尔斯则时刻陪着那些临时雇用的搬运工，将货物搬上船。这样的安排似乎万无一失。

起初，一切顺利。我们奋力穿过拥挤的人群，来到海关查验棚，把所有的东西堆在栅栏外。达恩开始和海关官员谈判，我拿着船票和护照挤进船坞。我们的船是一艘大型货船，停泊在码头较远的地方。码头上贴的公告说，船还要等四个小时才出发，比货运公司通知的时间整整晚了三个小时，这让我非常不安。这里没有舷梯，也没有一个管事的人。如果想上船，就只能沿着一条狭窄的木板往上走。这条木板通向船侧的一个小黑洞，那显然是进入底层船舱的通道。搬运工和水手们蜂拥而至。当我犹豫不决地站着，考虑是否推迟原定计划时，我远远地看到我们的设备正从码头上缓缓下来。如果我不愿意从这里挤进去，那大家的精心安排将会毁于一旦。我踏上木板，挤进搬运工的队伍。船内一片漆黑，酷热难耐，弥漫着打赤膊的搬运工的汗味，他们紧紧地挤在我周围，让我寸步难行。突然，我想起衬衫的胸前口袋里装着我所有的钱、钢笔、护照和船票。我用手拍了拍口袋，摸到的却不是布料，而是别人的手。我使劲抓住这只手，慢慢地把它拽过来，从手指里夺回我的钱包。这只手的主人，是一个上身赤裸、汗流浃背的男人，他的额头上绑着一块肮脏的头巾，此时他正恶狠狠地瞪着我。搬运工紧紧地贴在我身上，咄咄逼人地抱怨着。这种情况下，温和的责备总比假装复仇的愤怒要更为合适，但我能想到的唯一一个词只有"*tidak*（不），不"。

听到这话，扒手略显紧张地笑了起来，这让我备受鼓舞。我带着一颗怦怦跳的心，以我能做到的最庄重的方式，沿着铁梯爬到上层甲板上。

查尔斯站在下面的码头上，守着手推车和行李。

"不管怎样，都不要从下层甲板进来，"我对他喊道，"我刚刚差点被偷。"

"我听不见。"查尔斯在起重机的轰鸣声和人群的叫喊声中回答道。

"我刚刚差点被人偷了。"我大喊道。

"你想把行李放在哪儿？"

我不再尝试告诉他我遇到的麻烦，而是用手使劲地指着甲板。他终于明白了我的建议。我找了一根绳子扔给他，一件一件地把行李拉到甲板上。当我把最后一只箱子拉过来时，查尔斯不见了。两分钟后，他气喘吁吁地跑到了上层甲板上，看上去很生气。

"你或许不会相信，"他喘着粗气说道，"但是我刚刚确实被人偷了。"

一个小时后，我们把所有行李安全地运进船舱。这段经历给我们好好上了一课，以后穿过人群时，我们都会用一只手紧紧地握住钱包，另一只手攥成拳头，随时准备自卫。事实上，这种习惯已经在我的脑海里根深蒂固。后来，我乘坐飞机，在三天之内就从雅加达的集市到了伦敦高峰时段的人群当中，一个陌生人在皮卡迪利广场不经意地推了我一下，我差点抡起拳头暴揍他一顿。

第十五章　抵达婆罗洲

　　我们乘坐的船在爪哇海平静的蓝色水域里，已经安稳地向北航行了四天，如今正朝着婆罗洲东海岸的三马林达全速前进。三马林达是一个小城，坐落于婆罗洲最大的河流之一——马哈坎河的河口。我们想顺着这条河流到迪雅克人*居住的村庄，去那里寻找野生动物。目前，有两个人或许能为我们提供帮助：一个叫罗本龙，他是一位生活在三马林达的中国商人，达恩已经给他去了信；还有一个叫萨布朗，他不仅是一名出色的猎人，还是一位动物收集爱好者，住在三马林达上游几英里的地方。

　　在海上航行的第五天清晨，轮船缓缓驶入港口。罗本龙在码头上迎接我们的到来。他开车带着我们在城里兜了一整天，把我们引

---

* 婆罗洲的原住民，主要分布在婆罗洲的中部和南部。——编注

荐给当地官员。我们必须获得他们的批准才可以进入内陆地区。

罗本龙为我们预订了一艘名叫"克鲁温"号的快艇，如今，它正牢牢地被拴在防波堤上，在港口那满是垃圾的水中轻轻摇曳。这条船大约40英尺长，由柴油发动机驱动，驾驶室位于甲板中间，甲板的前半部分是船舱，上面顶着一块破旧不堪的帆布。整条船上共有五名船员，领头的是一位面色苍白的老船长，船员们都叫他"老爹"。

老船长勉强答应第二天出发，我们听闻，立马赶到镇上采购生活物资，确保可以满足今后一个月我们在船上的所用所需。晚上，我们从集市上满载而归，不仅采购了锅碗瓢盆，还买了几袋大米、几捆胡椒、一些用香蕉叶包装的棕榈糖和一包小章鱼干。小章鱼干是查尔斯购买的，他认为，在吃了一周的白米饭之后，这种食物能够调剂一下口味。我们还买了六十块粗盐及几磅蓝色和红色的珠子，用以和迪雅克人交换动物。

旅程的第一晚，我们把船停在登加龙，这里矗立着一排排肮脏而破旧的木屋，它们沿着河流左岸绵延了大约1英里。我本期望船长可以通宵赶路，说实话，我有点迫不及待地想赶到迪雅克人住的村子，但是我的请求被老船长拒绝了。他说晚上驾船非常危险，不仅容易撞上河面上漂浮的原木，还可能会撞上其他航行的船只，因为这里绝大多数的船都没有装航行灯。

一群人聚集在码头上，毫不掩饰地盯着我们。达恩走上岸和他们闲聊。我们听说那个猎人萨布朗就住在这个村子。然而，达恩找不出一个认识他的人。那些人留下来欣赏我们吃饭，不过，当这项娱乐活动结束，天也黑了的时候，他们便四散而去。

我们原本打算睡在船的前舱，但是现在那里堆满了行李，还没有来得及收拾。我只能把用于露营的床搬下船，睡在四面通风的码头上。这儿的夜晚凉爽宜人，和炎热的白天判若两个世界。我很快就进入了梦乡。没承想，我刚睡着不久就被一阵窸窣声惊醒。只见离我的脸不足几英尺的地方，有一只硕大的老鼠正蹲在地上啃食棕榈果；另外几只老鼠如幽灵一般在码头上的垃圾堆里觅食；此外，还有一只老鼠拖着长长的尾巴，围绕着我们系缆绳的柱子打转。我希望甲板上没留下任何能吸引这群家伙的食物。我默默地瞧着它们在我周围不停地活动，但就是不想采取任何行动。只要一想到赤脚踩在它们中间，我就感到一阵恶心。这样躺在蚊帐里，我便莫名地感到安心。

不知又过了多久，我才迷迷糊糊地睡着。当我刚闭上眼睛，就被一阵"先生，先生"的呼唤吵醒。一个年轻人骑着自行车站在我旁边，我眯着眼看了看手表，还不到五点。

"萨布朗。"年轻人指着自己的胸口说。

我从床上跳下来，随手把纱笼套在赤裸的身体上，尽我所能让自己的声音听起来更加热情。我大声叫着达恩，过了一会儿，他顶着一头乱糟糟的头发，把头伸出舱门。面前的年轻人解释道，他得知昨晚有一群陌生人打听他的消息，他怕和我们失之交臂，便骑车从数英里外的家里出发，希望赶在我们出发之前来到码头。正如我们稍后发现的那样，这种迫切和热情完全符合萨布朗的性格。他是一个天生有进取心的人，在二十出头的时候，他曾在一艘商船上工作了几年，见识了他梦寐以求的大城市泗水。他离开商船后找到了一份高薪的工作，然而泗水的贫穷和肮脏让他非常震撼。为此，他毅然决然地选择回家，虽然挣得不多，但是在故乡的森林中更为舒心。如今，他住在登加龙，靠猎捕动物养活两个妹妹和母亲。他的帮助显然会让我们获益良多，所以我们提议他加入我们的团队。萨布朗爽快地答应了我们的请求。他蹬着自行车回去收拾行李，我们吃完早饭的时候，他就拎着一个小手提箱回来了。没等我们反应过来，他已经在船尾清洗刚才大家用的早餐餐具了。显然，萨布朗对我们来说是一笔难得的财富。

萨布朗忙完以后，坐下来和我们一起讨论接下来的计划。我勾画了一些感兴趣的动物线图，他告诉我们在哪儿可以找到这些动物，以及它们在当地的名字。所有动物中，我们最渴望见到长鼻猴，这是一种只生活在婆罗洲沿海树沼中的神奇动物。在猴子当中，它算是容易画的一种，因为雄性长鼻猴长着一个巨大而下垂的鼻子。萨布朗几乎立刻认出我那笨拙的草图，说它们生活在河流上游几英里远的地方，承诺带我们找到它们。

当晚，我们抵达长鼻猴的栖息地。老船长关闭发动机，"克鲁温"号随着水流慢慢地漂向岸边高大的森林。萨布朗坐在船头，把手支在前额上向远处眺望。最后，他终于激动地指着河岸。在距离我们大约 100 码的地方，有一群猴子坐在水边茂密的草丛里，正在

萨布朗

漫不经心地觅食。它们把叶片和花儿扯下来，塞进嘴里。这群猴子有二十只左右，见到我们，它们不但毫无畏惧，反而还一本正经地盯着我们。猴群中绝大多数是红色的母猴和幼猴，它们的长鼻子看上去滑稽可笑，如同马戏团里的小丑一样。管理猴群的公猴外表更加滑稽。它高高坐在一棵树的树杈上，长长的尾巴来回摆动，像一根挂着铃铛的麻绳。它披着一件在腰间突然收尾的红色外套，尾巴和屁股上覆盖着白色的皮毛，腿则是脏兮兮的灰色；远远望去，这家伙似乎穿着红色毛衣和白色泳裤。不过，它最大的特色还是巨大而松弛的鼻子，这鼻子像一根红色的香蕉一样垂在它脸上。鼻子如此之大，似乎给它的进食造成了极大的麻烦，它被迫将手在鼻子底下绕上一圈，才能把食物送进嘴里。我们的船离得越来越近，猴子们变得越来越警觉，最后一哄而散，敏捷地消失在森林里。

长鼻猴是纯素食主义者。没有一只长鼻猴能在热带以外的地方存活一段时间，原因是截至目前，还没人能设计出一种食物来替代它们赖以为生的叶子。所以从一开始，我们就没有打算捕捉它们，而是计划在河岸边探寻的时候，拍摄一些关于它们生活场景的镜头。

它们只在每天清晨和傍晚来到河边觅食，只要气温一升高，便立马躲到森林的树荫里睡觉。因此，白天的时候，我们会去寻找其他生物，特别是食人鳄。在三马林达时，我们获悉这条河里有很多这种鳄鱼，但令人遗憾的是，至今我们没有看到一点它们存在的蛛丝马迹。森林里有许多美丽的鸟儿，尤其是犀鸟。它们的繁殖习性在鸟类当中极其特殊，激发起我们浓厚的兴趣。它们一般在树洞里筑巢，当雌鸟在巢里孵蛋时，雄鸟会用泥土筑起一扇巢门，把它封在里面，门上只留一个小洞作为窗户。雄鸟会通过窗户把食物递给雌鸟，而雌鸟则会一丝不苟地清理自己的牢室，每天都将巢里的粪便丢出去。雌鸟一直留在巢里，直至幼鸟羽翼丰满。当它们能飞的时候，雌鸟会啄破泥墙，全家一起飞离巢穴。

几天以后，我们离开这个以农耕和渔猎为生的村庄，驾船驶入一片茂密的森林。航行的第五天，我们抵达一个小村庄。这里的河水很浅，河道与岸边的棕榈林之间隔着一段宽约100码的棕色泥土。我们将船停在一些漂浮的树干旁，随后顺着一排插在泥中的残缺的原木穿过泥浆，来到岸边。

　　我们第一次在河岸上见到迪雅克人的村庄，它掩映在成片的棕榈树和竹子之间。村子里有一间长约 150 码的木屋，屋顶铺着木瓦，屋底是林立的干栏，这使得整间木屋高出地面 10 英尺左右。村民们见到我们来拜访，纷纷前来围观，挤在屋前的长廊里。我们爬上陡峭的、凿有凹口的木柱，进入房屋，一位被当地人敬称为"帕丁吉"（petinggi）的老者，也就是当地的首领，在那里接待了我们。达恩用马来语和他打招呼，我们做了自我介绍；随后帕丁吉带我们一行人沿着长屋去一处可以坐下来抽烟的地方，聊聊我们接下来的行程。

　　我们走在木屋里，这里矗立着一根根巨大的铁木柱子，从房屋的一端一直延伸至另一端。柱子靠近屋顶的地方，装饰着虬结的木雕野兽。在这些木雕的上方绑着几根竹竿，它们的顶端被劈开，放了一些鸡蛋和米糕，据说这是送给神灵的礼物。木屋的椽子上还挂着落满灰尘的折盘，上面供着一些特殊祭品，在一束束裂开的枯叶之间，我们看到了头骨上面发黄的牙齿。

　　柱子之间还有一排排特殊的摆满长鼓的架子。走廊的地面铺着用锛子削成的巨大的地板，地板的一侧是走廊的廊柱，另一侧是一堵木墙，墙后就是一间间房间，每间都住着一户人家。

　　然而，这座气势恢宏的建筑物正在慢慢地衰败。一些地方的房顶已经坍塌，下面的房间也被废弃。覆盖在鼓面上的羊皮出现一道道裂痕，有些地板更是破烂不堪，布满白蚁洞。在长屋的两端，一些木柱孤零零地立在发芽的香蕉树和竹子之间，表明这座建筑在其鼎盛时期应该有着更大的规模。我们走在长廊上时，发现那些围观的村民大都穿着背心和短裤，并没有穿迪雅克传统服饰。尽管村民们能够接触到外面世界的新潮流，但是老人们并未完全抛弃从年幼时就耳濡目染的礼仪，那时这些古老的习俗还未被玷污。妇女们几乎都打有耳洞，由于从年轻时她们就开始佩戴沉重的银耳饰，耳垂已经被坠到肩膀上；除此之外，她们还在手上和脚上文上蓝色的文身。这里的人无论男女都喜欢嚼槟榔，槟榔将他们的口腔染成棕红色，有些人的牙齿被腐蚀得只剩下黑色的牙根。走廊的地板上布满红色的星状斑点，那是他们吐过唾液的地方；槟榔会增加唾液的分泌。如今已经很少有年轻人咀嚼槟榔，相反，为了让牙齿更好看，他们还会给自己的牙齿镶金。

帕丁吉说，罗马天主教的传教士就住在离长屋不远的地方，还建造了一座教堂和一所学校。他的村民在接受新的信仰时，便会扔掉那些在战争中俘获的，并使他们受到一代代人膜拜的头盖骨，在墙上张贴宗教版画。不过，尽管传教士们在这里工作二十余年，到目前为止，信奉天主教的村民还不到一半。

晚上，我们坐在"克鲁温"号的甲板上吃晚饭，一个迪雅克人倒提着一只扑棱着翅膀的白鸡，顺着沼泽里泥泞的木栈桥走来，迅速而敏捷地爬上船，把鸡交给我们。

"帕丁吉送你们的。"他严肃地说道。

另外，他还带来一条口信。今天晚上为了给新人举办婚礼，长屋里将会有音乐和舞蹈表演。如果我们愿意前往，他们将十分欢迎。

我们送他一些粗盐，作为给帕丁吉的回礼，并表示我们非常乐意接受邀请。

村民们在长廊上围坐成一大圈。新娘是一个美丽的女孩，长着椭圆形脸蛋和一头乌黑光滑的秀发，低垂着眼睛坐在她的父亲和丈夫之间。她打扮得非常隆重，头上戴着由鲜红色的珠子穿成的头饰，身着一条绣满花纹的裙子。新娘的面前，两位年长的妇女头戴点缀着虎牙的小珠帽，手里拿着马来犀鸟长长的黑白相间的尾羽，在椰油灯闪烁的灯光下，优雅从容地翩翩起舞。一个赤裸着上身的男人坐在人群的另一边，不停地敲打着架子上的六面锣，演奏出的音乐无趣而又单调。我们走进长屋，帕丁吉见状站起来，示意我们坐在他身边，以示尊敬。他对我带来的绿盒子很好奇，我试图向他解释，这个小盒子可以捕捉声音。他有些困惑。我偷偷地装上麦克风，录了几分钟锣鼓敲击的声音，在演出间隙，我用小播放器给他回放了这段音乐。

帕丁吉站起身来，让舞者停止表演。他叫乐师将锣放在人群中央，命乐师演奏一段更欢快的新曲调，并请我将它录下来。孩子们被这个新节目弄得兴奋极了，他们大声交谈，以至于我几乎都听不见音乐了。我担心录音质量不佳会令帕丁吉失望，便将一根手指放在嘴上，试图让他们保持安静。

回放的效果非常成功，它刚一结束，长屋里就回荡起阵阵笑声。这次表演给帕丁吉带来了极大的满足感，他甚至做起指挥，组织有意愿的村民对着麦克风唱歌。正当他乐此不疲时，我却瞥见新娘孤

在迪雅克人的长屋里录音

零零地坐在原地，被冷落了。我突然意识到我扰乱了为她举行的庆典，这让我感到无比羞愧。

"差不多了，"我说，"机器受不了了。不能再录了。"

没过一会儿，庆典重新开始，不过大伙儿都心不在焉。每个人都目不转睛地盯着我身边的录音机，期待能有更多的奇迹。我赶忙带上它逃回船上。

第二天上午，庆典继续进行。男人们在鼓和像吉他一样的三弦琴的伴奏下载歌载舞，成为典礼上的主角。他们中的绝大多数人穿着传统的缠腰布，手持盾牌和利剑，在长屋前缓慢地昂首阔步，时不时地跃到半空中，发出刺耳的喊叫。其中有一个人的扮相令人印象深刻，他从头到脚披着棕榈叶，此外还戴着一个漆成白色的木制面具，面具上有一个长长的鼻子，鼻孔大张，满口獠牙，还镶嵌着两只用圆镜片做的眼睛。

我本来还担心拍摄会侵犯村民们的隐私，后来发现是我多虑了；迪雅克人对我们的一切也充满好奇。他们每晚都会爬上船，坐在甲板上看我们用刀叉吃饭，因为他们觉得这种吃饭的方式很独特；他们还会入迷地盯着我们的设备。晚上最激动人心的时刻要数录音机内部结构展示，此外，拍照时亮起的闪光灯也大获成功。

后来，我们胆子变得越来越大，直接走进长屋后面的私人房间。我们发现只有极少数的人家里有低矮的睡榻，上面挂着脏兮兮的破蚊帐；绝大多数房间里只铺着藤条垫子，他们不论是吃饭、休息，还是睡觉，都在那上面。没有家具似乎并未影响大家的生活，然而婴儿却不行，为了解决这个问题，母亲们会把孩子放在长长的布圈里，将布圈的一端绑在天花板上。平时，孩子就以直立的姿势睡在里面，一旦他们哭闹，母亲们只要轻轻地推一下，布圈就会缓缓地来回摆动。

———

我们逢人就邀请他们帮我们捕捉动物，而且承诺不论捉到什么都可以获得慷慨的回报。我们深知，即使是最笨拙的迪雅克猎手，在一周内捕到的动物也比我们在一个月内捕获的要多得多。然而不幸的是，似乎没有人对此感兴趣。我在长屋中一个房间的地板上看到一堆羽毛，那是婆罗洲最美丽、最壮观的鸟类之一——大眼斑雉的翅羽。

"这只鸟在哪儿？"我痛苦地问道。

"在这儿。"女主人一边回答，一边指了指地上的葫芦，那里面盛着已经褪了毛、正要下锅的鸟肉。

我长叹一口气。"如果你能给我一只这样的鸟，我会给你很多很多珠子。"

"可是，我们只是饿了。"她简单地回答。

显然，没人愿意相信我们会支付足够有诱惑力的报酬，让他们觉得为我们捕捉活的动物是值得的。

有一天，我和查尔斯在森林里拍完动物，正打算往回走时，遇到一个年长的男人，他是我们在"克鲁温"号上的常客之一。

"*Selamat siang.*（下午好。）"我说，"日安。你能帮我们捉动物吗？"

老人摇摇头，然后笑了笑。

"好好看看这个。"我一边说，一边从口袋里拿出一个在森林里捡到的东西。它看上去像是一大块抛光的大理石，上面有橙色和黑色的条纹。它突然伸展开来，向我们展示自己是一只非常英俊的巨型千足虫。它用无数条腿在我的手掌上稳稳地爬着，小心翼翼地挥舞着有节的黑色触角。

"我们想要很多很多的动物，不论个头是大是小。如果你能给我一只这样的，"我指着千足虫说，"我就给你一根烟。"

老人瞪大了眼睛。

这的确是一个奢侈的价格，但我急于强调我们是多么热衷于获得各种动物。我们离开时，老人还目瞪口呆地站在那里，这样的反应让我非常满意。

"如果我们运气好，"我对查尔斯说，"他将是我们捕兽队的第一个新兵。"

第二天一早，萨布朗叫醒我。

"一个男人带了很多很多的动物来找你们。"他说。

我兴奋地跳下床，冲上甲板。果不其然，是那个老人。他拿着一只大葫芦，仿佛那是一个价值不菲的宝贝。

"这里面是什么？"我热切地询问。

他小心地把里面的东西倒在甲板上。据粗略估计，葫芦里有两三百只棕色千足虫，和我在伦敦自家花园里发现的几乎没有什么不同。虽然我很失望，但我还是忍不住地笑了起来。

"非常好，"我说，"给你五根香烟作为带来这些动物的奖励，不能再多了。"

老人耸了耸肩，对巨大财富的憧憬渐渐消失。支付完报酬后，我小心翼翼地把所有的千足虫装回葫芦里。当晚，我就把它们带到离村子很远的森林里放生了。

这五根香烟真是一笔不错的投资，能够获得报酬的消息迅速在村子里传开。随着时间的推移，迪雅克人逐渐给我们捉来各种各样的动物。他们对获得的报酬非常满意，涓涓细流变成了洪水。没过多久，我们便收集到大量的动物——小绿蜥蜴、松鼠、灵猫、冕鹧鸪、原鸡，其中最具魅力的当数短尾鹦鹉。这些可爱的鸟儿身体翠绿，长着猩红色的屁股、橙色的肩膀，额头上还有蓝色的星星状纹饰。在马来语中，它们被称为 *burung kalong*，即"蝙蝠鸟"。这是一个特别贴切的描述，因为它们有一个特殊的习惯——倒挂在树上休息。

建造笼子，饲喂和清洁所有的动物，让我们忙得不可开交。随着动物数量的增加，我们不得不把"克鲁温"号甲板的右舷改造成一座小动物园，将笼子高高地堆在帆布雨篷下面。动物园最后接收的一只动物是个大麻烦，它给我们带来的工作量比其他任何动物都要多。某天早晨，一位迪雅克村民带着一只藤篮站在岸边，看样子是要来给我们送动物的。

"先生，"他说，"这是熊。您要吗？"

我把他叫到甲板上，他递给我一只袋子。我朝里面瞅了瞅，轻轻地从里面拿出一小团黑色的皮毛。那是一只小熊。

猎人说："我在森林里发现了它，没有看到母熊。"

这只小熊刚出生不过一个星期，眼睛还没有睁开，它躺在那里，开始哭闹，长着粉红色肉垫的大爪子不停地挥舞着。查尔斯急急忙忙地走到船尾，准备了一些稀释的炼乳；我则取了一些粗盐给那个人，作为报酬。小家伙长着一张大嘴巴，但是还不太会用奶瓶，半天噘不出来一滴奶。我们不得不把奶嘴上的洞越切越大，直到温热的牛奶可以自动溢出。然而在我们把奶嘴塞到它的嘴里之前，牛奶就顺着它的嘴唇全部流了出来，它还是没有吃进去一点东西。由于饥饿，现在它的哭闹声更大了。我们绝望地扔掉奶瓶，试着用钢笔的储墨器喂它。我抱着它的头，查尔斯把储墨器塞进它那还没长牙齿的嘴里，然后往它的喉咙里挤牛奶。小家伙刚吃一口就打了一串可怕的响嗝，使它的身体不断地抽搐。我们轻轻地拍了拍它，揉了揉那粉红色的大肚子。它缓了过来，我们再次尝试。一个小时后，我们终于让它喝下去大约半盎司 * 的牛奶。最后，它累得筋疲力尽，昏睡过去。

谁知道还不到一个半小时，它又叫嚷着要喝奶。不过，这第二餐它喝得轻松多了。两天之后，它第一次从奶瓶里噘出奶，我们觉得现在终于能抚养它了。

我们在村里停留的时间远远地超过了原计划，现在是离开的时候了。迪雅克人来到栈桥，向我们挥手告别，我们忧伤地带着收集到的动物顺流而下。

本杰明，也就是我们收养的那只小熊崽，是一个要求很多的家伙。不管是白天还是晚上，它每隔三个小时就要吃东西。如果我们稍有怠慢，它会变得异常愤怒，浑身发抖，小小的鼻子和口腔甚至气到发紫。然而，给它喂奶真是一件苦差事，它长着长长的尖爪子，

---

* 　1 英制液体盎司约等于 28.41 毫升。——编注

给本杰明喂奶

喝奶的时候非要用爪子紧紧抱住我们的手，否则它就不愿安心地吮吸。

它真不是个漂亮的家伙，不仅头大得不成比例，还是个罗圈儿腿，黑色的皮毛又短又硬。它的皮肤上还布满小痂，每个痂里都隐藏着蠕动的白色蛆虫；每顿饭后我们都要替这些伤口清洗和消毒。

几个星期后，它开始走路，性情也发生了变化。它经常摇摇晃晃地在地上走来走去，见到任何东西都要嗅一嗅，还会自顾自地发出咕咕哝哝的声音。这时的它早已不再是那个急躁而苛刻的家伙，摇身一变，成了一只人见人爱的"小狗"，大家都特别喜欢它。后来，我们把收集到的动物带回伦敦市，那时本杰明还需要人工喂养，所以查尔斯决定不把它和其他动物一起送到伦敦动物园，而是把它带回自己的公寓里，先喂养它一段时间。

如今，本杰明已经是我们第一次见到它时的四倍大，长出白色的大牙齿，能很好地保护自己。它在大多数时间里都表现得彬彬有礼，然而，一旦有人打搅正在做调查或玩游戏的它，它会勃然大怒，不仅愤怒地咆哮，还用爪子疯狂地乱抓。它撕破了查尔斯家的油毡，啃坏了地毯，刮花了家具，但是查尔斯还是一直把它留在家里，直到它学会从碟子里舔牛奶的诀窍，不再依赖奶瓶。在此之后，本杰明才被送到伦敦动物园。

第十六章　猩猩查理

婆罗洲所有的动物中，最令我魂牵梦萦的是猩猩。这是一种非常奇特的类人猿，其马来语名字的意思是"生活在森林里的人"。它们仅在婆罗洲和苏门答腊岛被发现过，而且即使在这两个地方，它们也只剩下很小的几块栖息地。在婆罗洲北部，这种动物已经非常罕见了，尽管我们在婆罗洲南部遇到的每个人都坚持说这种动物特别多，但是很少有人亲眼见过它们，哪怕是一只。在这里的最后几天，我们决定沿着马哈坎河做一次深入的搜寻，慢慢地顺流而下，拜访沿途的每一个村庄，即使是一间小茅屋也不放过，直至找到最近见过类人猿的村民。

我们特别幸运，没走多远就遇到几个见过猩猩的人。那是返程的第一天，我们在一座水上小屋旁停下来，它搭在用铁木建成的、绑在岸边的浮桥上。屋主是个生意人，主要以迪雅克人从森林里运出来的鳄鱼皮和藤条，与从三马林达沿河而来的中国船只进行货物交换。我们走上浮桥，只见几个迪雅克人站在那里，外表粗犷，一头直发乌黑发亮，额前留着短刘海，全身除了缠腰布之外一丝不挂，每个人身上都挎着一把长弯刀，木鞘上扎着漂亮的流苏。他们说，过去的几天里，一个猩猩家庭不停地偷食长屋附近种植园里的香蕉。这正是我们一直苦苦寻求的消息。

达恩问："你们的村庄距离这里有多远？"

其中一个迪雅克人用审视的目光盯着我们。

他说："迪雅克人需要走两个小时，白人嘛，需要走四个小时。"

我们毫不迟疑地决定前往那里。村民们不仅答应做我们的向导，还帮忙搬运行李。我们卸下器材、几件换洗衣服和一些食物，迪雅克人将这些物资妥善地存放在用藤条编制的筐子里。萨布朗留在"克鲁温"号上照顾本杰明和其他动物。一切安排妥当后，我们跟着村民们进入河岸边的森林。

没过多久，我们终于明白为什么迪雅克人瞧不起白人了，身为白人的我们的确没有办法追上他们的步伐。这条通往村里的路不仅要穿过一片泥泞的森林，还要经过一系列沼泽。在水位较浅的地方，我们还能勉强涉水走过去；一旦遇到较深的水坑，我们只有借助细长而光滑的树干才能通过，这些树干往往在浑浊的水面下 1 英尺深的地方。那几个迪雅克人即使遇到障碍物也几乎不会放慢脚步，就好像是走在平坦的大道上一样。而我们必须集中注意力，才能勉强保持平衡。我们小心翼翼地用脚感知那些看不见的原木，如果不慎一脚踩空，就会落进深水里。

我们足足花了三个小时才抵达这群人居住的长屋。它比我们早些时候拜访的那座长屋还要破败，地面上铺的不是木板，而是劈开的细竹条；长屋里没有私人房间，仅用几面薄薄的屏风作为隔断。向导领着我们穿过拥挤的长屋，来到一个角落，这是我们存放行李和休息的地方。此时，夜幕已经降临，我们在石头灶台旁的一小堆火上烹制晚餐吃的米饭。晚餐结束后，天已经黑透。我们躺下来，把叠起的夹克枕在头下，准备进入梦乡。

通常，我能勉强地在硬木地板上睡个安稳觉，但前提是有一个安静的环境，然而长屋里却充斥着各种噪声。流浪狗在屋里四处游荡，只要有人把它们踢出去，它们就会狂吠不止；斗鸡也在绑在墙上的笼子里不停地啼叫。一群人坐在离我们不远的地方赌博，只见他们抽动铁板上的陀螺，让它快速旋转，紧接着在上面盖上半个椰子壳，然后高声下注。几个妇女围着一座四周挂着布帘的奇怪的矩形建筑祈祷。除此以外，还有几位没有被吵闹声惊扰的村民横七竖八地躺在地板上：有的人四肢摊开；有的人背靠墙坐着；还有的人抱着膝盖，把头靠在前臂上。

为了减少噪声的干扰，我把一件换洗衬衫盖在头上。虽然外界的一些杂音变得模糊了，但我的注意力又被枕头下发出的声音所吸引。几头臭烘烘的猪在我睡的地板下面拱着长屋干栏之间的垃圾，不时地发出尖叫和咕噜声。村民走动时，弹性极好的竹制地板会发出吱吱声，每当有人走到我附近时，我的身体还会轻微地弹起来。

当晚，最厉害的是一个在离我20码远的地方走路的人，他让地板发出尖锐的响声，简直和从我头上直接踏过去一样。我之所以做出这样的比喻，是因为人们确实经常跨过我俯卧的身子。

那些犬吠鸡鸣、窃窃私语、咕噜咯吱、叫喊吟唱叠加在一起，形成一种持续不断的噪声，变得越来越单调乏味。在它的陪伴下，我竟进入了梦乡。

早晨，我一觉醒来，感觉浑身僵硬，无精打采。查尔斯和达恩拉着我，来到距离长屋约有100码的小河里洗澡。那里早已挤满洗漱的村民，赤身裸体的男人们聚在深水池里，女人们则在下游几码远的地方洗漱。我们沐浴着温暖的阳光，坐在一个整洁的木头平台上，让双腿垂在波光粼粼的溪流中。向导也在这儿洗漱，洗完之后，我们和他一起返回长屋。

回去的路上，我们经过一座新修的茅草棚。我发现它下面的平台上立着一根长长的棕色木柱，柱子一端刻着一个人的形象。一头身形硕大的水牛被拴在旁边。

"那根柱子，"我指着柱子问道，"是干什么用的？"

"长屋里有人死了。"他回答说。

"长屋的哪里？"

他说："跟我来。"我们跟着他沿着木柱凿成的梯子走进长屋。

"这里。"他指着昨天夜里女人们一直围着祈祷的那个挂着布帘的台子说。我竟然在离尸体几码远的地方毫无戒心地睡了一宿。

"那个男人什么时候死的？"我问道。

向导想了想，说道："两年了。"

他说迪雅克人非常重视葬礼。一个人生前越是富有，后人为他举办的葬礼就越要隆重和漫长。长屋里去世的那个人是个重要人物，但是他的孩子们非常贫穷，整整花了两年时间，才攒够举办一场体面的葬礼所需的费用。这段时间里，人们将逝者的尸体安放在一棵大树上，任凭风吹日晒，鸟啄虫食。

如今，举办葬礼的时候到了，逝者的后人从树上取下骸骨，等待最后的安葬。

那天下午，村里的乐手们把锣从长屋里扛出来演奏，一群哀悼者围着空地上竖起的柱子跳舞。这是一个简短而不引人注意的仪式，前后一共持续了半个小时左右。

我问我的朋友："仪式结束了吗？"

"没有。我们会在仪式结束时杀死水牛。"

"那什么时候杀它呢？"

"大概二三十天以后吧。"

接下来的一个月，葬礼活动将日复一日地进行，频率和持续时间逐渐增加。最后一天举办的仪式最为隆重，所有的村民会手持弯刀从长屋出来，围着水牛转圈。待舞蹈达到高潮时，他们会靠近水牛，把它砍死。

━━━ ▬ ━━━

我们向村民们承诺，如果有人能带我们找到一只野生的猩猩，那他可以获得丰厚的奖励。第二天早上五点，第一个试图领赏的人叫醒我们。查尔斯和我抓起摄像机一路小跑，跟着那个人进入森林。当我们一行人来到他曾看见猩猩的地方，只见地上散落着一些刚刚咀嚼过的榴莲果皮，榴莲是猩猩最喜欢的食物。旁边的大树上有一个用折断的树枝建造的巨大平台，那个大家伙昨晚就睡在这里。我们在附近搜寻了一个小时，最终还是没能找到它，只好失望地返回村里。

那天上午我们又在森林里扑空三回，第二天扑空四回。村民们渴望得到作为报酬的食盐和烟草，所以特别踊跃地为我们提供信息。第三天一早，又有一个猎人说他刚刚见到一只类人猿，我们跟着他飞奔而去，蹚过深深的淤泥，完全顾不上挂在我们袖子上的棘刺，一心只想在猩猩离开之前赶到现场。前方有一棵倒木横在深深的溪水上方，我们的向导从树干上小跑过去。我扛着沉重的三脚架，尽可能快地跟着他，随手抓住一根树枝来保持平衡。不幸的是，它断了。由于另一只手紧握着三脚架，根本无法保持平衡，我脚下一滑，掉进 6 英尺深的河沟里，落下的时候胸部重重地撞在树干上。我挣扎着从水里站起来，喘着粗气，右侧肋骨疼痛难忍。还没等我爬到岸边，迪雅克人就走了过来。

"哎呀，先生，哎呀！"他一边低声说着，一边满怀同情地一把将我抱在他身边。我感觉肺里没有一点空气，全身瘫软，只能无力地呻吟。在他的帮助下，我从水里出来，爬上了岸。这一跤摔得特别严重，我右腋下的双筒望远镜直接被磕成两半。我轻轻地摸了摸自己的胸部，通过肿胀和疼痛的程度，我确信自己折断了两根肋骨。

我平复呼吸后，大家继续慢慢往前走。没过多久，迪雅克人开始模仿猩猩的叫声，咕噜声和凶猛的尖叫声交织在一起。我们很快便听到回应，抬头一看，只见一个巨大的、毛茸茸的红色身影在树枝间晃动。查尔斯迅速架好器材，开始拍摄，而我则靠在一旁的树桩上，照料我疼痛的胸口。猩猩悬挂在我们头顶，露出黄色的牙齿，愤怒地尖叫着。它大概有 4 英尺高，重约 10 英石[*]——我敢肯定，它比我见到的任何一只因禁在动物园里的猩猩都要大。它爬到一根细树枝的顶端，用硕大的身体把树枝压弯，倒向旁边的一棵树。然后，它伸出一条长长的胳膊，缓缓地爬过去。它偶尔也会折断一些小树枝，怒气冲冲地把它们朝我们扔过来，但它似乎并不急于逃跑。不久，其他帮忙搬运设备的村民也加入我们的队伍，热心地砍断周围的树苗，让我们可以更加清楚地看到它。潮湿的森林里到处都是蚂蟥，我们不得不每隔几分钟就停下来处理一次。如果我们在某个地方待的时间过长，它们便会像小蠕虫一样从低矮的灌木叶片上爬过来。一旦到了我们身上，它们就爬到大家的腿上，然后一头扎进肉里吮吸鲜血，直到身体肿胀到原来的数倍之大。我们过于专注地观察类人猿，根本没有意识到它们的存在，直到迪雅克人好心指出来，并用刀将它们剃下来。就这样，我们拍摄过的地方不仅到处是倒下的树苗，还有一堆被割断的蚂蟥。

---

* 1 英石约等于 6.35 千克。——编注

我们拍完所有需要的镜头后，开始收拾设备。

其中一个迪雅克人问道："结束了吗？"

我们点了点头。几乎与此同时，一声震耳欲聋的爆炸声在我身后响起，我转过身来，看到有一个人的肩上扛着一把冒烟的枪。幸好猩猩没有受到严重的伤害，因为我们听到它安全地逃到了远处，然而我却气得说不出话来。

"为什么？为什么？"我气愤地问道。射杀这样一只类人猿几乎等于谋杀一个人。

那个迪雅克人目瞪口呆。

"但它不好！它偷吃我的香蕉，还偷了我的米饭。所以我就开枪了。"

我哑口无言。迪雅克人不得不从森林里寻找生计，而我却不需要。

那天晚上，我躺在长屋的地板上，每呼吸一次都感到肋骨刺痛，后来头也开始痛。突然，一阵骇人的震颤袭来，我开始不由自主地颤抖起来，牙齿也剧烈地颤动着，几乎说不出话来。我得了疟疾，查尔斯喂了我几片阿司匹林和奎宁。我熬过了糟糕的一夜，葬礼上的恸哭和鸣锣声让我更加不安。早上醒来，我身上的衣服全部被汗水浸湿，整个人特别难受。

直到中午，我才算完全清醒过来，和大家一起讨论返程事宜。我们已经拍到猩猩，实现了来这个村子的目的，该回去了。我们的行进速度十分缓慢，我在途中还休息了好几次。当我们最终抵达

"克鲁温"号时，我长长地舒了一口气；我可以躺在一个比较舒适的铺位上，把发烧时没有流出来的汗全部流完了。

———

刚登上"克鲁温"号时，船员们显得有些拘谨，除了老船长，没有人愿意和我们交流。尽管这样，我在第一晚就把唯一搭理我们的老船长给惹恼了，只因为我提出了通宵航行的建议。我能感觉到，在他们眼里我们就是一群无知却无害的疯子。

然而相处了几周后，他们的态度发生了变化，变得越来越友好。一路上，老船长为我们的工作提供了许多帮助，只要他看到森林里有任何动静，他就会主动地降速，询问我们是否需要拍摄他发现的动物。轮机长是一个心胸坦荡且身材魁梧的城里人，身上除了一件他所谓的蓝色工作服之外，什么也没穿。他对丛林毫无兴趣，对迪雅克人的长屋也是如此。他几乎从不上岸，经常坐在机舱上方的甲板上，悲伤地用指甲剪拔自己下巴上的胡须。每当有什么争论时，他总有一句标准的俏皮话。"*Tidak baik*，"他会说，"*Bioskop tidak ada*。"这句话的意思是"不好，没有电影院"。

讲笑话是我们在这条河上长时间航行时最主要的消遣方式之一。然而，创作笑话却是一个异常艰苦的过程，往往要花费好几个小时的时间。每次想到好点子之后，我还需要耗费一刻钟的时间查阅词典，把它翻译成马来语。然后我会走到船尾，那是船员们坐着煮咖啡的地方，我会煞费苦心地和他们分享我的笑话。通常，大家会一脸茫然地看着我，我不得不回去重新完善措辞。我通常需要尝试三四次才能成功地表达我的意思，当我这样做的时候，船员们总是哄堂大笑。我怀疑，逗他们乐的不是我的笑话，而是我滑稽的行为。笑话中的玄机就算被破解，也不会被我们抛弃，而是成为每个人的保留节目，在接下来的几天时间里一次又一次地被重复提起。

轮机长让大管轮希达普大部分时间都待在机舱里，因此我们很少看到后者。一天晚上，剃光所有头发的他突然出现在甲板上，满脸通红地坐在那里，摸着光秃秃的头皮，嘲笑自己的窘态。后来轮机长说，这是因为他头上生了虱子。

水手杜拉是一位满脸皱纹的老人，他一路上花了很多时间教授我们马来语。和欧洲最优秀的教育家们一样，他认为教一门外语的最好方法是决不让学生说母语。因此，他常常坐在我们身边，用清晰得夸张的语调，耐心地、缓慢地谈论他能想到的任何话题——印度尼西亚服装的命名、不同大米的品质——他的话题总是冗长而枯燥，以至于没过几分钟，我们就绝望地陷入迷茫中，只能故意点头回应："是，是！"

船员中的第五人，水手长马纳普，是对我们帮助最大的一位。他是一个英俊的年轻人，虽然他不爱说话，但是如果我们在航行中看到森林里的动物，而他又在掌舵，他就会用比任何人都要娴熟的技术和更大的胆量越过危险的浅滩，把我们带到离河岸更近的地方。

不过，船上精力最充沛的人还是萨布朗。他不仅要负责绝大多数动物的清洁工作，给它们喂食，而且要给我们做饭；如果我们把脏衣服脱在他能看见的地方，他二话不说就会给大家洗干净。一天晚上，我和他说我们将离开婆罗洲，打算向东前往科莫多岛，寻找科莫多巨蜥。他激动得眼睛发亮，当我问他是否愿意和我们同行时，他兴奋地抓住我的手，一边上下摇晃，一边说："太棒了，先生，我愿意。"

———————

一天早晨，萨布朗建议我们将船停靠在岸边，他说他有一位叫达尔莫的迪雅克朋友住在附近。这人曾经帮助他捕捉过动物，最近他可能捉到了一些新的动物，或许可以和我们做一个交易。

我们看到一间凌乱而破败的小木屋，一个老头坐在门口的台阶上，一头油腻的长发垂在背上，前额上耷拉着凌乱的刘海，他正在削木头。这人正是达尔莫。我们的船慢慢靠近，萨布朗跟他打了个招呼，问他最近有没有捉到什么动物。达尔莫抬起头，不动声色地说道："*Ja, orangutan ada.*（是的，有一只猩猩。）"

我三步并作两步，兴奋地飞奔过去。达尔莫指着一个四周围满竹条的木箱子，只见一只满脸惧色的小猩猩蹲在里面。我小心翼翼地把手伸进去，轻轻地挠挠它的后背，这个小家伙却尖叫着转过身来想咬我。达尔莫说这是他前几天抓到的，当时这家伙正在他的种植园里搞破坏。在激烈的搏斗中，他的手被咬成重伤，而这只猩猩则擦伤了膝盖和手腕。

萨布朗代表我们开始谈判，达尔莫最终同意我们用剩下的食盐和烟草交换这只猩猩。

把它带回"克鲁温"号后，我们的第一个任务是把它转移到一只更大、更好的笼子里。我们将两只笼子面对面放在一起，然后抽出旧笼子的栅栏，打开新笼子的门，用一束香蕉引诱猩猩进入新家。

这个小家伙是个男孩，大约两岁，我们给它取名为查理。收养它的头两天，我们让它独自待在笼子里，希望它能安稳下来，适应新环境。第三天，我打开笼门，小心翼翼地把手伸进去。起初查理会抓住我的手指，然后露出黄色的牙齿想咬我。随着我的坚持，最后它默许我慢慢把手伸向它，挠它的耳朵和肚皮，在这种情况下，我会给它一些甜炼乳作为奖励。下午我继续重复这个过程，查理表现得很好，于是我大胆地将炼乳挤在食指上喂它。查理试探性地噘起宽大而灵活的嘴唇，大声地吮吸黏糊糊的炼乳，丝毫没有想咬我的意图。

那一天的大多数时间里，我都坐在它的笼子旁，和它轻声地交谈，透过笼子前部的铁丝栅栏轻轻地挠它的后背。直到晚上，我才赢得它足够的信任，它允许我检查胳膊和腿上的伤口。我轻轻地握住它的手，拉直它的胳膊，给它手腕上的擦伤处涂抹了很多消炎药膏，在这期间，小家伙一脸严肃地盯着我。由于这种药膏看上去特别像炼乳，还没等我涂完，查理就把它舔去一大半，我希望剩下的药膏能够发挥功效。

查理适应的速度让我们所有人感到惊讶。很快，它不仅能够容忍我的爱抚，而且积极地寻求这样的爱抚。如果我经过它的笼子时不停下来和它说几句话，它会朝着我大声尖叫。我站在笼子旁喂那些叽叽喳喳的鸟儿时，它也会把瘦长的胳膊伸出笼子，拽着我的裤子。它特别固执，为此，我不得不一只手喂鸟，另一只手紧握着它粗糙的黑色手指。

我迫切地希望它能尽快离开笼子，这样一来，它可以做一些运动。有整整一个上午，我都把笼门开着，它却拒绝出来。在它看来，笼子并不是监狱，而是它熟悉的一所房子；相较于甲板上令它困惑的未知世界，它更喜欢坐在笼子里，棕黑色的脸上挂着一副略带沉思的严肃表情。

我决定用一罐它喜欢的热甜茶把它引诱出来。我按计划拿着甜茶走过去，它见状满怀期待地坐起来，但是我并没有把茶递给它，而是放在敞开的笼门外，它气得尖叫起来。它试探着走到门口，小心翼翼地向外张望。我把茶放在它够不着的地方，它被迫走到门外，双手抓住门，弯下身去啜了一口。一喝完，它就摇摇晃晃地返回笼子。

第二天，我打开笼门，它竟然自己主动走出来，然后坐在盒子上，让我陪着它玩。我挠了挠它的腋窝，它顺势躺下来，脸上绽放出陶醉的笑容。可是，没过多久它就玩腻了，纵身跳到甲板上。首先，它在甲板上检阅了所有的动物，若有所思地用手指拨了拨铁丝栅栏。其次，它把罩在本杰明盒子上的布一把扯下来；那只小熊崽

正在喝茶的查理

想着可能是食物来了，大声地叫嚷起来，吓得查理连忙后退。后来，它又挪到短尾鹦鹉的面前，用弯曲的食指设法偷走了一些米饭，我本想阻止，但迟了一步。它的注意力又转移到了甲板上各式各样的物品上，它把每一件东西都捡起来咬了咬，再用小鼻子闻一闻，评估它们的可食用性。

我觉得是时候让它返回笼子里了，然而查理并不想这样，它慢慢地从我身边走开。我的肋部还肿胀着，而且特别疼，所以我的移动速度不比它快。我慢吞吞地追着查理，试图让它按照我的指示返回笼子，轮机长见状被逗得哈哈大笑。最后，我靠贿赂成功了。我给查理看了一只鸡蛋，然后把它放在笼子的深处。查理神气地爬进笼子里，在蛋壳的顶部咬了一个小洞，干净利落地吸干鸡蛋。

从那一天起，下午出来散步的查理成为船上日常生活的一部分。虽然船员们非常喜欢它，但是对待它还是特别谨慎。如果它不守规矩，船员们不敢擅自采取强硬措施，而是找我们帮忙。当我们最终驶入三马林达时，查理跑进驾驶室，坐在老船长的手肘旁，似乎在向全世界宣告，它是一名编外的船员。

婆罗洲之旅到此结束。在此之前，我们已经在一艘大型商船——"卡拉顿"号上预订了几个铺位，打算第二天前往泗水。我

查理享受着下午在船上的自由时光

和查尔斯、萨布朗开始计划如何把所有的动物及行李运到船上。我们知道，让"克鲁温"号的船员充当搬运工是对他们人格的侮辱。然而，当天晚上马纳普却跑过来，粗声粗气地告诉我们，老船长已经向港务局提出申请，请他们允许"克鲁温"号停靠在"卡拉顿"号旁边，如果我们愿意的话，他和他的同伴会帮我们转移装备。这让我们非常感动。

他们干劲十足，没一会儿就把所有的东西拖上"卡拉顿"号陡峭的"铜墙铁壁"，大声地向笼子里荡来荡去的动物做愉快的道别。在萨布朗的统筹安排下，动物们被妥善地安置在甲板上一个安静的角落里，我们所有的行李也都安全地锁在船舱里。当运完最后一件行李时，全体船员——老船长、希达普、轮机长、杜拉和马纳普列队站在船舱外和我们道别。他们一个接一个地和我们热情握手，为我们接下来的旅程送上诚挚的祝福。告别他们，让我们十分难过。

第十七章　艰险的征程

　　如何前往科莫多岛，似乎不是泗水的当地人操心的问题。科莫多岛距离这里大约有 500 多英里，它是从爪哇岛向东延伸至新几内亚的一连串岛屿中的第五座，这条岛链长约 1 000 多英里。我们认识的政府官员们也说不出怎样才能到那里，我们只能自己摸索。

　　船务公司的职员甚至从未听说过这个地名，我们不得不在地图上给他指出，松巴哇和弗洛勒斯两个大岛之间的那小黑点就是科莫多岛。地图上纵横交错的黑线代表他们公司船只的航线，这些线似乎都在刻意避开它。只有一条沿着岛链向东环行的航线，好像给我们带来些许希望。它首先抵达松巴哇岛的一个港口，然后绕着松巴哇转一个大弯，途经科莫多岛，最后抵达弗洛勒斯岛。无论这艘船停在松巴哇还是弗洛勒斯的港口，这两个地方与科莫多岛之间的距离都在我们可以接受的范围内。

"这艘船什么时候起航？"我指着地图上的黑线问道。

"下一趟吗，先生？两个月之后。"那个工作人员热情地回答道。

"两个月，"查尔斯咕哝道，"三个星期之后我们就已经在英国了。"

"我们在泗水能不能租一艘小船，直接去科莫多？"我不顾查尔斯悲观的情绪，继续问道。

"没有，"办事员说，"如果有的话，你也办不到。租船需要很多烦琐的手续。警察、海关和军队，他们不会给你们颁发许可证的。"

最后，航空公司的官员们向我们伸出援助之手。我们在他们的帮助下发现，如果能向北飞到苏拉威西岛上的望加锡，或许能赶上一架每隔两周飞往帝汶岛的小型飞机。弗洛勒斯岛是一座长约 200 英里的香蕉形岛屿，毛梅雷在距离其东端不到 40 英里的地方，科莫多岛在距离其西端 5 英里的海域。地图上显示有一条沿着弗洛勒斯海岸线延伸的道路。如果能在毛梅雷租一辆轿车或卡车驶上这条公路，我们的麻烦将迎刃而解。

我们在泗水找到几个听说过毛梅雷的人，然而他们当中没有一个人去过那里。其中最可信的是一个中国人，他说他有一个远房亲戚在毛梅雷开商店。

"汽车，那里有很多汽车吗？"我问他。

"很多，很多，我保证。我给我的亲戚泰生发一封电报。他会安排好一切。"

我们再三致谢。

"这很容易，"当天晚上我对达恩说，"我们先飞到望加锡，然后再搭乘飞机飞到毛梅雷，找到我们中国朋友的姐夫，向他租一辆卡车，开上 200 英里，到达弗洛勒斯的另一端，最后再找一条独木舟，穿过 5 英里宽的海峡，到科莫多岛。接下来，我们要做的就是抓住科莫多巨蜥。"

———

望加锡是个饱受战乱困扰的小镇。目前，苏拉威西大部分地区仍在叛军手中，他们会时不时地离开位于山区的总部，到城郊伏击来往于城镇和机场之间的卡车；所以这里的士兵们严阵以待，身着丛林绿的军装，手持轻机枪和手枪，在机场来回巡逻。移民局的官员一直小心翼翼地劝我们离开，直到武装护卫队同意把我们送到镇上过夜。第二天，查尔斯、萨布朗和我返回机场，登上一架十二座的飞机，再次朝着东南方向前进。我们坐在飞机上，只见小岛一座接一座地从飞机下掠过。这些说是小岛，其实不过是覆盖着焦褐色草皮的大土墩，几棵绿色的棕榈树点缀其间，四周围绕着白色的珊瑚沙滩。参差不齐的海岸线外，珊瑚礁闪烁着驳杂的绿色，直到海底突然落到礁石之外，海水又恢复成明亮的孔雀蓝。漂浮在我们身后的那些岛屿看上去几乎完全一样，我确信科莫多岛也不会有什么特别之处。然而，这些小块的土地上没有巨大的蜥蜴；科莫多和它周围的小岛是科莫多巨蜥唯一的栖息地。

飞机嗡嗡地飞行在黄玉色的太阳和蔚蓝的大海之间，穿过万里无云的天空。两个小时后，一座大山突然从前方朦胧的地平线上拔地而起，比我们以往见过的任何一座山都要大。这就是弗洛勒斯岛。飞机降落时，我们感觉到它以越来越快的速度向覆盖着珊瑚礁的洋面俯冲。我们面前是嶙峋的火山山脉，飞机掠过海岸线，掠过白色教堂周围的茅草屋，直到前轮颤抖着触碰到长满青草的跑道。

　　一栋刷成白色的建筑是机场唯一的标志，表明飞机降落的这块草地是一座正规机场。建筑前面站着一群围观我们到来的民众。我们看到建筑旁边停着一辆卡车，前保险杠上坐着两个人，感到如释重负。机上的乘客，包括我们在内，跟着机长和副机长走进那栋建筑，十几个穿着纱笼的男人面无表情地看着我们。从体型上看，他们与爪哇岛和巴厘岛上身材矮小的直头发的人种有很大的不同。他们头发卷曲，鼻翼更宽，更像新几内亚和南海的人。一个戴着草帽、穿着厚格子裙的女孩好像是航空公司的工作人员，她见我们出来，立马迎上来为机组人员填写表格。没有人冲上前来迎接我们。我们的行李被装在一辆手推车里送了过来，又被卸到地板上。我们不停地在行李周围徘徊，希望泰生能通过它上面显眼的标签认出我们。

　　"下午好，哪位是泰生先生？"我用印尼语大声地喊道。

　　靠在墙上的男孩们把目光从设备转移到我和查尔斯身上，其中一个咯咯地笑着。穿格子裙的女孩挥舞着她的文件，急匆匆地走上飞机跑道。

　　这些人继续茫然地看着我们，直到一个戴着大檐帽、自称是海关官员的人出现。

"这是你们的吗，先生？"他指着地上的行李问道。

我会心一笑，用在飞机上演练了很多遍的印尼语和他解释起来。

"我们是英国人，来自伦敦。很遗憾，我们只会说一点点印尼语。我们是来拍电影的。我们有很多文件，有来自雅加达信息部、新加拉惹小巽他群岛总督、印度尼西亚驻伦敦大使馆的，还有英国驻泗水领事馆的。"

每提到一个当局，我就会拿出一封信或者一张通行证。海关官员看到这些文件时，就像饥肠辘辘的人见到美味的大餐一样。正当他消化的时候，一个胖乎乎的、汗流浃背的中国人从敞开的门口冲了进来。他张开双臂，朝我们笑了笑，然后说了一连串印尼语，不仅语速快，而且声调也很高。

我勉强听懂前面几句话，但他的语速实在是太快，后面的话我一句也没听懂。我曾两次试图用我的话打断他的长篇大论（"我们是英国人，来自伦敦。很遗憾，我们只会说一点点印尼语。"），然而并不起任何作用，所以在他说着我听不懂的东西时，我只能像小迷弟一样注视着他。他穿着皱巴巴的卡其布裤子和衬衫，说话的时候不停地用一条带着红色斑点的手帕擦拭额头。他的额头最让我感兴趣，因为他足足剃了3英寸的发际线，这使得他的眉毛看上去特别突出，比一般人的眉毛要深得多。我开始专注于想象他原来的样子，那如牙刷毛一样硬的黑发和浓密的眉毛之间的距离，以前显然应该在1英寸之内。我突然打了一个激灵，从刚才的推测中被拽回了现实，原来他已经说完。

"我们是英国人，"我赶忙说，"来自伦敦。很遗憾，我们只会说一点点印尼语。"

这时，海关人员已经完成对那堆文件的检查，并用粉笔在我们所有的行李上胡乱地标记一番。泰生笑容满面地大喊一声："*Losmen*!"见我没有反应过来，他又用英国传统的方式来对付我这个一脸迷茫的外国人，把我当作聋子。

"*Losmen*!"他在我的耳边又喊了一遍。

我终于回忆起这个词的意思，随后我们一起把行李搬到外面的卡车上，这辆卡车看起来的确是属于泰生的。在匆忙赶往城里的路上，我们只能安静地坐着，由于卡车发出的噪声太大，我们根本无法交流。

losmen 类似于我们在印尼其他地方见到的宾馆。我们入住的这家，是一排深色的由水泥浇筑的房子，前面搭了一条长廊，每个房间里摆了一块长方形木板，木板的一端放着一卷薄床垫，显然这块木板是一张床。我们卸下行李，就匆匆赶往泰生那里。

我们一边翻阅词典，一边和他交流，花费了一个多小时，终于弄明白这里的状况。泰生的卡车是毛梅雷唯一能正常运转的运输工具，还是刚刚才改造好的，主要用于前往东边 20 英里外的拉兰托查——一个与我们想去的方向正好相反的村庄。那里的村民常常会花上一个星期来准备返回毛梅雷的旅程。这辆卡车是岛屿运输系统中的至关重要的一环，想要征用它几乎是不可想象的。泰生笑呵呵地拍拍我的背说："别担心卡车。"查尔斯、萨布朗和我忧郁地面面相觑。"不用担心，"泰生重复道，"我有更好的主意。弗洛勒斯的有色湖泊非常有名，非常漂亮，非常近。忘了蜥蜴，拍摄湖泊吧。"

我们对此嗤之以鼻。现如今，前往科莫多岛只有坐船这一种方式了。毛梅雷港或许会有一艘小汽艇？泰生使劲摇了摇头。那么可能有一条捕鱼的小帆船？"也许吧。"泰生说。他承诺帮我们找船，我们还没来得及感谢他的善良和耐心，他就开着摇摇晃晃的卡车出发了。

直到很晚的时候，泰生才驾车回来。他跳出卡车，擦了擦额头上的汗，笑嘻嘻地说一切都好。捕鱼船队已经出海，不过幸运的是还有一条帆船停在港口，他把船长带来了，和我们一起商量接下来的计划。船长穿着纱笼，戴着黑色的礼拜帽，看上去油头滑脑的。他请泰生替他谈判，自己则目不转睛地盯着地板，只点头赞同或表示反对。

此时，信风正从毛梅雷吹向科莫多，如果船长能把我们带到那里，我们应该可以继续向西，借助风力一直航行到松巴哇岛，赶上另一架飞机。船长点头表示同意。现在要解决的只有价格。我们几乎无法和他讨价还价，因为泰生和船长都知道我们铁了心要去科莫多，没有这艘船，我们永远也到不了那里。最后商定的价格非常高。船长说他第二天可以准备好一切，然后满意地离开了。

在此之前，我们需要处理很多事务。首先要去一趟毛梅雷警察局，安抚港口的海关；然后取消回程机票；最后去泰生的商店，购买行程中所需的生活物资。我们要精简购买计划，因为支付给船长的费用占了预算的绝大部分，我们必须保留一些储备金，以防在返回爪哇岛之前遇到一些突发状况，急需用钱。我们买了一些罐装的腌牛肉和炼乳、一些干果、一大罐人造黄油、几条巧克力，这些都是奢侈品，不过最主要的是一大袋米。泰生向我们保证，在航程中船长会给我们捕捉鲜鱼，加上这袋米，应该够我们吃好几个礼拜。

临近傍晚，我们带着买好的东西来到港口，然而船长不在那里，泰生把我们引荐给船上的船员——两个十四岁左右的小男孩，一个叫哈桑，另一个叫哈米德。他俩和船长一样，五官棱角分明，头发笔直。他们穿着印着格子纹的纱笼，在帮我们把行李搬上船的时候，他们掀起裙摆，只见里面还穿着猩红色的灯笼裤。

帆船比我们预想的要小得多，大约只有 25 英尺长，单桅。三角形的主帆在竹竿上随风摆动，主帆前还有一个小前桅，下方也连着一根竹竿。桅杆后面紧靠着一间低矮的客舱，舱顶距甲板不到 3 英尺，我们只能手脚并用地从门口爬进去。舱内的地板上有一张破旧的竹席，铺在三根横木上，竹席下面是货舱的入口。我们把设备一件一件地搬进货舱，安放在船底成堆的珊瑚礁上。这些珊瑚礁不仅可以起到压舱的作用，还可以作为垫石，让行李免受舱底脏水的侵害。舱底臭气熏天，混杂着盐水、可乐果和腐烂的咸鱼味。所有的行李运抵后，我们高兴地返回甲板。

船长直到下午晚些时候才出现。泰生站在防波堤上，一如既往地用手帕擦着他的额头，我们一次又一次地向他表示感谢。哈桑和哈米德扬起风帆，船长站在舵柄旁，我们正式起航了。

　　那是一个晴朗的夜晚，海风清新而强劲，小船在波涛汹涌的海面上急速前进。查尔斯选择睡在前甲板上；我和萨布朗，以及哈桑、哈米德睡在客舱的竹席上。很难说哪种选择更为舒适。查尔斯需要冒着被阵雨惊醒和桅杆撞击的危险，每次海浪击打过来时，距他的头部有 1 英尺远的桅杆会晃来晃去，看上去特别危险。然而，换个角度来看，他可以呼吸新鲜的空气，这是船舱里的人所羡慕的。我们在船舱里不仅要蜷缩着身子，还要忍受来自船底的恶臭。不过，我们谁也没有抱怨；毕竟，我们正在逐梦的路上。

萨布朗在船上准备做饭

我醒来的时候，航速让我意识到风速降了。透过舱门，我看到南十字座高高挂在无云的天空中，闪闪发光。不久，我再一次听到那个吵醒我的声音，一种可怕的嘎吱声让船不停地颤抖和摇晃。我奋力地从客舱爬上甲板。查尔斯也被惊醒，正在向一旁张望。

"我们撞到了珊瑚礁。"他平静地说。

我大声地呼喊，试图叫醒蜷缩在舵柄旁的船长。他毫无反应。我迅速爬到船尾摇了摇他。他睁开眼睛责备道："哎呀，先生，请不要这样大惊小怪。"

"快看。"我指着船舷激动地叫喊着，就在此时，船又开始嘎吱嘎吱地摇晃。

船长轻轻地摸了摸他的右耳。"这只耳朵不好使，听不太清楚。"他委屈地说道。

"我们触礁了，"我绝望地喊道，"现在怎么办？"

船长疲倦地站起来，叫醒哈桑和哈米德。他们拔出一根长竹竿，放在船边，使劲地把船撑离礁石。月光足以让我们看清水里的情况，只见水下几英尺处都是盘状和球状的珊瑚。水面上布满明亮的磷光，每当小船被浪花轻轻掀起，慢慢落回到珊瑚礁上时，海水就会泛起绿色的光芒。

十分钟后，我们的小船再次驶入深水区。男孩们回到船舱里安静地躺下，船长裹着纱笼，蜷缩在舵柄旁，再次进入梦乡。

这次事故让我和查尔斯惴惴不安。小船一直在这样风平浪静的海面航行，或许并没有什么危险，但我读过的旅行者在珊瑚礁上搁浅的故事总是以悲剧结尾的。我感到有点不安，对船长建立的信心开始动摇。既然难以入睡，我们索性坐在甲板上聊天，不知不觉度过一个多小时。在昏暗的地平线上，我们能分辨出一座岛屿的轮廓。小船随着海水上下起伏，上方的船帆悠闲地拍打着。在桅杆上的某个地方，一只疣尾蜥虎突然叫了几声。最后，我们不敌困意，又睡着了。

　　当我们一觉醒来，昨晚看到的那座岛的位置竟然和六个小时前完全一样，显然昨天夜里小船没有前进 1 英寸。整整一天，我们都静静地待在那里，在蓝色的如玻璃一样的水面上缓慢地旋转着。我们坐在船上抽烟，然后把烟头随手扔到一边，就这样，到了晚上，平静的水面上聚集了越来越多的垃圾。我们一直目不转睛地盯着前面的岛。哈桑和哈米德爬进船舱睡觉。船长则躺在舵柄旁，将双手枕在头下，茫然地望着天空，他偶尔会心不在焉地用假声大吼几声。我想这是一首歌，起初还有点意思，但过了几个小时，我们发现它有点烦人。白天慢慢过去了，我们安顿下来，又过了一夜。早晨醒来，小岛的位置还是一点没变，越看越让人厌烦。我们一整天都躺在船上，期待着能来一阵风，吹动桅杆上垂下来的帆。昨天的烟头仍在几英尺外死气沉沉地漂着。查尔斯和我坐在烈日下，双脚悬在温热的水里。萨布朗在一旁忙着做饭。船上的淡水储存在一只绑在船舱木墙上的巨大石罐里。虽然上面盖着一只小陶碟，但水里还是有很多蠕动的蚊子幼虫。毒辣的太阳炙烤着海面，罐子被晒得发烫，根本不能触摸，里面的水也暖和得让人不快。不过，萨布朗却用它

查尔斯在帆船上摄像

做出既美味又安全的饮品，他先将水煮沸，然后把消毒片溶在里面，最后加入糖和咖啡粉。炎热的气候让我们焦渴难耐，所以我们对于任何能喝的东西都来者不拒。然而，当他连续做了四顿白米饭时，我的胃口却不怎么好。

我爬到船尾和船长聊天，他躺在那儿不时地哼着自创的圣歌，聊以自慰。

"朋友，"我说，"我们饿了，你能捉几条鱼吗？"

"不行。"船长回应道。

"为什么不行？"

"没有鱼钩，也没有鱼线。"

"但是泰生说你是渔夫！"我很气愤。

船长吸了吸挂在右嘴角上的鼻涕。

"我不是。"他说。

这不仅扰乱了我们的饮食计划，而且引发了更多的谜团。如果他不是渔夫，那他是干什么的？我缠着他问了更多的问题，但无法得到更多的信息。

我回到船头，和查尔斯一起吃着无味的白米饭。

吃完午饭，我和查尔斯钻进客舱躲避烈日。尽管我们赤裸着上身躺在坚硬的竹席上，但是依然汗流浃背。突然，远处的喘息声让我从麻木的状态中回过神来。我将头探出船舱，只见 300 码外的海面上有一大群海豚。它们溅起的水花，把足球场那么大的一片海域染成斑驳的白色。海豚们似乎有无尽的活力，它们纵身跃出水面，在半空中留下优美的弧线。而那些精力不充沛的海豚则将额头伸出水面，把肺里的空气从呼吸孔喷出来，发出巨大的声响，这就是引起我注意的声音。我们刚看见它们的时候，它们正朝我们的侧面游去，因为我们的船在平静的水面上一动不动；但当我们观看的时候，它们明显改变了游向，过来观察我们。没过几秒钟，我们就被海豚团团围住。我们悬坐在船边，透过半透明的、不断变化的绿色水面，看着它们在船头腾跃。它们离得那么近，以至于身上的每一处细节——鸟喙状的尖嘴，头顶大大的黑色气孔，滑稽有趣的小眼睛——都清晰可见。它们也好奇地盯着我们。

在我们周围徘徊大约两分钟之后，它们扑哧扑哧地换着气，泼溅着水花，朝地平线上的小岛游去。我们用遗憾的目光送别它们，然后再一次被笼罩在大海的静谧中。夜幕降临时，船帆轻轻地拍打着。我注意到海面上的纸片和烟头离船尾越来越远。不久之后，微风变成强风，太阳接近地平线时，我们的船便再次颠簸在波涛汹涌的海面上。一波接着一波的大浪追逐着我们。每一波海浪在袭来时，都会高高地掀起小船的船尾，与此同时，船首斜桅会深深地浸入海水中；当大浪经过后，小船猛地向后仰起，把滴水的前桅举到半空中。那一晚，我躺在客舱里睡觉的时候，靠在桅杆上的叉形枢轴不停地摇晃着，发出的声响就像一个酩酊大醉的长号手的叫喊声一样，然而这是这么久以来我听到的最美妙的声音。

第二天，海风依然强劲。在我们左侧，弗洛勒斯岛的海岸线如同一条长长的、沿着地平线展开的丝带。成群的飞鱼掠过船头，它们跟着波浪一起飞向半空，在浪花破碎之前，便从浪头中钻出来，展开蓝黄相间的胸鳍腾空而起。它们在汹涌澎湃的海浪间不停地闪避，每次可以滑翔20英尺。当一大群美丽的飞鱼经过时，它们的跳跃、扭动和翱翔，让人产生一种浪花的底部也在向前移动的错觉。

我们的专业素养提醒我们，应该用镜头来记录这次航行。查尔斯爬进货舱，组装好他的摄像机。船长蹲坐在甲板上，困倦地靠着舵柄，为了躲避阳光的照射，他把纱笼罩在身上，这构图堪称完美。帆船破浪前行，激起的浪花落在他身后。

"伙计，拍张照？"我问。

他回过神来。

"不，不！不给拍照，不同意！"他强硬地回应道。

船长显得越发神秘。他是我们见到的第一个对拍照毫无兴趣的印尼人。我刚才的行为对他来说显然逾矩了，尽管我是无意的。我试图通过闲聊的方式来弥补刚才有可能失礼的行为，查尔斯则在寻找新的拍摄题材。

"好一场风啊。"我一边攀谈，一边看着万里无云的蓝天下鼓起的白帆。

船长咕哝了一声，眯起眼睛直视前方。

"如果风一直是这样吹，我们明天能到科莫多吗？"我问道。

"或许吧。"船长回应道。

他突然停了下来，吸了吸鼻子，然后捏着嗓子发出一声尖啸。我觉得这是他想结束谈话的暗示，只得回到船头。

那一晚是我们在海上的第四晚。我想我们一定快到科莫多了，第二天早上我一觉醒来，满心期待有人告诉我，科莫多岛就在眼前。我焦急地扫视着地平线，然而映入眼帘的只有弗洛勒斯岛蜿蜒曲折的海岸线。

船长躺在捆绑在客舱旁的独木舟上打盹。

"朋友，"我问，"还有多久能到科莫多？"

"不知道。"他闷闷不乐地回复我。

"你以前去过科莫多吗？"我继续问道，试图引诱他说出更多内容，然后做个预测。

"*Belum.*"船长说道。

这对我来说是一个新词。我爬进客舱去找我的词典。

"*belum*：没有。"我读道。一种可怕的怀疑在我心底油然而生。我爬出客舱，船长又睡着了。

我轻轻地推了推他。

"船长，你知道科莫多在哪里吗？"我说。

他换了个更舒适的姿势。

"我不知道。先生知道。"

"先生也不知道。"我果断地大声说道。

他坐了起来。

"哎呀！"

我让查尔斯暂停拍摄帆船航行的特写镜头，然后回到船舱，从工具箱里找出地图。我们带了两张地图，其中一张大的印度尼西亚全域地图是我从航运公司那里求来的，上面只标注了一些必要的信息。地图所示的科莫多只是一个小小的点，不足八分之一英寸长。另一张地图是科莫多岛详细的地形图，是我根据一本科学专著临摹的，这本书非常详细地介绍了科莫多岛及其周围的小岛，但只涉及弗洛勒斯岛的最顶端。在看到科莫多岛之前，它对我们没有任何用处。

我们给船长看了印尼地图。

"船长，你认为我们现在在哪儿？"

"不知道。"

"或许他根本看不懂地图。"查尔斯提醒我说。

我不辞艰辛地用手指着地图上的每一座岛屿，读出它们的名字。

"明白吗？"我轻声地问道。

船长使劲点了点头，用手指着婆罗洲。

"科莫多。"他不假思索地说道。

"不对，"我悲伤地说道，"幸好不对。"

那一天，我们在逐渐减弱的海风中继续航行。查尔斯和我接管导航任务，至少我们能根据太阳的位置判断大致的方向，夜幕降临后，还能跟着南十字座继续前行。我们正一点点接近南边的陆地。最后一次靠近海岸的时候，那里是一片连绵起伏的群山，郁郁葱葱的山谷一直延伸到长满椰树的海岸。然而，现在这里的景色已经完全改变。群山被低矮的圆形小山丘所取代，上面覆盖着浅棕色的草皮，几棵高大的棕榈树如同巨大的橄榄绿色帽针一样矗立其中，彼此间隔很远。尽管如此，我们还是决定假设它就是弗洛勒斯。这几乎不可能是其他的岛，除非我们夜里驶过科莫多，现在已经到松巴哇岛附近了，这似乎是不可能的。

中午，一个令人困惑的岛屿群横亘在我们前方。在群岛的北面，也就是我们船首右舷的方向，小岛分布得很稀疏。距离我们最近的是被珊瑚礁围起来的小块土地，而最远处的岛则是地平线上隆起的一个鼓包。然而，在群岛的南部，岛屿分布得更为密集。垂直的悬崖、参差不齐的锥形山和形状不规则的群山，在逐渐消散的薄雾中若隐若现，很难判断哪儿是一座岛的尽头和另一座岛的起点，也很难弄清楚哪里是海峡蜿蜒曲折的入口，哪里只是一道深深的海湾。既然已经到了这个地步，我们必须选择其中一条水道作为弗洛勒斯海峡的终点，选择另外一条作为把我们带到南部宽阔海湾的通道，那里是科莫多岛唯一安全的锚地。

真是赶巧了，我们刚进入这个令人困惑的迷宫的边缘时，海风就停了。现在，我们一动不动地漂在如玻璃般平滑的海面上，有足够的时间做选择。

这里的水很浅。透过波光粼粼的海面，可以看到海底厚厚的珊瑚。我们戴上面罩和呼吸管跳入水中。因为以前经常游泳，所以尽管水下世界在尺度、颜色、声音或动态上和水上大不相同，但是这种感觉对我们来说并不新鲜。潜入水底我们才发现，原来这里的珊瑚礁如此壮丽。在水晶般的海水中，我们好像脱离肉体，失重似的肆意遨游。海底粉色、白色、蓝色的珊瑚或长成圆丘状，或长成针状，或长成放射线状。它们有的像嶙峋的石头灌木丛，有的像巨大的砾石，表面则像大脑一样沟壑纵横。除此以外，还有一些独立的、自由生长的群落像白色的餐盘一样，分布在一簇簇如灌木丛般的珊瑚间。

紫色的柳珊瑚从其他珊瑚上发出枝来，蔚为壮观。这里到处都是海葵，其体型如此巨大，对于只在更冷的水域中见过它们的人来说简直难以想象。它们五颜六色的触须形成了一条几英尺宽的地毯，当海流经过时，它们如同一片随风摇曳的玉米。

鲜活的皇家蓝海星在珊瑚丛之间的白沙上闪烁着。凶猛的库氏砗磲将四分之三的身体埋在沙里，张开皱巴巴的外壳，露出鲜绿色的肉质外套膜。我用棍子轻轻地戳了一下，它的外壳无声无息地闭上，像老虎钳一样紧紧地夹住棍子，整个过程非常迅速。砗磲和海星中间躺着一群长有粉红色斑点的黑海参。成群的鱼儿在水中游动。

生活在珊瑚礁中的众多生物初看上去毫无规律可循，然而很快我们便意识到这些生物之间有着微妙的内在联系。鱼群中最亮眼的那一种只在稀疏的珊瑚丛之间出没，它们是一种微小的生物，有着强烈而耀眼的蓝色，看起来几乎是炽热的。尤氏鹦嘴鱼的下颌布满黄色的纹理，它们只在粉红色的鹿角轴孔珊瑚中游荡，在那里用小嘴啃食珊瑚虫，那是它们最主要的食物。一种体型较小、外形精致的绿鱼，通常以二十多条的数量组成一个小群体，它们只在自己固定的鱼群里活动，除此以外，每个鱼群都有一块自己专属的领地。我们靠近时，它们四散而逃，但是当我们离开后，它们会再一次回到自己的领土上。要是能在海葵丛中发现橙色的雀鲷就太棒了，它们能在海葵的触须间自由穿梭，而且不会受到任何伤害，这种技能完胜那些冒险靠近海葵的鱼类。

我们的冒险被一阵大风终结。小帆船再次开始向东航行，可我们不愿这么快就与珊瑚礁作别，于是我们把绳索套在船舷上，抓着悬在水里的绳子，让船慢慢地拉着我们掠过礁石。我们发现每前进 1 码，海底就会出现新奇的变化。珊瑚离我们越来越远，深绿色的海水突然间变成了深深的靛蓝色，海底消失在看不见的深水中。我们带着遗憾爬上船，因为深海里可能会有鲨鱼。

我们趴在热乎乎的甲板上，将地图铺在面前，试图把上面斑斑点点的色块与身边数不清的岛屿一一对应。船长蹲在我们身后，并没有帮什么忙，只是在我们的肩上不住地叹息，悲观且沮丧地喃喃自语着。

后来，我们认定右舷方向那个远离群岛的孤岛，是地图顶端标注出来的岛，因为它们的情况非常相似。这个假设可能不正确，我们看到的岛或许根本不在地图上；但是不管如何，这是目前能找到的唯一解决方案，我们决定将其作为寻找路线的基准。最终，我们到达两岛之间的豁口，希望这是通往科莫多岛的入口。我问船长是否认同，他摊开手耸了耸肩。"或许吧，先生。我不知道。"

如今，唯一能做的只有不断地尝试。

接下来的三个小时是这次探险中最惊险的时刻。如果我在看地图时更仔细、更明智，我就能做更多的准备。弗洛勒斯、科莫多和松巴哇岛是一条长数百英里的岛链的一部分，正是这条岛链将弗洛勒斯海和印度洋分割开来。因此，这条岛链上缺口处的潮汐会异常凶猛。我们正朝着其中的一个缺口驶去。

天逐渐暗下来，和风吹拂，在我们晃晃悠悠地朝南航行时，船帆被吹得鼓鼓的。我们对此感到特别开心，如果海风一直这样吹，我们晚上就能抵达科莫多海湾。突然，船帆开始吱吱作响，海浪剧烈地拍打着船头，在这些声响中，我们听到一阵来势汹汹、持续不断的咆哮。只见前方几码远的地方，海水在向南的烈风和向北的激流的夹击下，被撕得粉碎，形成一个个漩涡，周围激起一堆白色的泡沫。我们猛地冲进一个漩涡，凶猛的撞击不仅让船上的每一根木头都在晃动，还让小船偏离原来的航线整整20度。船长立马冲到船头，纵身跃上船首斜桅，紧紧抓住绳索，在翻滚的海水的轰鸣声中，对着舵柄旁的哈桑大声地发号施令。船上的其他人则奋力地撑住竹竿，以防小船触礁。

小船摇晃得非常厉害，我们唯一能做的就是在颠簸的甲板上站稳。大家拼命地把竹竿插到礁石上，湍急的海水几乎要把它们从我们手上夺走。我们全力以赴地投入与海水的战斗中，直到小船最后在大风的驱使下挣扎着脱离漩涡，驶入更深的水域。这里的水流仍然很危险，但是我们无能为力。直到现在，我们才有时间集中精力和感到害怕。返航是不可能的，海风正从船后吹来；如果现在决定返回，只能采取一种自杀式的做法，那就是卷起船帆，放弃与潮汐的搏斗。我们义无反顾地继续前行。没过几秒钟，小船被吸入另一个漩涡，不停地起伏。

这场战斗持续了一个小时，我们所有的注意力都集中在大海上。幸运的是，帆船吃水很浅，躲过很多深水的礁石；那些离水面很近的礁石足以摧毁我们，然而激起的乳白色浪花又让它们非常显眼，在哈桑熟练的操作下，帆船巧妙地避开它们。大风不停地刮着，我们祈祷它能一直持续下去，一旦风力减弱，我们根本无法在汹涌的潮水中取得任何进展。

呼啸而过的海水和绷紧的船帆让我们产生一种错觉，以为行进的速度非常快，其实不然；如果以海岸作为参照物，现在的船速慢得可怜。最后，小船终于通过海峡中最窄的一段。前面的水道越来越宽，漩涡也越来越少。尽管如此，我们还是不敢冒险进入海峡中部，天已经黑透，我们不指望在这样的环境下，提前躲避那些被海浪标记的礁石。船长决定靠岸。我们慢慢地强行绕过一个岬角，进入另一片水域，虽然那里水流湍急，但和我们刚刚途经的漩涡相比，简直算是平静了。当我们筋疲力尽地靠在竹竿上时，我仍然觉得有机会在当晚抵达科莫多海湾。前面是一个小小的海岬，海岸沿着它缓缓地上升。就在我们即将抵达时，水流突然静止。小船悬浮在那里，既不前进也不后退。我们打算用仅存的力气将它撑上岸。起初，我们还按英尺计算前进的距离，后来干脆改成英寸。前方50码的水面看上去很平静。如果我们能通过这个小岬角，所有的困难都将终结。我们又撑了一个小时。

最后，大家都精疲力竭，只好放弃，任凭水流压制海风作用在船帆上的推力。小船慢慢向一个小海湾退去，偏离主要的水流，后面是垂直的崖壁。我们抛下船锚，安排两个人拿着竹竿站在船上，避免小船触礁，其余人则躺在甲板上睡觉。我们谁也不知道旁边的岛屿是不是我们魂牵梦萦的科莫多岛。

第十八章　科莫多岛

当第一缕曙光照射到海面时，我挣扎着从睡了三个小时的甲板上爬起来，伸了伸僵硬的四肢。查尔斯和哈桑还在值班，只见他们靠在客舱的舱顶上昏昏欲睡。尽管此时潮水已经退去，小船再也没有像昨晚那样被冲到礁石上的危险，但是他们仍然手持竹竿随时待命。萨布朗端着一锅加了消毒片的咸咖啡走来，我们满怀感激地小口啜饮。这时太阳在背后的地平线上露出一角，暖暖地照在我们半裸的身体上。阳光同样照亮了我们面前那三座轮廓参差不齐的小岛，这些小岛像屏风一样矗立在一排更遥远、更朦胧的山前。左边 2 英里外的地方有一条海岸线，岸上是一座近乎对称的金字塔形山。海岸线向那三座岛屿延伸而去，只不过还未抵达小岛便没入海中，留下一条狭窄的缺口。我们推测这一定是通往印度洋的门户。我们希望右边的那块陆地，也就是昨晚我们避风的地方，就是科莫多岛。

这是我们第一次在白天目睹它的全貌，我扫视了一下头顶上那长满青草的陡峭斜坡，幻想着能有一个布满鳞片的巨蜥脑袋从岩石后面伸出来。

现在，海面风平浪静。我们用竹竿慢慢地把船撑离海湾。海峡中心的海水仍在猛烈地涌动着，没有海风提供动力，我们不敢冒险进入更深的水域，只能继续在海岸边撑竿前进。根据地图，我和查尔斯断定前面那排如屏风一般的小岛守卫着进入科莫多海湾的入口。当我们离小岛还有 1 英里远的时候，海水变浅了，船的龙骨被海床刮得嘎嘎作响。如果不涨潮的话，我们就无法前进。

在甲板上静坐三个小时，等待奇迹发生，实在是太煎熬了。我和萨布朗丢下查尔斯、船长及其他船员，爬到独木舟里，打算划到前面确认一下小岛背面是否存在海湾。

我们朝岸边划去。水底长着茂密的珊瑚，与我们的独木舟经常只相距几英寸。偶尔也有几个硕大的如岩石一般的脑珊瑚，能长到距离海面不足 1 英寸的地方。如果我们不小心撞到它们，小独木舟肯定会倾覆，半裸的我们很有可能被扔进由鹿角轴孔珊瑚组成的"石林"里。然而，萨布朗是一位出色的独木舟大师，他能早早地预见前方的危险，轻轻一挥桨，就把独木舟转到安全的方向。当我们挥桨时，一种长约 12 英寸的细长的鱼三三两两组成一群，从前面的水里一跃而起，在水面上肆意嬉戏。它们的身体与海面成 45 度角，只有尾尖在水里快速地摆动着，驱动它们前进。它们会以这种姿势在海面游行几码，然后钻进水里消失不见。

不一会儿，我们抵达那条由三座小岛组成的岛链。当我们穿过右边那座岛和大陆架之间的海峡时，一个壮丽的海湾豁然展现在我们面前。海湾四周是光秃秃的褐色山脉，陡峭而荒凉。远处有一条细长的白色曲线环绕着海湾的紫色水域，那是一片洁白的沙滩。在它上方的山脚下，一片深绿色映入眼帘。我们猜测那是一片棕榈树林，可能用于遮蔽村庄。我们急切地向海湾更深处划去。没过多久，我们看到了架在海滩上的独木舟，以及棕榈树之间的几间灰色茅草屋。现在，我们可以拍着胸脯说，过去几天的航行方向是完全正确的。这一定是科莫多岛，因为它是整个群岛中唯一有人居住的岛屿。

　　我们把独木舟拖上沙滩，一群光着屁股的小孩站在岸上围观。我们穿过满是珊瑚和贝壳的沙滩，朝木屋走去。这些木屋建在一排干栏上，位于沙滩和陡峭的崖壁之间。其中一间小屋前蹲着一个老妇人，她身边铺着一块粗糙的棕色纱布。她从篮子里取出干瘪的贝壳肉，小心翼翼地把它们摆在纱布上，一排一排的，特别整齐，这样它们就能在烈日下晒干。

　　"早上好，"我说，"请问帕丁吉家在哪里？"

　　她抬起满是皱纹的脸，眯着眼睛捋了捋面前灰白的长发。看到村里来了两个陌生人，她没有流露出任何惊讶的神情，只是指了指远处的一间小屋。那间屋子比周围的要大一些，也没有那么破旧。我们赤着双脚径直走过去，脚下的沙子热辣辣的，一路上只有孩子和几个老妇人关注我们。帕丁吉站在小屋门口迎接我们。他是一位年长的男人，下身围着一条干净漂亮的纱笼，上身穿着一件白衬衫，额头上戴着一顶黑色的礼拜帽。尽管牙齿已经掉光，但他还是咧开嘴露出热诚的笑容，同我们两人握手，随后将我们邀请到屋里。

我们进屋后才意识到为什么在村里没遇到几个人，只见小屋的地上铺着藤席，上面坐满了男子。5 码见方的房间里除了一个华丽的大衣柜外，几乎没有其他任何家具，即使这样，大衣柜上贴的镜子还是斑驳不清。房间有三堵木制的墙，正对着门的那一面则是一块用棕榈叶编织的屏风。屏风的一边挂了一块脏布，正好遮住通往小屋另一侧的通道。后来我才知道，那里是做饭的地方。四个年轻的女人躲在布帘之后，小心翼翼地掀起一角，睁着铜铃般的大眼睛偷瞄我们。帕丁吉示意我们坐在地板中央的一小块空地上。一个女人掀起帘子，踏着小碎步艰难地穿过拥挤的男人。她象征性地弯着腰，努力让自己的头低过男人们的头，这是一种传统的表示尊重的方式，然后她将一盘炸椰子糕摆在我们面前。另一个女人拿着几杯咖啡紧跟其后。帕丁吉面对着我们盘腿坐下来，与我们一起享用食物和饮料。结束漫长的问候之后，我开始尽我最大的努力，以他们听得懂的话语介绍我们是谁，来这里的目的是什么。如果遇到不会用马来语表述的词汇，我会向身边的萨布朗寻求帮助。他总是能猜到我想要表达的意思，然后立即提示我。然而，有时为了找到更合适的单词，我们会出现一些小意外，进行一场匆忙的磋商；有时我也会在没有提示的情况下，创造一些新的单词或短语，萨布朗会微笑着用英语低声地说"很好"，以示鼓励。

帕丁吉一边听，一边笑着点头，我给大家分发了香烟。大约半小时后，我不失时机地和他们谈一些实质性的问题，请他派人支援我们在浅滩上搁浅的帆船。

"先生，是否有人可以到我们的船上，然后带着它驶过暗礁？"我说。

帕丁吉笑了笑，随即点头表示同意。"我的儿子哈林可以。"

然而，他显然不认为这事非常急迫，而是又让人端上更多的咖啡。

帕丁吉换了一个话题。

"我生病了，"他说着，伸出了裹着白泥、肿胀得很厉害的左手，"我抹了很多这种药泥，却一直没见它有所好转。"

"船上有很多很好的药。"我说道，希望把他的思路引回我们急需解决的问题。他轻轻地点点头，然后要求看看我的手表。我解下手表递给他，他仔细研究一番，又传给其他人，他们羡慕地看着，还放在耳边听听。

"非常好，"帕丁吉说，"我很喜欢。"

"先生，"我回应道，"这个不能送给您。这块手表是我父亲送我的礼物。不过，"我明确地补充说，"我们船上有很多礼物。"

这时他又命人端上来一份炸椰子糕。

"你们拍照吗？"帕丁吉问道，"有一次我们这儿来了一个法国人。他会拍照。我非常喜欢。"

"我们也拍照，"我答道，"我们船上有照相机，等船一到，我们就给大家拍照。"

最后，帕丁吉认为和我交流的时间足以满足海关的要求，便结束了这漫长的对话。大家从小屋鱼贯而出，走到沙滩上。他指了指架在海岸边的有舷外支架的独木舟。

"那是我儿子的船。"帕丁吉说完便离开了。

与此同时，哈林脱下他最好的纱笼，换上工作服。我和萨布朗帮他把独木舟推到海里，此时距离我们登陆已经整整过去两小时。此外，还有六个人加入我们的行列。我们竖起竹桅，然后扬起一张宽松的长方形船帆。借助强劲的海风，独木舟在波涛起伏的海面上急速向我们的小船驶去。

我们离开后，查尔斯并没有闲着，而是一直在拍摄海岛的风景。他的摄像机和镜头散落在前甲板上。这群科莫多男人一上船就兴奋地抓住它们。我们见状赶忙解释道，他们不能这样做，然后迅速地把所有设备打包好，放入船舱。这群人缓慢地移到了船尾。当我们从船舱出来时，他们正坐在甲板上同船长和哈桑聊天。哈林手里拿着我们那罐珍贵的人造黄油，我确信上次看到它时，它还剩下四分之三。

他用手从罐底抠出一大块黄油，涂抹在他那乌黑的长发上。我环顾一下其他人，他们不是在按摩头皮，就是在舔手指。我清楚地看见黄油罐空了，这意味着我们失去了所有可以用于烹饪的油脂，也就是说，即使我们想换个口味吃个炒饭，也不可能了，以后只能吃白米饭。

我气得想骂人，但是又有什么意义呢？一切都太迟了。

此时，不明所以的哈林开口了。

返回我们的帆船

"先生，"他用油腻的手指擦着头皮说道，"你有梳子吗？"

晚上，小船安全地停在平静的海湾里。我们一行人坐在帕丁吉的小屋里详细讨论着接下来的计划。帕丁吉称呼这些巨蜥为 *buaja darat*——陆地鳄鱼。据他说，岛上有很多巨蜥，由于数量太多，以至于经常有一些巨蜥跑到村里的垃圾堆觅食。我问村子里有没有人猎杀它们。他使劲地摇了摇头，表示巨蜥肉不如野猪肉鲜美，况且这里的野猪很多，没有必要猎杀它们。他随即补充道，不管怎么说，它们都是非常危险的动物。几个月前，一个村民从灌木丛中走过，不小心踩到躺在白茅草里的科莫多巨蜥，原本一动不动的巨蜥突然甩起有力的尾巴，把他掀翻在地。腿部受到剧烈抽打的村民根本无法逃跑，巨蜥转过身来对着他就是一阵撕咬，他伤得特别严重，在同伴们发现他之后不久就死了。

我们表示想拍关于巨蜥的照片，便问帕丁吉应该怎样做才能吸引到它们。他毫不迟疑地说道，这些家伙嗅觉非常灵敏，在很远的地方就能追踪到腐肉的气息。晚上，他会去宰杀两只山羊，第二天一早让他儿子把它们带到海湾的另一边，那里有很多巨蜥，一切会非常顺利。

这是一个晴朗的夜晚，南十字座在齿轮状的科莫多岛上空闪烁着光芒。我们的帆船在平静的海湾里轻轻地摇曳。萨布朗设法从村里弄来二十多个鸡蛋，做了一份巨大的煎蛋卷，搭配一份清凉的、略带泡沫的椰奶，这是近一周以来我们第一顿没有米饭的晚餐。晚餐过后，我和查尔斯把双臂枕在头下，躺在甲板上看着陌生的星座在天空中盘旋。几颗巨大的流星划过漆黑的苍穹，留下耀眼的尾迹。断断续续的锣声越过黑黢黢的水面，从村里传到甲板上。我无数次幻想着明天早上可能会发生的事情，激动得直到深夜才睡着。

我们在拂晓便起身，用独木舟把所有的设备运上了岸。我原本希望早点动身，然而哈林却耗费近两个小时才做好航行的准备。他又从村里临时召来三个村民帮我们搬运装备。在大家的通力合作下，

15英尺长的、有舷外支架的独木舟被推入水中。随后，我们一行人把摄像机、三脚架和录音机，以及两具挂在竹竿上的山羊尸体装运到他的独木舟上。

当我们乘坐独木舟穿越海湾时，太阳早已高高升起，照亮了前方的棕色山脉，海水在竹制的舷外支架上激起白浪。哈林坐在船尾，手里拿着一根系在长方形船帆上的绳索，随时调整帆身，以适应多变的风。不久，我们航行至一处陡峭的岩壁下。一只雄伟的海雕站在我们上方凸起的岩石上，栗色羽毛在阳光的照射下熠熠生辉。

我们在一条峡谷的入口处登陆。峡谷里灌木丛生，低矮的灌木从山脚一直延伸至此，山坡上则光秃秃的，仅覆盖着一层草皮。哈林在荆棘丛中开辟了一条路，把我们带入内陆。我们走了一个小时，偶然会穿过一片片稀树草原。开阔的草地上长着几棵高大的糖棕，它们细长的柱状树干直到50英尺以上的地方才开始分叉，长出浓密的如羽毛般的树叶。草原上有很多死去的枯树，没有树皮的树干在太阳的炙烤下已经开裂。这里除了昆虫聒噪的鸣叫，以及一群受到惊吓、四处逃窜的葵花鹦鹉的尖叫声之外，没有任何生命的迹象。我们蹚过一座泥泞的咸水潟湖，然后继续穿过灌木丛，朝山谷的更深处行进。岛上的气候异常炎热，低矮的云层笼罩在半空，似乎在阻止热量离开炙热的大地。

我们最终来到一道干涸的、满是砾石的河床，它如同一条大道一样宽阔而平坦。两边的河岸高出河床约15英尺，覆盖着虬结的树根和藤蔓。岸上长着高大的树木，树枝不断生长，越过河床与对面的树枝会合，形成一条高大宽敞的隧道，一直到河道的尽头。

哈林停下来，放下扛着的设备，说道："就在这儿吧。"

我们首先要做的，是制造能够吸引巨蜥的气味。山羊的尸体在高温下已经轻微腐烂，肿胀得像一面鼓一样。萨布朗在每只山羊的底部划一道小口，一股恶臭的气味喷涌而出，发出咝咝的声响。接着，他割下一些羊皮，放在小火上烘烤。哈林爬上一棵棕榈树，砍下几片树叶；查尔斯用这些棕榈叶搭了一个简易的掩体；我和萨布朗把山羊尸体固定在 15 码外的河床上。一切准备就绪后，我们躲到棕榈叶后静静地等待。

没一会儿，天上下起小雨。雨水轻轻地拍打着我们头顶的树叶。哈林摇了摇头。

"不好，"他说道，"巨蜥不喜欢下雨。它会待在家里。"

我们的衬衫越来越湿，雨滴在我的后背汇集成一道水柱，缓缓向下流，我开始觉得巨蜥比我们明智得多。查尔斯把他所有的设备密封在防水袋里。空气中弥漫着山羊肉腐烂的气味。雨很快停了，我们离开不断滴水的掩体，坐在宽阔的河床上晾晒湿漉漉的衣服。哈林忧郁地认为巨蜥不会离开巢穴，除非太阳完全出来，微风把周围腐烂的山羊肉散发的气味吹到它们的洞里。我闭上眼睛，苦闷地躺在河床柔软的砾石上。

当我再次睁开眼睛，我惊奇地发现自己竟然睡着了，环顾四周，原来不仅是我，查尔斯、萨布朗、哈林，以及其他所有人都睡得很熟，他们或是把头枕在彼此的膝盖上，或是枕在我们的设备箱上。

等待科莫多巨蜥

我突然意识到，如果巨蜥不顾雨天，贸然跑出来，把所有诱饵都叼走，那也是我们活该。幸运的是，山羊安然无恙地躺在那里。我抬起手腕看了看表，现在是下午三点。虽然雨已经停了，但云层仍然没有任何消散的迹象，巨蜥今天被引诱出来的可能性不大。我们要离开一夜，我想至少要搭建一个陷阱。时间非常宝贵，所以我叫醒了所有人。

在过去的几周里，我和查尔斯经常与萨布朗讨论捕捉科莫多巨蜥的陷阱的最佳搭建方案。最后，我们决定采用萨布朗在婆罗洲猎捕豹子时用的那种陷阱。它的最大优点是，除了一段粗壮的绳子外，制造它所需的材料都能从森林中找到。

陷阱的主体部分是一个大约 10 英尺长、带有顶棚的矩形围墙，只要有木头，这很容易建造。哈林带着其他几位村民，从岸边的树上砍了一些结实的枝干。我和查尔斯挑了最结实的四根，用一块大石头把它们夯进河床，作为陷阱的四个角柱。与此同时，萨布朗爬上一棵高大的糖棕，砍下几片扇形的大叶片。他把它们的茎劈开、压碎，在一块巨石上不停地敲打，让叶片中的纤维变得柔韧，再把析出的纤维用力地捻在一起，最后递给我们一根结实耐用的绳子。我们用这些绳子在角柱之间绑上长长的水平木杆，然后在有必要的地方再插上一些木棍，用于加固。半小时后，我们搭起了一个一端敞开的矩形箱子。

接下来要做的是陷阱的门。我们用萨布朗的绳子把木桩绑在一起，垂直的木桩的底部被削得很尖，当门落下的时候，它们会深深地扎进泥土里。我们设法让陷阱最下边的横木与角柱部分重合，陷阱被触发后，科莫多巨蜥将无法从里面把它推开——如果我们能逮住一只的话。最后，我们把一块大石头拴在门上，门只要落下就很难被抬起来。

一切准备就绪，只差一个触发装置。我们先把一根长杆插入陷阱的顶部，固定在靠近陷阱封闭端的土里，再将两根木杆斜插在门的两侧，交叉系在门的正上方。我们把绳子的一端绑在门上，用于把门拉起来，又让另一端穿过交叉的木杆，拽到插在土里的立柱上。我们并没有把拉起门的绳子直接绑在立柱上，而是把它拴在一根大约6英寸长的小木棍上，再将它贴着立柱竖起来，用藤蔓捆上两圈，一圈靠近顶端，一圈靠近底端。门的重量将绳子拉得很紧，也防止藤蔓从立柱上滑落。然后，我们把一小段绳子系在下面的圈上，穿过陷阱的顶部，在里面绑上一块羊肉。

我将棍子插进笼子的栅栏，猛地戳了一下诱饵，触动绳子。连在绳子另一端的藤蔓从立柱上脱落，由于受力不均，小棍子飞了起来，陷阱另一侧的门砰的一声落下。实验成功，陷阱完成验收。

捕捉科莫多巨蜥的陷阱

最后，我们在陷阱的两边堆满巨石，即使科莫多巨蜥把鼻子插进最下面的柱缝，也没那么大力气把整个陷阱连根拔起。接着，我们又用棕榈叶把封闭的一端围起来，这样巨蜥只能从敞开门的一侧看到诱饵。

做好陷阱之后，我们把剩下的山羊尸体拖到树下，用绳子把它吊在一根突出的树枝上，这样一来，它们不仅不会被吃掉，而且散发出的气味还会在山谷里弥漫，把科莫多巨蜥吸引到陷阱这边。

我们收拾好所有的装备，在细雨中走回独木舟。

晚上，帕丁吉在家里款待我们。我们坐在地板上喝着咖啡，抽着烟，首领则陷入沉思。

"女人，"他说，"在英国要多少钱？"

我不知道该如何回应。

"我妻子，"他悲伤地补充道，"花了我两百卢比。"

"哎呀！在英国，有时男人和女人结婚，女方的父亲会给男人很多钱！"

帕丁吉很惊讶，然后他装出一副一本正经的样子。

"不要把这件事告诉科莫多的人，"他严肃地说，"要不然他们会驾着独木舟跑到英国去。"

后来，话题转移到我们乘坐的帆船，特别是船长。我们抱怨来这儿所遇到的困难。

他吸了吸鼻子。

"那个船长，他不是好人。他不是我们这些岛屿上的人。"

"那他从哪里来？"我问道。

"来自苏拉威西。他从新加坡走私枪支，在望加锡把它们卖给叛军。后来政府的官员发现了，所以那个船长航行到弗洛勒斯就不会回去了。"

这就解释了很多问题——为什么船上没有渔具，为什么船长不知道科莫多的位置，为什么他不愿意让我们给他拍照。

"他和我说，"帕丁吉欲言又止，"你们离开的时候，村子里的人也许能和你们一起航行。"

"太棒了。我们非常欢迎他们的加入。他们想去松巴哇吗？"

"不是这样的，"村长无所谓地说道，"船长说你们有很多钱，还有很多值钱的东西。他说，如果有人愿意帮助他，他会从你这里得到更多的好处。"

我笑了笑，感到一丝不安。"他们来了吗？"

他若有所思地看着我。

"我不认为有人愿意来，"他回答，"你知道的，我们有很多活要做，他们也不想离开家人。"

第十九章　科莫多巨蜥

第二天早晨，我们横渡海湾的时候，天空万里无云。哈林坐在独木舟的船尾，笑呵呵地指着炽热的太阳。

"太好了，"他说，"阳光充足，山羊散发的臭味会很浓，应该会有很多巨蜥的。"

我们在河口的灌木丛登陆。我迫不及待地想回到陷阱那儿，或许昨晚已经有巨蜥进入陷阱。我们一行人穿过灌木丛，来到一片开阔的稀树草原。队首的哈林突然停了下来。"巨蜥！"他兴奋地喊道。我赶忙走过去，正好看到草原的另一边，大约在 50 码开外，有一个迅速移动的黑影沙沙作响地钻进荆棘丛中。我们飞奔过去，那条科莫多巨蜥尽管已经爬走，但是留下了移动的痕迹。昨天的雨水汇集在草原上的浅水坑里，被早上炽热的阳光蒸发殆尽，只留下一个个光滑的泥坑。我们瞥见的那条巨蜥爬过其中一个坑，留下一组完美的足迹。

它的四肢曾陷进泥里，留下深深的爪痕，中间有一条来回摇摆的浅痕，表明这家伙在此处拖着尾巴前行。从这些脚印的间距及陷在泥里的深度，我们断定这一定是一条健壮的成年巨蜥。尽管对这个家伙的了解仅限于此，但我们已经非常兴奋。我们终于亲眼见到这种萦绕在我们脑海中好几个月的神奇而独特的生物。

我们不再纠结于这个痕迹，而是穿过灌木丛，匆忙赶往陷阱。当看到一棵距离河床不远的高大枯木时，我差点抑制不住跑过去的冲动。但我转念一想，在离陷阱这么近的灌木丛里横冲直撞，是一件非常愚蠢的事情，或许此时正有一条科莫多巨蜥围着我们的诱饵打转。我示意哈林和其他人在原地等着，让查尔斯准备好他的摄像机。我和萨布朗如履薄冰地穿过灌木丛，每走一步都小心翼翼，生怕踩断地面的树枝。葵花鹦鹉尖锐的叫声和昆虫的窸窣声此起彼伏。远处传来一种更简短、更有野性的鸟叫声。

"*Ajam utam*，那是原鸡。"萨布朗小声说道。

我扒开灌木丛，透过缝隙窥视着空旷的河床，陷阱就在我们下方几码远的地方。它的大门仍然高高地挂着。我环顾四周，根本没有巨蜥的踪影，内心不禁涌起一阵失望。我们小心谨慎地爬到河床上，去检查陷阱。我想或许是机关失灵了，诱饵已经被叼走。然而，山羊腿完好地挂在陷阱里面，上面爬满苍蝇。四周光滑的沙地上，除了我们自己的脚印外，没有任何痕迹。

萨布朗原路返回，把帮忙的村民召集起来，搬来摄像和录音设备。查尔斯则开始着手修补昨天搭建的掩体，我沿着河床走到拴着诱饵的大树旁。令人高兴的是，树下的沙子被弄乱了，显然，早些时候，这里有什么东西想抓住诱饵。走到这里我才恍然大悟，河床上的陷阱之所以没有奏效，是因为气味不够浓。这堆腐肉产生的臭味比陷阱里的那块要强烈得多。尸体上覆盖着一层漂亮的橙黄色蝴蝶，食用腐肉的时候，它们不停地扇动着翅膀。我悲伤地意识到，这才是大自然，它常常打破我们对野生动物的浪漫幻想。热带雨林中最迷人的蝴蝶不是为了寻找美丽的花朵而飞翔，而是为了从腐肉或粪便中寻找食物。

我解开绳子，放下山羊尸体，上面的蝴蝶一哄而散，和一群在我的脑袋周围嗡嗡叫的黑苍蝇混在一起。这气味实在让人无法忍受。体积大的尸体显然比陷阱里的诱饵更具吸引力，这次我们的主要任务是拍摄巨蜥，所以我把肉拖到河床上，确保掩体里的摄像机可以清楚地拍摄到它。随后，我把一根结实的木桩深深地钉在河道里，把山羊牢牢地绑在上面；这样一来，巨蜥就无法把它们拉到灌木丛里去了，如果想吃东西就只能在我们的镜头下吃。做完准备工作，我走到查尔斯旁边，和萨布朗一起坐在屏风后面等着。

太阳炙烤着大地，一束束光线穿过树枝间的缝隙，在河床的沙地上投射出斑驳的光影。我们尽管躲在灌木丛中，但是依然能感觉到滚滚热浪，身上大汗淋漓。查尔斯不得不在额头上绑一条大手帕，以防汗水滴到摄像机的取景器上。哈林和其他人悠闲地坐在我们身后聊着天。其中一个人划了一根火柴，点了一根烟。另一个人挪了挪身子，坐在一根树枝上，树枝啪的一声折断了，我觉得那声音比手枪的射击声还要大。我气得转过身来，把手指抵在嘴唇上，示意他们小声点。他们因我的动作怔住了，陷入沉默。我焦急地透过窥视孔看向诱饵，但几乎与此同时，又有人说话了。我转过身来，急促地低声对他们说话。

"不要出声。回船上去吧。工作结束后，我们会到那里找你们。"

他们看上去有点难过——也许是因为他们知道（然而当时我并不知道）科莫多巨蜥的听力非常差，这点声音根本不会惊扰到它们。尽管如此，他们发出的噪声也会让我分心。当他们站起来消失在灌木丛中时，我松了一口气。

这下子终于安静了，我只能听见一只雄性原鸡在远处不住地啼叫。空旷的河道上，一只上半身是紫红色，下半身是绿色的果鸠收拢翅膀，像子弹一样飞来飞去，除了它在空中发出的几声哨声外，再也没有其他声音。我们一动不动地等待着，摄像机已经上好胶片，备用的胶片和一组镜头放在旁边。

我趴在地上，一刻钟后觉得越来越不舒服。没有办法，我只能轻轻地把重心挪到胳膊上，舒展我的双腿。查尔斯蹲在他的摄像机旁边，摄像机的黑色长镜头穿过棕榈叶编织的屏风。萨布朗蹲在他的另一边。尽管我们隐藏的地方距离诱饵足足有 15 码远，但我们还是能闻到一股恶臭。

我们一言不发地坐在那里等待，半个小时后，身后突然传来一阵沙沙的响声。我很生气，心想一定是那几个人又回来了。我扭过身去，打算告诉孩子们不要着急，回船上等我们。查尔斯和萨布朗仍然紧紧地盯着诱饵。我转过四分之三圈，才发现那声音不是人发出的。

一条巨蜥趴在距我不足 4 码的地方，正面对着我。

它真是一个大家伙，我猜它从头到尾至少有 10 英尺长。它离得实在太近，以至于我可以清清楚楚地看到它身上的每一块鳞片。它那粗糙的黑色皮肤特别松弛，两侧垂着长长的水平褶皱，强劲有力的脖子周围也是皱巴巴的。它庞大的身子被弯曲的四肢抬离地面，头高高昂起，不时地发出恐吓，狰狞的嘴角向上弯曲，好像是挂着轻蔑的微笑，粉黄色的分叉的舌头在半闭合的嘴里不停地吞吐。我们和它之间除了几棵刚从枯叶里长出的小树苗之外，没有任何屏障。我轻轻地推了一下查尔斯，他转过身来，看到巨蜥后又轻轻推了一下萨布朗。我们三个坐在地上紧紧地盯着这个怪物。它也紧盯着我们。

我的脑子飞快地转着。至少在当前的情况下，它没有办法施展它最有力的武器——尾巴。我和萨布朗坐在树旁，如果它径直朝我们冲过来，到了那个节骨眼，我坚信我能很快地爬上树。至于坐在中间的查尔斯，可能会有一些麻烦。

然而，那条巨蜥除了不停吞吐长舌头外，其余的地方一动不动，如同金属铸成的雕塑一般。

我们就这样僵持了一分钟，然后查尔斯轻轻地笑了出来。

"你们知道吗？"他小声地说道，眼睛仍警惕地盯着巨蜥，"它可能已经站在那里观察了十分钟。就像我们盯着诱饵一样，它也在专注而安静地盯着我们。"

最大的科莫多巨蜥

突然，巨蜥发出一声沉重的叹息，慢慢地放松四肢，庞大的身躯应声趴在地面上。

"它似乎很听话，为什么不现在拍下它的影像呢？"我轻声对查尔斯说道。

"不行。现在长焦镜头在摄像机上，这个距离拍出来的画面上只会有它的右鼻孔。"

"好吧，那就冒着打扰它的风险换个镜头吧。"

查尔斯非常非常缓慢地把手伸进旁边的摄像机盒里，拿出短粗的广角镜头，轻轻地把它拧到摄像机上。他把摄像机转过来，仔细地将焦点对在巨蜥的头部，按下启动按钮。摄像机发出的嗡嗡声，此时此刻似乎变成了震耳欲聋的噪声。然而巨蜥毫不在意，仍然用它那一眨不眨的黑眼睛专横地盯着我们，就好像它知道自己是科莫多岛上最强的野兽；作为岛上的国王，它不惧怕其他任何生物。一只黄色的蝴蝶从我们头上飞过，落在它的鼻子上，它丝毫不予理睬。查尔斯再次按下按钮，拍下蝴蝶在空中飞舞盘旋，又落在巨蜥的鼻子上的画面。

"这条巨蜥，"我用稍大一点的声音咕哝道，"看起来有点傻。那畜生不明白我们为什么要建这个掩体吧？"

萨布朗抿着嘴笑了笑。

"是的，先生。"

诱饵的气味从我们身边飘过，我突然意识到我们正好坐在巨蜥和吸引它来到此地的诱饵之间。

就在这时，我听到河床那边传来一阵声响。我回头一看，只见一条年轻的巨蜥沿着沙地向诱饵爬去。它只有 3 英尺长，身上的斑纹比我们身旁的怪物更明亮，尾巴上有黑色的环，前腿和肩膀上有暗橙色的斑点。它以一种奇特的爬行动物步态轻快地移动着，弯曲脊梁，扭动臀部，用它那长长的黄舌头品鉴着诱饵的气味。

查尔斯拽了拽我的袖子，一言不发地指着左边的河道。又一条身形硕大的巨蜥朝着诱饵爬去，它看上去比我们身后的那条还要大。一时间，我们被这种神奇的生物团团包围。

身后的那条巨蜥再次发出一声重重的叹息，成功地将我们的注意拉回到它的身上。只见它将伸展的四肢屈起，把身体从地上支撑起来。它向前爬了几步，然后缓缓绕开我们，径直爬到岸边，顺着河堤滑到河道中。查尔斯拿起摄像机围着它转了一圈，紧接着把摄像机摆回原来的位置。

刚才还剑拔弩张的气氛瞬间消失了，我们长舒一口气，随即沉浸在无声的欢笑中。

此时，有三条巨蜥在我们面前进食，它们野蛮地撕扯着山羊肉。最大的那条用强劲的下颌直接咬住山羊的一条腿。它的个头实在是太大了，我不得不暗暗地提醒自己，它一口就能吞下一头成年山羊的一条完整的腿。它将两脚分开，开始用力向后撕扯尸体。如果诱饵没有被牢牢地系在木桩上，我相信它会轻松地把整具尸体拖到森林里去。查尔斯在一旁疯狂地拍摄着，很快拍完了所有的胶片。

"再拍一些照片怎么样？"他低声地说。

拍照片是我的任务，但是我的相机没有摄像机那么强大的镜头，如果想要获得满意的照片，我必须离得非常近。这样做可能会吓跑它们。此外，只要这些尸体在巨蜥够得着的范围内，它们就不会被陷阱里的小诱饵所诱惑，所以如果我们想要捕获一条巨蜥，就必须设法拿走那个大诱饵，将它重新挂在树上。这样说来，拍照似乎是一个吓唬它们的好办法。

我慢慢站起来，走出掩体，向前试探性地迈了两步，拿起相机拍了一张照片。巨蜥们继续吃着山羊，看都不看我一眼。我又向前迈了一步，拍了一张照片。不一会儿，相机里的胶卷就被我拍完了，我一个人孤零零地站在离怪物们不足 2 码的河床中间。除了返回掩体重装胶卷外，没有什么事可做了。尽管巨蜥们只关注它们的食物，但我在慢慢地退回掩体时，也没有冒险背对它们。

我拿着换上新胶卷的相机，更加大胆地向前走，直到距离它们不足 6 英尺的地方才开始拍照。我越走越近，最后两只脚甚至可以碰到山羊的前腿。随后，我从口袋里拿出一个人像附加镜头装在相机上。这时，3 英尺外的巨蜥把头从山羊腹腔里退了出来，嘴里叼着一块肉。它挺直身子，猛地咬了几口，囫囵吞枣般地将肉咽了下去。我跪在地上给它拍照，它一动不动地盯着镜头看了几秒，随即再次低下头，又凶猛地撕下一块山羊肉。

我再次返回掩体，与查尔斯和萨布朗商量下一步的计划。显然，近距离接触不会吓跑这些家伙。我们决定试试声音的效果。我们站起来齐声大喊，巨蜥们对此却无动于衷。最后，我们三个一起从掩体里冲出来，才打断它们用餐。两个大家伙立马转过身，笨重地爬上河岸，消失在灌木丛中。那个小家伙顺着河道溜走了。我拼尽全力追上去，试图徒手抓住它。它迅速从低洼处爬上河岸，也消失在灌木丛中。

我气喘吁吁地跑回去，帮助查尔斯和萨布朗把山羊吊到距陷阱 20 码远的树上，继续等待。起初，我还担心巨蜥一旦受惊就再也不会回来。显然，我的担心是多余的。不到十分钟，那个大家伙又出现在对面的河岸上。它把头伸出灌木丛，纹丝不动地定在那里。几分钟之后，它好像才如梦初醒，从河岸上下来。它爬到刚刚诱饵所

被诱饵吸引的巨蜥

在的地方嗅了嗅，伸出大舌头感受着空气中残留的气味。它看上去非常迷惑。它抬起头环顾四周，寻找被劫走的食物。随后，它拖着沉重的脚步沿着河床爬着，令人惊愕的是，它竟然绕过我们的陷阱，直接朝着悬挂在树上的诱饵爬去。当它走到树下时，我们才意识到诱饵绑得太低了。这个大家伙以粗壮的尾巴作为支点，将后肢直立起来，用前肢猛地向下一拉，扯出山羊的内脏。它立即狼吞虎咽地吃起来，肠子在嘴边拖出一大截。这让它很不高兴，它几次想用爪子把肠子扒拉下来，但都没能成功。

大快朵颐之后，它再次沿着河床朝陷阱的反方向蹒跚前行，并且愤怒地摇着头。它停在一块巨石边，不停地刮蹭满是鳞片的脸颊，擦干净下巴。如今，它就在陷阱附近，诱饵的气味顺着风钻进了它的鼻腔。它转过身去侦察，准确无误地找到气味的来源，径直爬到陷阱封闭的一端，然后不耐烦地用前腿猛撕，扯开棕榈叶，露出木条。它把尖尖的吻部挤进木条之间，用强有力的脖子奋力一抬。令我们欣慰的是，藤条捆绑得特别结实。最后它不得不蹒跚地爬到陷阱的门口，小心谨慎地往里面瞅了瞅。它向前走了三步。现在，我们只能看到它的后腿和巨大的尾巴。它停了下来，一动不动。后来，它走进陷阱，完全消失在我们视线中。突然，咔嚓一声，触发装置的绳套松了，大门砰的一声关上，尖尖的木桩深深地埋进了沙子里。

我们兴奋地跑过去，把石头堆在陷阱的门外。那条巨蜥傲慢地盯着我们，不停地从木栅栏中伸出分叉的舌尖。我们简直不敢相信，我们就这样实现了长达四个月的旅程的目标，尽管过程困难重重，但最终功德圆满，成功捕获世界上最大的蜥蜴。我们坐在沙滩上看着战利品，气喘吁吁地相视而笑。我和查尔斯有太多的理由品尝胜利的喜悦，但跟我们才认识短短两个月的萨布朗和我们一样高兴，我确信他不光是因为捉住了巨蜥，更是衷心地替我们感到高兴。

他搂着我的肩膀，露出最灿烂的微笑。"先生，"他说，"这真是太棒了。"

第二十章　附记

　　没有太多可说的了，因为我们已经实现了这次探险的全部目标，余波不过是和当局陷入一场不可避免的斡旋之中，让我们拍摄的影片和设备、一路搜寻的动物，当然还有我们自己离开印度尼西亚。这场战役虽然漫长且艰苦，但并没有想象中那般尖锐，这更像是我们和政府官员一起努力，抵抗那些威胁到大家共同利益的限制和法规。

　　松巴哇岛的警察让我难以忘怀。松巴哇是我们离开科莫多岛后抵达的一个港口，巴厘岛上一架飞机的发动机出现故障，导致航空公司的服务中断，为此我们要在那里休整几天。城镇里没有一家客栈还有剩余的床铺，所以我们不得不睡在机场航站楼的地板上。

　　当然，按照规定我们还得去拜访当地的警察局，一位魅力四射的警官接待了我们，他的工作就是检查我们的护照。他紧盯着查尔斯的那本护照，然后从头开始阅读内封上铜版印刷的文字："英国女王陛下的首席外交大臣请求并需要……"看完这些之后，他有条不紊地研究每一张签证和签注，然后用铅笔在一张脏兮兮的纸上做着笔记，直到他翻阅到查尔斯那张一直有问题的外籍互换表。这件事耽搁很久，但是我们有四天的时间，所以也不是特别着急。警察局为我们提供了咖啡，我们给警察们发香烟，一切都挺和谐。最后，他合上护照，把它递还给查尔斯，问道："你是美国人，不是吧？"

在松巴哇的第二天，我们路过警察局，一个带着固定刺刀的哨兵突然跳了出来，原来是那位警官要求再见我们一次。

"先生，"他说，"非常抱歉，我昨天没有注意到，你的护照里是否有印度尼西亚的签证。"

第三天，那个警官来机场找我们。

"早上好，"他开心地说道，"非常抱歉，但是我还是必须要看一下你们的护照。"

"我不希望有任何的问题。"我说。

"不，不，先生，我只是还不知道你们的名字。"

第四天，他并没有来找我们，我料想应该是他的报告终于交差了吧。

然而，我们与其他机构的谈判并不是如此轻松愉快，我们最终被拒绝带科莫多巨蜥离开印尼。这对我们来说是一个不曾预想到的巨大打击，尽管这样，我们还是可以带剩下的动物——猩猩查理、马来熊本杰明、岩蟒、灵猫、鹦鹉，以及其他的鸟类和爬行动物回伦敦。

我们不得不将科莫多巨蜥留下，从某种意义上来讲，这并没有让我觉得遗憾。我敢保证，在伦敦动物园爬行动物馆巨大而湿热的围场里，它一定会非常开心和健康；但那样的话，它就再也不能像在科莫多岛那样，我们一回头就发现它在几英尺之外，威严壮丽地待在自己的森林里。

第三卷

蝴蝶风暴

第二十一章　前往巴拉圭

1958 年，我们决定前往巴拉圭寻找犰狳。跑这么远去寻找一种没有明显的吸引力的生物，的确需要一些有说服力的理由。动物吸引我们的原因有很多，比如鸟儿精致的外貌，大型猫科动物的优雅和爆发力，巨蛇夸张而恐怖的外表，狗的阿谀奉承，以及猴子调皮的个性和接近人类的智慧——这些特点为它们赢得众多的崇拜者。但是，犰狳似乎什么都没有。它们颜色单调，除了招人喜欢的眼睛以外，并不是特别漂亮。据我所知，它们不能受训表演节目（老实说，我怀疑它们相当迟钝），也不可能成为可爱的宠物。然而，对我来说它们有一种特质，一种动物所拥有的最迷人的特质——奇异、古老，而且充满异国情调，简单的"奇怪"一词已然无法全面地概括它们的特点。

这种特质很难说清楚，只可意会，不可言传。狮子就不具备这样的特质，毕竟它只是大家熟悉的家猫的放大版。北极熊在我们看来也没有那么奇特或古怪，它其实和狗很像，只不过体型更为魁梧，穿着白色外套，让它在北极的雪地里不那么显眼罢了。就连长颈鹿这样奇特的生物，也在我们所熟悉的模板之内，因为它们跟麜鹿沾亲带故。

但是在欧洲，没有任何动物能和袋鼠、大食蚁兽、树懒、犰狳等非常规的动物相提并论。无论是从外貌形状还是从内部构造来说，它们都与生活在我们这片大陆上的生物截然不同；它们是古老的孑遗物种，是过去地质变化的幸存者。它们生活在这个星球时，现在的很多物种还没有出现。它们的确非常"奇怪"。

它们幸存下来的原因，本身就足够让人着迷。

袋鼠的祖先曾经广泛分布在地球上的很多地方。在那个时代，它们在育儿袋中培育小胚胎的新能力使它们成为当时最高级的生物。然而，随着更高等的动物进化出来——有胎盘的哺乳动物在体内子宫孕育幼崽——有袋类动物变得过时了，无法赢得更多的生存空间和食物。结果可想而知，它们中的绝大多数从这个星球上消失了。一些负鼠类的有袋动物在南美洲幸存下来，不过今天我们能看到的大多数有袋类动物都在澳大利亚，在新的更高级的哺乳动物进化之前，一片汪洋已经将这片大陆和世界其他地方隔开。因此，古老的有袋类动物免于承受生存竞争的压力，以许多不同的形式幸存至今。实际上，澳大利亚是一座活的古生物博物馆。

南美洲得益于其复杂的地质发展史，至今仍保留着负鼠及其他一些古老的动物。数千万年以前，它通过一座宽阔的陆桥与北美洲相连，但在第一批胎盘类哺乳动物出现后不久，它便与世界上的其他陆地相分离。这时，贫齿类动物——其中包括树懒、犰狳和食蚁兽——福运昌隆。在南美洲与世隔绝的时期，它们进化出许多非凡的生物。巨大的树懒几乎和大象一样大，在森林里横行无阻。犰狳的近亲雕齿兽拥有巨大的骨壳，有一些雕齿兽体长甚至超过 12 英尺，大尾巴末端长着中世纪的战斧一般的巨大尖刺，在大草原上爬行。

大约在一千六百万年前，当南美洲与北美大陆再次连接后，这些奇特野兽中的一些开始向北迁徙。迁徙途中，它们有的葬身于北美的冰川沉积物中，有的掉进加利福尼亚的沥青湖里，还有一些在如今的内达华州境内的湖岸边留下脚印——19 世纪末，工人们为建造卡森城开采砂岩时，无意中发现了这些脚印。

犰狳是雕齿兽唯一幸存的近亲。仔细观察，不难发现它们与史前那些奇怪、原始的野兽有着千丝万缕的联系，对我来说，正是这一点让它们变得如此迷人。它们生活在洞穴里，以树根、小昆虫和腐肉为生，会小跑着穿过森林和大草原。它们之所以能存续至今，很可能是因为它们有一副坚硬的外壳。事实上，它们是一大类非常成功的生物，有着许多不同的种类，大小不等：最小的小犰狳体型还没有老鼠大，生活在阿根廷的沙地里；最大的大犰狳能长到四五英尺长，在亚马孙河流域炎热潮湿的森林中漫游。

我与查尔斯·拉古斯在圭亚那拍摄和捕捉树懒及食蚁兽时，从未见过野生犰狳。我们希望能在巴拉圭见到它。除此之外，我们还计划寻找其他鸟类、哺乳动物和爬行动物，但当巴拉圭人问我们为什么来到他们的国家时，我只是简单地回答："我们是来找 *tatu* 的。"

我坚信 *tatu* 是犰狳的意思。这不是西班牙语，而是瓜拉尼语，瓜拉尼语是巴拉圭的官方语言。

我的回答总会引来哄堂大笑。最初，我曾以为，或许出于某种原因，对所有巴拉圭人来说，一个寻找犰狳的人一定是超级滑稽的人物，但是后来我开始怀疑事情不是那么简单。当我的回答让巴拉圭国家银行的一位高级官员陷入近乎歇斯底里的狂笑时，我感到是时候解开这个谜团了。我还没来得及再开口，他就问了我一个问题。

"哪一种 *tatu*？"

我知道这句话肯定有言下之意。

"黑色 *tatu*，密毛 *tatu*，橙色 *tatu*，大 *tatu*，巴拉圭能发现的所有不同类型的 *tatu*。"

他觉得这个回答比我的第一个回答更加有趣。他差点笑抽过去。我耐心地等他平复。在此之前，他给我的印象是彬彬有礼且乐于助人；他能说一口流利的英语，这对于我们来说非常重要。他的笑声逐渐平息。

"也许你是说某种动物？"

我点点头。

"你知道吗？"他解释道，"*tatu* 在瓜拉尼语里是一个不太礼貌的词，意思是……嗯……"他犹豫了一下。"一类年轻的女士。"

我不明白他们为什么给犰狳这种可爱的动物起了这样一个不相关的名字，后来我终于明白了。接下来的几个月，我们被问了无数次同样的问题，如今我能以开玩笑的形式回答他们，并且把它作为一句妙语，来化解我们与牧场主、海关官员、农民和美洲印第安人之间的繁文缛礼。

当然，这一招也不是百试百灵，有几次这个冷笑话就没有引起大家的注意，因为他们认为我们在巴拉圭偏远地区寻找年轻女士是正常的，当我们坚持说真的在寻找四条腿的 *tatu* 时，他们完全不相信。有时，在我们讲了 *tatu* 的笑话之后，有些人会接着问我们为什么对犰狳如此感兴趣。这个问题我从来没有说明白。我的瓜拉尼语词典里没有"雕齿兽"这个词。我转念一想，幸好没有，要不然，万一它存在另一个更为通俗的含义，那我该怎么办？

第二十二章　夭折的豪华游轮之旅

　　在以前的探险活动中，我和查尔斯总是身心俱疲，一路上不是食不果腹，就是腰酸背痛。为了转移注意力，我们往往会设计理想中的探险计划——在这个计划中，我们既能享受慵懒而奢侈的生活，又能找到世上最美丽、最令人期待的动物。

　　在新几内亚，为了寻找一些行踪飘忽不定的极乐鸟，我们徒步上百英里，被折腾得筋疲力尽。查尔斯在旅程即将结束时坚定地说，他理想中的探险活动首先要有机械化的运输设备。我们在前往科莫多的航程中，除了咸鱼和大米，没有其他任何食物，那时我明确提出，我优先考虑的是一个储物柜，里面有种类繁多且无限供应的罐头。在婆罗洲一个条件特别差的营地里，当我们奋力保护胶片和摄像机免受暴雨浸泡时，我们一致认为高标准的防水宿营设备也至关重要。在一些没那么危急，但也同样让人恼火的时刻，我们就会幻想更多的细节来平复自己的情绪：我想要有取之不尽的巧克力，查尔斯则想睡在一个能完全抵御甲虫、蟑螂、蚂蚁、蜈蚣、野蜂、蚊子和其他所有昆虫叮咬的地方。这个幻想中的探险模式在我俩的头脑中变得栩栩如生，但我们都没想到它会成为现实。在我们抵达巴拉圭还不到一周的时候，一家位于亚松森的英国肉制品公司自发地给我们提供赞助，似乎可以让这次探险活动按照我们的标准来开展。

承载我们梦想的是"卡塞尔"号。它是一艘长约30英尺、靠柴油发动的宽敞的游艇，吃水很浅，可以轻松地载着我们及设备和食物进入蜿蜒曲折的内陆河道，而不会遇到任何困难。我们欣然接受租借费用，并十分感激公司的大力支持。

当游艇离开亚松森码头，沿着宽阔的、棕色的巴拉圭河向上游进发时，我们把摄像机和录音设备都安置在客舱宽敞而干燥的柜子里。厨房里堆满各种各样的汤包、调味汁、巧克力、果酱、肉罐头和水果，我们还替窗子挂上双层的蚊帐。我在床铺上方安排了一个小型阅读空间。查尔斯把收音机调到亚松森的一个电台，客舱里萦绕着吉他演奏的乐曲。

让我满意的不只是豪华的住宿条件。我走到船尾，充满爱意地看了一眼"卡塞尔"号拖着的小船。它安装了一台35马力的舷外发动机，所以我们恭敬地称它为快艇。我们希望可以借助它来深入较小的支流寻找动物，"卡塞尔"号则是我们吃饭睡觉的大本营。

无所事事的时候，我就会爬上床铺放松一下。现在，我们享受着前所未有的舒适，朝着广袤的热带森林南部边缘进发；这片森林起源于圭亚那东北部，横跨巴西，延伸至亚马孙平原，一直到奥里诺科河——它是世界上最大的原始丛林。这一切看上去都太棒了，简直让人不敢相信这是事实。

没错。接下来的十天，我们将经历一场比以往任何一次都要痛苦和难受的探险。

这一次我们在船上有三位同伴。导游兼翻译是一个长着棕色头发、身材魁梧的巴拉圭人，他能说流利的西班牙语、瓜拉尼语，以及一两种印第安语。此外，让我们大为震惊的是，他长这么大从未踏出过南美洲，但是他说的英语却带着浓重的澳大利亚腔调。他叫桑迪·伍德。

巴拉圭到处都是外国人。或因为土地匮乏，或为了逃避宗教压迫、政治迫害、法律制裁，很多外国人，诸如波兰人、瑞典人、德国人、保加利亚人和日本人，都拥入了这个面积不大的共和国。19世纪末，桑迪的父母和另外大约二百五十名澳大利亚人一起来到这里。当时，澳大利亚正经受着一场灾难性的大罢工，一个名叫威廉·莱恩的记者长期宣扬一种理想的社会模式，后来他把那些持相同观点的农民、木匠和其他工人聚集起来带到巴拉圭，建立他理想中的完美社会。巴拉圭政府给予这些移民很多肥沃的耕地，新澳大利亚社区诞生了。在那里，所有的财产归全民所享；加入这个组织的人必须把全部金钱和财产上缴给"社区财政部";每个人都必须工作，这不是为了个人的工资，而是为了大家共同的利益。这种高尚的政治理想掺杂了一些严格的清教教义，社区的居民不得与当地人交流，不能饮烈酒，也没有音乐和舞蹈等娱乐活动。

不到一年，按照这些严格的标准生活而产生的压力，开始影响社区的正常运行。美丽的巴拉圭姑娘、甘甜的 *caña*（当地的一种发酵的甘蔗汁），以及周边村民悠扬的吉他声，不断地诱惑着移民。对于这个新社区的经济而言，更严重的是一些精力不济的人开始把辛苦活留给其他人，自己则无所事事，用桑迪的话来说，他们开始用呼噜声自我慰藉。

澳大利亚公社就此宣告失败。莱恩并不罢休，他带着少数始终忠于他们原则的人和一些来自澳大利亚的新移民，又建了一个新社区——科斯梅公社。然而，这次尝试也没有逃脱失败的命运。它的成员开始叛变。一场争夺移民土地的巴拉圭革命爆发了，移民的建筑被革命党人和复仇的政府军轮番洗劫，社区居民四散奔逃。许多人去了布宜诺斯艾利斯的铁路站工作。一些人远赴非洲，设法从事畜牧业。还有一部分人留在巴拉圭，以伐木、耕作和做木匠为生。桑迪的父母都是其中一员，而他本人也算是一个土生土长的巴拉圭人。他尝试过各种各样的工作。他在我们计划游览的河流上游伐过木，在一座大牧场放过牛，还当过猎人，现如今他在亚松森的一家旅行社干着一份时断时续、职责不清的工作。他的语言能力、他对森林的了解及温和的脾气，让他成为我们理想的向导。

船上的另外两个人是正式的船员。他俩究竟谁才是真正的船长，我们至今仍有疑问。冈萨雷斯，也就是两人中更高、更瘦、更快乐的那个，戴着一顶航海帽。它的四周原本应该装饰着华丽的金色穗带，但如今它看上去破旧不堪，穗带凌乱地垂在帽檐上。他自信地告诉我们，这顶帽子是船长的标志，他不仅拥有船长这个岗位所要求的一切技能，还具备维护发动机的特殊本领。然而他宣称，由于不能同时处理好这两项工作，他愿意称同伴为"船长"*，尽管他一再强调，这不过就是一个虚职罢了。

船长身材矮小，大腹便便。他常常戴着一顶帽檐朝下的巨大的铃铛形草帽，外加一副黑色墨镜，即使到了晚上他也不会将墨镜摘下，我们经常猜测他是不是睡觉时也要戴着它。他的嘴角好像被固定在一个开口朝下的半圆弧上，总是一副苦大仇深的样子。另外，他的脸颊上有一些淡淡的乌青色斑块，应该是皮肤病引起的。他总会在休息的时候往面部的斑块上涂一种特殊的药膏，而且看上去他有很多这样的空闲时光。对于任何评论、问题和意见，他一贯的回应是沮丧地咬着牙，不停地吸气。

为了抵达森林中我们将要搜寻的偏远地区，我们不得不先沿着巴拉圭河向北行驶大约 75 英里，然后向东拐入它的一条主要支流——赫惠瓜苏河。我们希望沿着它一直航行，直到抵达它那偏僻的源头地区，除了美洲印第安人和几个伐木工人，没有人住在那里。

---

* 原文为 "capitan"，或因为戏谑，或因为口音。——译注

这次旅行至少需要一个星期。

头几天的大多数时间里，我们都躺在甲板上，看着"卡塞尔"号的船首像刀片一样划开棕色的河面，切断由凤眼蓝连缀而成的"皮筏"，它们优雅的匙形叶子在根部膨胀成可漂浮的气囊，上面覆盖着一簇簇精致的淡紫色花朵。尽管"卡塞尔"号可以切开较大的凤眼蓝，但是悬浮在水里且相互缠绕的根系会搅入螺旋桨，所以我们也会尽量避开它们。这些"小岛"也有自己的乘客——苍鹭、白鹭，还有最漂亮的栗色水雉，它们挑剔地踏在凤眼蓝的叶片之间，抬起长着长脚趾的腿，寻找那些误入歧途的小鱼。当我们靠近时，它们会被发动机的轰鸣声惊吓到，纷纷起飞，露出翅膀下黄色的羽毛，悬垂着双腿在半空中盘旋，等我们驶过后，又降落到船后方不停摇晃的凤眼蓝"皮筏"上。

桑迪坐在船尾，小口地品着马黛茶，这是一种巴拉圭的特色茶。冈萨雷斯蹲坐在发动机旁，热情地弹着吉他，引吭高歌，不过从来没有人能听清他的声音，因为发动机完全盖过了他的嗓门。船长坐在驾驶室的高脚凳上，一手掌着舵，一手往脸上抹着药膏。这里的天气异常炎热。为了躲避酷暑，我和查尔斯进入船舱，躺在各自的铺位上；不过那里似乎更热，没有一丝微风可以蒸发我们身上的汗水，很快我们便汗流浃背。

突然，发动机熄火了，令人不习惯的寂静中充斥着冈萨雷斯和船长激烈而尖锐的争吵声。我们立马爬上甲板，在身后平静的河面上看到两个坐垫和一个座椅。原本还在船后的快艇消失不见了。桑

在杰伊河上撑木筏

迪冷静地解释道，刚才船长来了一个急转弯，本想避开河面上的一大团凤眼蓝，谁知道船尾的快艇不幸倾覆。冈萨雷斯斜倚在船尾，徒劳地拖拽着绳索。虽然快艇仍系在带缆桩上，但是它几乎垂直地陷在河底的淤泥中，光拽绳子根本无济于事。船长怒容满面地坐在驾驶室里，咬着牙大声地倒吸着空气。

接下来的争论透露出一个事实，那就是船长和冈萨雷斯都不会游泳。在他俩继续互相指责的时候，我和查尔斯脱下衣服跳到水里。幸运的是，这里的水并不深，这完全出乎我们的意料；即便如此，我们还是花费了将近两个小时，才把快艇拖到浅水处并将它扶正，然后将它的发动机、三个油箱及工具箱整修一番。当我们结束的时候，座椅和坐垫已经踏上返回亚松森的征程，我们在下游 1 英里的范围内都没有找到它们的身影。这并不是一场真正的灾难，但它让我们怀疑船长的驾驶技术并非无懈可击。

接下来的三天一切顺利。我们驶离巴拉圭河，向东转入赫惠瓜苏河。向它的上游航行数英里后，我们在一个叫普埃尔多伊的村庄休整了一个小时左右，这是这条河上的最后一个村庄。离开时，船长惯常的忧郁表情明显更加凝重。他以前从来没有到过赫惠瓜苏河，眼下他在这条河上航行，却并不喜欢它。那是一片危险的水域，他预感会有一场灾难来临。果不其然，第四天一早他就碰上它了。我们前面的河道蜿蜒曲折，河水在弯道上激起一连串泛着白沫的漩涡。

船长的脸上露出一切已经结束的表情，然后他关闭了发动机。他已经违背了自己的明智判断，创造了很多航行的奇迹，但是前面的河道实在太危险，必须立马返航。经过协商，他同意驾驶快艇侦察前面河湾的情况。当他回来时，他的表情清清楚楚地表明，近距离的观测加深了他的恐惧。

随后，我们陷入一场无力的争论之中。作为翻译的桑迪，好像下定决心只把那些与问题密切相关的讨论转达给双方，他刻意忽略了船长对我们严厉的指责，也没有翻译我们对船长说的气话。在我们看来，虽然河湾问题很棘手，但绝不是不能解决。浪费一周的时间，然后偷偷溜回亚松森，这简直不可思议。我们也不能在周围的国家开展工作，那里都是半耕地，根本找不到我们想要的动物。然而船长决心已定。他夸张地说他不想死，而且他觉得我们也不想死。我们轻蔑地反驳他。桑迪经过再三权衡，选择性地翻译我们的话。在我们争论之时，一艘肮脏不堪、发动机砰砰作响的小汽艇以龟速从我们的船旁驶过，漫不经心地消失在河湾后面。

看到这样的情形，我们心中的怒火加倍地燃烧。由于缺少桑迪的翻译，这些怒火无法直接传达给船长，这让我们忍无可忍，彻底地爆发。最后，还是查尔斯写出了两个西班牙语词汇，才让我们和船长建立了直接而有效的沟通。大约一个小时或更久之前，船长还在和一只煤油炉较劲，他说煤油炉从未正常工作过，而且总是出问题，因为它不是欧洲制造的，而是"阿根廷生产的"。查尔斯指着船长，满怀怨恨地说："阿根廷生产的船长。"他似乎对自己在语言上取得的胜利非常满意，我们都被逗得哈哈大笑。桑迪抓住时机机智地撤退，回去继续享受他的马黛茶。离开他的翻译，我们的争论只得消停下来。

我和查尔斯与桑迪一起讨论现在的情况。我们回忆起在我们激烈争论时经过的那艘船。如果有船往上游走，那么总会有一艘船愿意让我们搭便车。这是我们最后的一丝希望。我们吃完晚饭，直接回客舱休息。

半夜，一艘汽艇发出的声音将我们吵醒。我和查尔斯冲上甲板，拼命地叫喊，那船靠边停了下来。幸运的是，桑迪认识船长。他叫卡约，身材矮小，皮肤黝黑，几年前桑迪在这个地区伐木时和他熟识起来。桑迪和卡约聊了十分钟，手上的火把照亮了那艘汽艇及上面的货物，也照亮了"卡塞尔"号和他们双方的脸。我和查尔斯待在火光之外的黑暗中，耐心地等待着。

最后，桑迪转向我们汇报情况。卡约打算前往赫惠瓜苏河的支流库鲁瓜提河上游的一座小型伐木场。那是我们梦寐以求的目的地。然而，他的船上已经有三名乘客——将要去营地工作的伐木工——以及一大堆货物，没有空余床位留给我们，但他可以帮我们搬运重要的设备和少量的食品，我们需要自己乘坐快艇前进。

"那我们怎么回来？"我喃喃自语，为自己问出如此谨小慎微的问题而感到羞愧。

"这个嘛，不确定，"桑迪无所谓地说道，"如果水位很高，卡约可能会花上几天时间四处转转。如果水位不高，他会立马返航，我们或许会被困上三四个星期或更长时间。"

卡约着急赶路，没有时间长谈。我们决定冒着被滞留的风险支付定金，敲定协议，然后迅速地把设备转移到卡约的船上。

半小时后，卡约带着价值几千英镑的摄像机和录音设备离开。我们看着黄色的船尾灯在漆黑的夜色中逐渐变小，最后消失在河湾处。我和查尔斯回到床铺上，互相保证说，我们对这个新计划一点也不担心。我们自我安慰说，假如真的被困一两个星期，这将会很有趣，不是吗？我俩对此似乎都不太确定。

第二天早晨，我们勉强挤出一丝亲切的笑容，同船长和冈萨雷斯道别，然后解开快艇，朝上游驶去，追赶我们的装备。我甚至没来得及看"卡塞尔"号最后一眼，因为船长总是有各种理由远离这个河湾。它产生的漩涡以惊人的速度掠过快艇船身，快艇则以一种最恐怖的方式滑过水面。当我们到达平稳的河段时，"卡塞尔"号早已消失在我们的视野中。我有些遗憾。我本想再多看它一眼，那里不仅有防水防蚊的船舱，还有奢侈的食物、小图书室、收音机、舒适的床铺。理想的旅程才刚刚开始，就这样离我们而去，真是让人难过。我们沿着河道向上游慢慢行进，河岸上的森林越发地荒凉和恐怖。乌云正在远处的天空中集结。

我明显地觉察到危险的气息。

尽管卡约离开后一直马不停蹄地赶路，但是我们很快就赶上了他。他的汽艇正在奋勇地向前航行，奈何船上货物太多，已经堆到舷缘，航速不超过 3 节，我们驾驶的快艇的航速是它的六倍。如今最谨慎的做法是把快艇绑在他的船尾，始终守护着我们的设备、食物和床上用品，不过，船上并没有我们栖身的空间，如果真把快艇绑在后面，它的航速还会进一步减慢。我们最后决定放弃令人难受的谨慎，继续令人兴奋的旅程，带上摄像机随时拍摄看到的动物。我们还带了吊床和足够吃三顿的食物，以防晚上碰不到卡约。

河道越发蜿蜒曲折，我们兴奋地绕过一个个河湾，船尾激起的巨大浪花向河岸呼啸而去，最终消失在岸边的灌木丛和匍匐植物中。

我们朝上游行进得越远，森林里的树就越大，不久我们就在绿色高墙之间疾驰，上方矗立着硬木的圆形树冠——有红破斧木、紫花风铃木、大果柯拉豆和洋椿——正是这些珍宝吸引着人们来到这个荒凉的国度。发动机的轰鸣声惊起岸边的鸟儿，其中除了鼻子沉重的巨嘴鸟和总是成双成对的金刚鹦鹉之外，还有成群的鹦鹉。最常见的当数黑色的红腰厚嘴唐纳雀，它们在棒状的鸟巢里尖叫着，这些鸟巢一组组地悬挂在岸边的树枝上。

我们又一次独自行驶在森林里，而它也再一次显示出它的幽怨与恶毒。快艇在幽暗的绿色长廊中疾驰，船尾激起的白色水花上下翻飞，在阳光的照射下熠熠生辉。我们似乎离森林很近，尽管置身于一个完全不同的世界，但我所感受到的兴奋，无异于坐在舒适的室内，与寒冷、潮湿、令人不适的外界之间隔着一层玻璃。然而我也深知，如果发动机失灵，如果我们撞上沉到水底的原木，船底被凿出一个洞，如果地平线上逐渐逼近的蓝色风暴云化为一场暴雨，我们一定会面临令人极其不安的，甚至是灾难性的处境。现在，我无比渴望"卡塞尔"号的客舱提供的舒适和安全。

黄昏时分，我们抵达库鲁瓜提河口，随即决定在岸边扎营等待卡约。这真是一个糟糕的露营地，它位于两条河流交汇的地方。伐木工人早已清除这里生长的灌木，在空地上搭建了一间肮脏的棚屋，他们有时会把它作为进入森林和砍伐树木的基地。空地上散落着生锈的铁丝、空油桶，这些油桶被用作重木筏的漂浮物。除此之外，地上还有斑斑点点的柴油，那是船员给船只加油时溅出来的。除了一个美洲印第安男孩，这里空无一人，他懒洋洋地躺在小屋旁，看着我们在生锈的油桶间支起吊床。

晚上，我们听到卡约的汽艇发出冰冷的突突声，朝我们这边驶来。他并没有停下来，而是直接拐入库鲁瓜提河。我们和卡约以喊话的方式简单地交流了几句，承诺第二天一早追上他，然后昏昏睡去。

天刚泛白，我们便已经收拾好行李，准备继续赶路。

一路上，我们轮流驾驶快艇。桑迪驾船的速度极快，令我感到害怕。他把帽子紧紧地扣在头上，帽檐被风吹得竖了起来，他则悠闲地操纵着方向盘，急速掠过一个又一个河湾。每次转弯时快艇都极度倾斜，眼瞅着河水就要从船侧涌入，船尾在河面上疯狂地打滑。我闭着眼睛躺在船尾，不仅感到头晕目眩，还夹杂着一丝隐隐的担忧。

突然，桑迪发出一声警告，紧接着传来一阵可怕的树枝断裂声和令人厌恶的刮蹭声，剧烈的震动将我从椅子上摔下来，汽艇猛地停了下来。只见船头已经冲上河岸，快艇急速前进激起的尾流随即追上我们，整条船不停地摇晃。原来，为了通过一个急转弯，桑迪猛转方向盘，不小心用力过猛，直接扯断了方向盘的电缆。

由于修理空间只能容纳一个人，我独自应承下这项任务。我们没有钳子和钢钉，没办法把磨损的电缆连接起来，只能寄希望于将断开的两截打结绑在一起。我尽可能快地修理着，然而，这确实不是一件轻松的差事。为了把电缆重新固定到舵杆上，我不得不将头埋在快艇的船首舱里。那里空间狭小，闷热潮湿，我流了一身的汗。

修理过程中，我不仅被电缆的钢丝割破了手，还浑身沾满油污。这破地方全是毒蚊子，它们疯狂地叮咬着我们，别提有多难受了。我时常在想，如果卡约载着设备和食物一直远离我们，会不会是一场灾难？此时此刻的遭遇就是我一直担心的那种灾难。

一个小时后，我们再次起航。这次我们吸取教训，驾船更加稳重。令我惊讶的是，这次即兴修理似乎很奏效，尽管在转动方向盘时，打结处会有卡住的危险，但其他的一切堪称完美。

后来，我们又追上并再次超过了卡约，我悬着的心终于放下了。如果方向盘坏到无法修复的程度，那我们只要等他赶上来就可以了。

正午刚过，这些天一直不祥地发展壮大的阴云，突然爆出一声惊雷，豆大的雨点密密麻麻地砸在水面上。这时发动机抛锚了。我们绝望地拉着启动绳，在暴风雨最严重的时候，它不时地发出刺耳的声音。

那一天剩下的时间，简直可以用惨不忍睹来形容。暴雨如注，我们的视野被水幕所遮盖，就像隔着一层薄雾一般。事故之后，发动机开始频繁熄火，由于担心雨水会淋湿火花塞和化油器，我们不敢贸然拆下发动机盖进行维修。气温骤降，我们几个被冻得瑟瑟发抖。桑迪顽强地驾驶着快艇。我坐在旁边，目不转睛地注视着打结的电缆。查尔斯则趴在船尾待命，一旦发动机出现故障，他就立马拉启动绳。它正常运转的时候，他会用一块破旧的防水布盖住自己，试图保持干燥和温暖，这或多或少能起点效果。这次探险活动开始时，查尔斯决定留胡子，他为此特意准备了一顶帽檐很长的美式棒球帽。我和桑迪觉得这一点都不适合他。现在，每当发动机熄火的时候，我们就能看到一个蓄着胡须、戴着帽子、用长烟嘴吸着香烟的造型奇特的男人从防水布里向外张望，滔滔不绝、从容不迫地咒骂着，雨水不停地打在他脸上，顺着他的鼻尖滴落下来。

快艇继续在暴风雨中穿行。我们将摄像机和胶片安放在船首舱里，希望它们在那里可以躲过一劫。桑迪说，最后的目的地就在附近，那是一对伐木工夫妇搭建的小木屋。每次拐弯时，我都希望可以看到它。发动机没完没了地发出噼啪声，一次又一次地熄火，然后顽固地保持沉默，非得查尔斯猛地拉启动绳，它才乖乖地运转。其间，方向盘的电缆两次断开，又两次被我接上。尽管几个小时以前，太阳就消失在乌云密布的天空中，但是越来越黑的河道告诉我们，它已经落山，夜幕开始降临。转过一个河湾后，天完全黑透，我们远远地看到河道的尽头有一点黄色的光亮。我们抵达时，光亮早已熄灭。我们把船停泊在一座小崖壁下，沿着一条又陡又窄的小道朝房子跑去，持续不断的暴雨让小道变成一条瀑布。

灯光来自一座方形小木屋。小木屋没有门，只见地面燃着一堆篝火，一个穿着长袖上衣和裤子的女人、一个大约三十岁的黑发男人、两个美洲印第安青年蹲坐在火堆旁，火光照亮了他们的脸。猛烈的风雨声淹没了我们的脚步声，直到我们湿漉漉地站在门口，他们才意识到有陌生人拜访。

男人站起来用西班牙语欢迎我们。没有时间做过多的解释，行李和设备还在暴风雨中，他跟我们一起跑到船上去搬运物品。

享用完热汤后，主人把我们带进一间储藏室，让我们在那儿过夜。房间里堆放着木桶、鼓鼓的麻袋、抹了油的斧头和生锈的机器零件，上面还挂着蜘蛛网。巨大的棕色蟑螂趴在泥墙上，整堵墙好像盖了一层闪亮的、可以移动的地毯。除此之外，还有一群蝙蝠在椽子间不停地飞舞。房间里弥漫着咸牛肉腐烂的味道。即便如此，这里起码是干燥的。雷声从外面的森林中传来，我们满怀感激地支起吊床。没过几分钟，我们便进入了梦乡。

第二十三章　蝴蝶和鸟

　　暴风雨肆虐一宿，到了早晨，天空澄碧，纤云不染。后来，我们才知道昨夜登陆的定居点叫伊莱弗夸，这是瓜拉尼语地名，意为"秃鹫居住的地方"。尽管房子的主人南尼托和他的妻子多洛雷丝在罗萨里奥城拥有一座现代化的小房子，但他们很少去那里住。南尼托获得政府的授权，可以在库鲁瓜提河流域的森林里伐木。从理论上说，这里的树木都属于他，如果他能将它们全部砍伐，顺利地让它们沿着河水漂到亚松森的锯木厂，他将变成一个有钱人。他自己并不从事一线的伐木工作，他是一个投资者，职责是监督工人们。他雇人（比如坐在卡约船里的那些人）从事伐木、搬运和漂流的工作。当没有工人可以监督时，就像我们刚到的那会儿，他只能无所事事地坐在门口喝马黛茶。

　　虽然南尼托在这里住了好几年，但他从未想过要改善一下他们的生活。窗户上没有蚊帐，家里没有家具，房前屋后也没有种植香蕉树或巴婆果。多洛雷丝直接在篝火上做饭，她没有冰箱。从她俊俏却瘦削的脸上，可以明显看出这里的生活是多么严峻。

尽管如此，他们依然快乐、开朗、好客。他们说，只要我们愿意，在这住多久都可以。

他们的宅地上有好几栋建筑，一些长廊将它们连接在一起。一直燃烧着炉火的那间是厨房；我们第一晚睡觉的地方是仓库；有一间房是南尼托夫妇的卧室；还有一间房是那两个美洲印第安青年的卧室；第三间房在被我们用作卧室之前，用来养鸡和堆放一些杂物。从这些小木屋开始，地面向河道的方向倾斜，一直延伸到岸边光滑的红色砂岩，从而形成一处陡峭的斜坡。岩石下是库鲁瓜提河湍急的棕色河水，水位因为昨晚的暴雨而暴涨。南尼托在小屋后种了一小片木薯和玉米，再往后就是森林了。

安顿下来的第一个早晨，我们发现这里的空地上聚集了密密麻麻的蝴蝶，好像一场蝴蝶风暴，极其壮观。它们数量是如此之多，以至于我一挥网就捕到三四十只。这些蝴蝶特别美，前翅呈带虹彩的蓝色，后翅呈鲜红色，反面还有亮黄色的、如象形文字一般的花纹。我认出它们属于图蛱蝶。

蝴蝶迁徙向来以数量多和距离远著称于世。美国伟大的动物学家毕比曾经见过一群蝴蝶迁徙，据他描述，蝴蝶以每秒一千只以上的数量飞过安第斯山脉的一个山口，并且持续了数天之久。其他许多旅行者和博物学家也观察到同样的情形。然而，伊莱弗夸的图蛱蝶并不是移民，它们仅在小屋周边的空地上飞舞，我从未在几码之外的森林和下方的河流见过它们的身影。后来，我们摸出了蝴蝶风暴的规律。我们发现蝴蝶总是在暴风雨之后出现，那时天空晴朗，阳光充足，河边的岩石被太阳晒得滚烫，赤脚踩上去甚至会感到疼痛。

随着夜幕逐渐降临，蝴蝶开始慢慢飞走，到了天黑透的时候，它们会全部消失。如果第二天的天气不是那么闷热，它们就不会出

蝴蝶风暴

现。或许这种特定的天气促使成千上万的蛹孵化，从而形成蝴蝶风暴。然而，这些昆虫在黄昏时飞到哪里去了？蝴蝶的寿命虽然不长，但是也不至于短到一天之内全部消失。它们是不是飞到森林里，一排一排地栖息在大树上的绿叶之间呢？我尚不清楚。

图蛱蝶属的蝴蝶不是唯一一种在伊莱弗夸周围出现的蝴蝶。我从未在其他地方见到如此之多的蝴蝶，它们不仅数量大，而且种类繁多。为了打发时间，我会在没有其他安排的时候收集一些蝴蝶。我没有尽全力，也没有刻意去寻找，更没有像一位真正的昆虫学家那样，去击打草丛或者探索沼泽；我只是在碰到一些从未遇见过的种类时，试图捉上一只作为标本。即使这样，我在两周时间内，在伊莱弗夸及周围地区还是收集了九十多种不同的蝴蝶。如果有足够的耐心和更多的技巧，我在这个小地方捉到的蝴蝶种类至少会是现在的两倍以上。整个英国发现的蝴蝶种类，包括那些罕见的迁徙物种，也不过六十五种。由此可见，这个数字是多么惊人。

我见过的所有蝴蝶当中，外形最华丽、体型最大的当数一种闪蝶，它们只生活在森林里。和同科的其他亲戚一样，它们的翅膀上有着光彩夺目的亮蓝色纹饰。它们的翼展能达到 4 英寸。刚来的时候，我看到一只大闪蝶在森林里慵懒而无拘无束地飞舞，便穿过灌木丛开始追赶，即使被荆棘勾住衬衫也不曾放弃。我疯狂地挥动着网兜，试图跟上它那不断变化的飞行路线。然而，闪蝶在被追赶的时候，或者用更科学的语言来表述，在受惊时，它们的行为会完全改变。只要我的网一靠近，它们立刻改变飞行姿态，快速而笔直地飞走。它们往往会向上飞到树枝之间，我在下面根本够不着。后来，在经过数次徒劳的努力后，我才意识到不改变战术，永远捉不到闪蝶。

闪蝶喜欢在开阔的区域飞舞，不会受到树枝和灌木的阻碍，所以南尼托的工人们开辟的林间小道成为它们的最爱。工人们利用这些道路将木材运送到河边。闪蝶经常在这里翩翩起舞，它们的翅膀在阳光的照射下闪闪发光。起初，我会举着网朝它们走去，随时准备行动；后来，我发现只要我一挪动，它们就会受到惊吓，立马调转方向，飞进枝繁叶茂的林间。更好的策略是拿着网，站在树下一动不动，等到这些昆虫毫无察觉地飞到我触手可及的地方，再奋力一挥，让它们落网。这和板球运动没什么两样，而且，闪蝶诡异的飞行路线具有欺骗性和不可预测性，与投球手们投出的任何曲线球都不相上下。

然而，还有一种更为轻松的方法。专业的蝴蝶猎手会用诱饵引诱昆虫，诱饵通常用糖和粪便混合而成。但是，这里似乎用不上它。森林里长满野生的苦橙树，地上有很多腐烂的果实。闪蝶们总是成双成对地落到地面上，吮吸发酵的果汁。即使在它们进食的时候，我也必须小心谨慎、悄无声息地靠近它们，直到最后再给予它们准确的一击。

其他的蝴蝶有着不同的"口味"。有一次，我在森林里散步，闻到一股令人作呕的气味。我循味而去，发现一具腐烂的大蜥蜴尸体。我根本辨认不出这是什么，它的表面几乎完全被颤动的蝴蝶群覆盖了，这些蝴蝶深蓝色的翅膀巧妙地变换着图案。它们被这恶臭的盛宴深深地吸引着，以至于我能用拇指和食指捏住它们闭合的翅膀，把它们摘出来。

尽管图蛱蝶、闪蝶及森林里其他蝴蝶群体都非常大，但就数量来说，它们都无法和一种聚集在河边的艳丽的蝴蝶相提并论。

第一次见到规模如此庞大的蝴蝶群时，我惊诧万分。有一天，我走出潮湿阴暗的树林，走进一片阳光充足的草甸，只见茂盛的小草间点缀着几棵小棕榈树，一条小溪静静地穿过莎草和苔藓，从一座深褐色的池塘流到另一座深褐色的池塘。我安静地站在树荫下，用双筒望远镜搜寻着草甸，因为我担心贸然走到阳光下，会吓到那些在溪流边吃草或捕鱼的动物。不过这里看上去特别冷清。突然，我看到远处的小溪正在冒烟。有那么一瞬间，我荒谬地以为自己在这里发现了一处温泉，或者一个硫质喷气孔，也就是在休眠火山侧翼出现的那种。不过理性告诉我，这个地方不可能有火山活动。我疑惑不解地朝烟雾走去。当距离它不到 50 码时，我才看清楚，那是一片由蝴蝶组成的"云彩"，我简直不敢相信自己的眼睛。

当我走近它们时，地面无声地爆起一大朵黄色的云，然而，令我诧异的是，我站在那里还未离开，蝴蝶便再次降落在地面上。它们是如此密集，以至于收起翅膀趴在地面上时还是摩肩接踵，我几乎看不到下面的沙地。几码远的地方，在这张抖动的黄地毯边缘，一群黑色的犀鹃正忙着食用毫不反抗的蝴蝶。它们眼里根本没有我和这群鸟。

蝴蝶们伸直口器，疯狂地探索着潮湿的沙子，平时这些口器像

喝水的凤蝶

手表的发条一样蜷缩在它们的头下。它们正在这里喝水。但是，它们一边喝水，一边从腹部的尖端喷射出小股液体。显然，这些蝴蝶并不缺水，它们更像是在通过喝水来吸收溶解在水里的无机盐。我蹲下来近距离地观察时，它们的行为印证了我的猜想——它们在寻找盐，只要我一动不动，它们就会停在我的胳膊、脸和脖子上。它们发现我的汗水和沼泽里的矿物盐一样具有吸引力，很快就有好几十只落了下来，还有一些在我的头顶盘旋，翅膀在空中发出响亮的、干涩的沙沙声。我一动不动地坐着，感觉到它们细小的、像线一样的口器在我的皮肤上轻轻地试探着，纤细的腿几乎不可察觉地拍打

吮吸汗液的蝴蝶

着我的后颈。

　　尽管接下来的几周，这样景象和经历变得越来越常见，但对我来说，它依然具有强大的吸引力。我们发现这些"喝水"的蝴蝶群不仅出现在溪流和沼泽地，在伊莱弗夸上游的银色河滨和沙坑里更为常见。只要阳光明媚，我们在那里肯定能看到一群群花哨的蝴蝶。除了我第一次发现的黄色蝴蝶外，那里还有许多其他种类，每种都自成一个团体。我数了数，这里光是凤蝶就有十几种之多。它们体型较大，姿态优美，在喝水的时候总是不停地抖动翅膀。它们的翅膀，有些是天鹅绒般的黑色，翅尖上有胭脂红的斑点；有些是黄色的，点缀着黑色的条纹和斑块；有些几乎是透明的，只有黑色的脉络。同种蝴蝶聚集在一起的原因，似乎是它们只会被自己的形象所吸引。一只飞舞的蝴蝶看到和它颜色相像的蝴蝶，就会停下来，几分钟之内，四五十只相似的蝴蝶就会聚集在一起，但是并非总是全都一样。它们的视觉辨别能力可能并不是那么完美，当我仔细观察这些蝴蝶群时，我经常能发现每一群里都有几种不同的蝴蝶。它们虽然表面看上去相似，但实际上相差甚远，不仅在图案细节上有所不同，有时就连体型也有差异。一开始，我认为这可能是个体差异，也可能是性别差异，但后来经过科学鉴定，我才知道它们是不同的物种。

我们乘船向上游进发，船尾卷起的浪花翻滚到岸边的沙地上，冲向正在喝水的蝴蝶，将它们淹没。待河水退去，沙滩上会留下一片湿漉漉的、破碎的翅膀和尸体。然而，它们的色彩和形状仍然能够吸引飞舞的蝴蝶，不出几秒钟，就会有一大群蝴蝶覆盖在这些尸体上。

不幸的是，蝴蝶并不是伊莱弗夸地区唯一数量异常丰富的昆虫。这些天，我们每天被成群叮咬能力极强的害虫所折磨着。它们不仅是我见过的昆虫中最凶残的，而且有一个显著的特点——它们有着严格的轮班制度。

早餐时间是蚊子当班。这里有好几种蚊子，最厉害的是长着独特的白脑袋的大家伙。我们一般在火堆旁吃早餐，希望刺鼻的烟能让它们躲远点；但是有些蚊子为了吸我们的血，竟然可以忍受缭绕的烟雾。当太阳升到河对岸的森林上空，炙烤着大地上的红土，将它们化为粉末时，蚊子会离开房屋，退到河边的树荫下。如果我们不小心走到那里去，它们还是会热情地叮咬我们，但是对房子这边的人来说，它们已经下班了。

　　一种叫"姆巴拉圭"的昆虫会来接班，这是一种和黑颊丽蝇体型差不多的大苍蝇，咬起人来像扎针一样疼，还会在皮下留下小小的红色出血点。"姆巴拉圭"非常勤奋，它们会在一天中最热的时候缠着我们，一旦黄昏来临，就会准时下班。少量蚊子会在这时再次上岗，但是我们面临的最大敌人却是"珀维林"。它们只不过是比灰尘稍微大一点的苍蝇，却是最令人厌恶的一种吸血昆虫。蚊子和"姆巴拉圭"至少足够大，可以被人捉到；当你拍死一只将口器插入你的皮肤，腹部不断膨胀的家伙时，看到血液四溅，你会有一种满足感，即便那些是你的血。然而，"珀维林"不仅体型小，而且数量多，虽然我们能一巴掌拍死五十只，但是这对头顶上的那片乌云没有任何影响。更要命的是，我们根本没有针对它们的防护措施，蚊帐的网眼已经足够细密，但是"珀维林"不费吹灰之力就能钻进来。唯一能阻挡它们的，只有网眼更为紧密的床单。我们曾经尝试用床单搭建一个帐篷，但是里面又闷又热，最终我们不得不放弃这一计划。后来实在没办法，我们只能在身上涂抹一些香茅和其他几种驱虫剂，其中有一些闻起来很恶心，还有一些会让皮肤有轻微的刺痛感，如果不小心碰到眼睛和嘴唇，那种疼痛不可言表。不过，对"珀维林"来说，这些药水似乎只是吃饭时的调味品。它们整夜陪伴着我们。天一亮，它们准时下班，蚊子开始工作。

唯一能改变这个排班表的只有天气。如果白天闷热难耐，天空中乌云密布，或者夜晚月光如水，那么蚊子、"姆巴拉圭"和"珀维林"会同时上岗。不过，也有一种天气可以把它们都赶走，那就是暴雨。在伊莱弗夸，每四天中至少有一天会下雨，但是这一天通常会让我们充满绝望，因为我们根本无法拍摄。换个角度思考，这里的雨天其实让人感到挺快乐的，天气不那么热了，我们可以躺在吊床上，在一种远离昆虫的幸福状态下看书。

刚到的那几天，我们因为一个突发情况而寝食难安。根据推算，卡约会在我们抵达后的二十四小时之内到这里。然而，他一直没到。我们很快吃完了随身携带的罐头食品，不得不请求南尼托支援一些。这样做确实有些难为情，一来我们住在这里，已经欠了他一个很大的人情，二来他的食品既不丰富也不可口，只有煮熟的木薯和一些不新鲜的咸牛肉，或许还有一些野生酸橙。然而，他无法为我们提供燃料，快艇的油箱眼看就要空了。情形非常严峻。如果卡约的船在我们最后见他的地方抛锚，或许剩下的油还能支撑我们到那里。但是，如果他的发动机出现无法修复的故障，而他打算把船开回赫惠瓜苏河，那么他就会超出我们行驶的范围，我们势必会沦落到既没有柴油，也没有粮食的悲惨境地。

我们的担忧与日俱增。在我们到达伊莱弗夸的第五天，卡约终于满脸微笑地驾船抵达这里，好像什么事情都没有发生过一样。

我们扔给他一根绳子，他迅速将船停好，顺着岸边的岩石坡道向小屋走去。我则一直待在河边，直到看着所有的罐头都被搬上岸，才跟着他一起回去。

桑迪、南尼托和卡约围坐在火堆旁，喝着马黛茶，多洛雷丝则在一旁尽责地替他们端茶和续杯。马黛茶叶其实就是碾碎的干树叶，它来自一种和冬青同属的灌木——巴拉圭冬青。喝茶的时候，先把茶叶放入一个角质容器或葫芦里，倒入热水或冷水冲泡，然后用一根末端带有滤网的吸管饮用，这种吸管在当地被称为 *bombilla*。马黛茶尝起来甜中有苦，苦中带涩，我和查尔斯从一开始就很喜欢这种口味，随即加入马黛茶大军。

"卡约的发动机出了点故障，"桑迪告诉我们，"现在一切正常。他说河水水位很高，所以他想继续朝上游航行，看看那里木材的情况。如果河水一直保持在高位，他将离开两个星期。如果水位开始下降，他会很快回来。但是不管怎样，他一定会接我们返回亚松森。"

这听上去似乎是个不错的安排。卡约站起来戴上帽子，和我们一一握手，然后回到自己的船上，很快连人带船消失在我们的视野中。

既然返程的时间已经确定，我们就可以安心收集和拍摄动物了。当务之急是寻求帮助。俗话说得好，双拳难敌四手，如果能有几个比欧洲人更熟悉森林及动物的美洲印第安人给予帮助，肯定会事半功倍。南尼托说，5 英里外的森林里有一个印第安村落，我和桑迪立即出发去找它。

事实证明，那个印第安村落其实就是一片破旧的茅草屋，它坐落在宽阔的山谷里，那里绿草如茵，环境宜人。如今，美洲印第安人基本摒弃了传统的生活方式。身着破旧的欧式服饰的他们已经不再打猎，而是饲养一些瘦骨伶仃的小鸡和几头营养不良的牛，这些牛的肋骨清晰可见，皮肤上还有长着蛆的脓包。

我们说明来意，希望找到一些鸟类、哺乳动物，特别是犰狳。不论他们捉到什么，只要送过来，我们就会支付一定的报酬；如果能带我们找到动物的巢穴，还会有更丰厚的回报。

桑迪说话时，他们喝着马黛茶，若有所思地盯着我们。没有人表现出特别的热情。这也不能怪他们，天气闷热又潮湿，躺在吊床上的确要比在森林里乱跑舒服得多。不过，我惊奇地意识到，这里竟然没有蚊虫叮咬我们。我打断桑迪苦口婆心的劝说，让他问问村民们有没有受到蚊子、"姆巴拉圭"和"珀维林"的骚扰。他们慢慢地摇了摇头。我想知道，如果让我永远生活在这里，我的这股冲劲儿可以持续多久。没有蚊虫的叮咬，没有为了在竞争激烈的现代社会中生存下来而时刻让自己精力充沛的烦恼，或许我也会睡在吊床上，等着母鸡下蛋，等着屋外的香蕉成熟。

酋长严肃地说，我们来得不是时候。过去几周，村里的人一直在讨论要不要砍掉村子附近一棵栖息着野蜂的大树，他们可能会在接下来的任何一天下定决心。在这个问题得到解决之前，显然没有人会考虑做其他的事情。

不过，他也保证，如果有人碰巧遇到一些动物，他们会设法捕获一些，然后通知我们。我和桑迪回到伊莱弗夸。我觉得还是不要指望从村民那里获得实质性的帮助。

我们在森林里漫游了好几天。那是一个压抑的，甚至有点恐怖的地方。英国的森林温柔好客。它的四周有着数不清的入口，邀请你踏上光影斑驳的林荫小道，走向森林深处。然而，伊莱弗夸周边的森林却大相径庭，入口处布满锋利的荆棘和错综缠绕的藤蔓。当我们强行进入后，成群的蚊子、蜱虫和水蛭会再次警告我们不要深入森林。层层叠叠的枝叶将太阳遮得严严实实，要不是随身携带指南针，我们根本无法辨别方向。为了避免迷路，我们会在树干上砍几刀，留下记号，根据这些白色的伤口，我们可以安全地原路返回。这里只有疯狂生长和衰败腐烂两种迹象。阳光是绝大多数植物赖以生存的资源，那些在争夺阳光时力不从心的植物，只能倒在地上慢慢腐烂。匍匐植物和藤蔓植物则利用老树的树干向上攀爬，达到目的后便会勒死曾经的帮手。只有在大树倒下的地方，阳光才能照射到森林的地面，接着较小的植株纷纷冒出来，在这里茁壮成长，直到其中的一棵异军突起，偷走所有的阳光，并最终杀死它的同伴。在这些空地之外的地方，我们几乎看不到花。

森林里没有大型动物。我们有望找到的最大的动物是美洲豹。它虽然并不罕见，但是善于伪装，而且移动时悄无声息，所以游人在森林里几乎碰不到它，除非他们带着猎犬狩猎。乍一看，这片森林非常荒凉，除了蝴蝶和那些在潮湿阴暗的角落里不断鸣叫的昆虫外，别无他物。

其实不然，这片森林里到处都是动物，它们隐藏在那些看不见的地方，暗暗观察着我们。有一次，一只浣熊在我们面前一闪而过，消失在一片沙沙作响的树叶里。我们只能通过检查它留下的脚印来确定看到的是什么。地面其实是一本账簿，我们可以从中辨识出那些在我们之前经过这里，以及已经悄无声息地消失的动物。森林里最常见的是双领蜥的痕迹——中间是尾巴留下的蛇形的扭曲凹槽，两边是爪印。有时我们跟着这样的痕迹就能看到蜥蜴，它们将近 3 英尺长，一动不动，呈青铜灰色，像一尊雕像。如果我们走到几码远的地方，它们就会瞬间消失。

鸟儿是森林里最耀眼的居民。美洲咬鹃和杜鹃差不多大，胸口呈猩红色，鸟喙周边满是髭须。它们笔直地坐在树上，身旁是它们用来筑巢的棕色球状白蚁穴。地面上的鸧是一种几乎不会飞，像鹧鸪一样大的栗色小鸟，它犹豫而又谨慎地在树影下踱步，不时地发出几声清脆悠扬，如哨音一般的美妙叫声。有一次，我们找到它的巢穴，里面有十几枚像台球一样光亮的紫色鸟卵。绒冠蓝鸦生性好奇，常常主动接近人类，如果我们在一群绒冠蓝鸦附近走动，它们就会在树枝间跳来跳去，飞到我们身边，咯咯地尖叫；它们很好看，腹部呈奶油色，翅膀和背部呈亮蓝色，头上长着奇怪的密羽，看上去像是戴了一顶滑稽的帽子。还有一种钟伞鸟虽然很难看见，但是数量特别多，无论我们走到哪里，总能听到它们如敲击金属般的叫声。我们有幸看到一只钟伞鸟，它站在森林里的制高点，远远望去就像一个白点。钟伞鸟会在森林里划分自己的领地，并且会通过长达一个多小时的连续不断的鸣叫来宣示主权。有时,一只鸟儿也会和半英里外的另一只鸟陷入声嘶力竭的鸣叫战斗,听上去就像是它的叫声在森林里回荡。

随着卡约的乘客的到来,伐木工作正式开始。他们两人一组,每天去森林里砍伐巨大的硬木,其中有些树甚至有 100 英尺高。其他人在南尼托的监督下,开始另一项艰巨的任务,也就是把上一季砍伐并已经清理好的褐色原木拖出森林,住在伊莱弗夸的那两个印第安男孩也会帮忙。他们使用木材运输车——一种巨型木制轮车运送原木。轮子的直径超过 10 英尺,由沉重的木轴连接起来。原木用

用牛队和木材运输车运出原木

铁链捆在木轴下，由一队受过专门训练的牛从森林里拉出来。它们被堆在小屋下面的河岸边的空地上，直到可以连成一排木筏。然后，伐木工人会乘着木筏顺流而下，漂到亚松森，这趟旅程长达一个月。

几天后，我们指派一个印第安男孩去村子，看看村民们有什么收获。他带回了一个令人兴奋的消息。酋长抓到了一只巨嘴鸟、一只食蚁兽、三只鸫，最棒的是，还有一只犰狳——我们要付多少钱？我为自己质疑他的事业心而感到惭愧。如果美洲印第安人是如此精力充沛的猎手，那么我们最好离开伊莱弗夸，直接驻扎在村子附近，这样就可以在动物被捕获后立即接管它们。当我记起那条山谷里没有咬人的蚊虫时，这个提议变得更加吸引人。南尼托借给我们两匹马，用来驮运设备。"如果卡约来了，给我们捎个信，"我们说，"我们就会马上回来。"

我们兴高采烈地出发了。

晚上，我们抵达那个村子，然而酋长不在。其中一个人说他正在森林里照料他的木薯田。

"不，不，"我尝试着用一种略带幽默色彩的方式说，"他在为我们寻找更多的动物。"

村民们被逗得开怀大笑，我们在他们离开后搭好营地。

第二天早上，一个信使从酋长那里来了。

"酋长脚疼，"他说道，"不能来见你们。"

"但是那些动物，"我们问，"它们在哪儿呢？"

"我要去问问他。"信使说完便离开了。

那天深夜，酋长终于现身。他似乎没有跛行。

"先生们想买这些动物，"桑迪说，"那只犰狳在哪里呢？"

"它跑了。"

"那大食蚁兽呢？"

"它死了。"

"那巨嘴鸟呢？"

一阵沉默。

"被一只鹰吃了。"酋长阴沉地说。

"还有那些鹌呢？"

"啊哈，"酋长说，"我从来没有抓到它们，但我知道在哪里可以找到它们。我只是说，要是捉到它们，你们会付多少钱？"

究竟是什么原因，让酋长编造出这样的谎言，目前我们还不清楚。我隐约觉得，可能是因为在落后的社会环境中，人们比较讲究礼节和爱面子。不过，查尔斯有更切合实际的结论。

"我想，"他冷冷地说，"这件事教育我们，不要问愚蠢的问题。"

我们出现在村子里，似乎激发了当地人的热情。虽然这些刺激不足以让他们真正行动起来，但是他们开始关心我们的行程，同情我们的遭遇，还时常来我们的营地坐坐，一边喝马黛茶，一边给我们提一些有建设性的建议，例如下一步该怎么做，应该去哪里观察动物。一名男子回忆说，他听闻最近有人发现一种叫"贾库佩蒂"的鸟的卵。他说，这是一种非常罕见的动物，那个人把它们带回家，让家里的母鸡孵化。根据他的描述，"贾库佩蒂"应该是彩冠雉，它和火鸡大小相当，是它们家族里最帅气的成员之一。我们很感兴趣。在哪里能找到这个人？他非常圆滑，问我们愿意为这些雏鸟出多少钱。我们讲了半天价，决定用以物易物的形式来交易，不过最终兑换的规模要根据雏鸟的数量、种类及健康状况来确定。这个美洲印第安人说他会亲自把这些鸟儿带来，看来他已经深谙赚取差价的门道。

两天之后，他回来了。这群雏鸟黑黄相间，像小绒球一样，非常可爱。尽管不知道它们是不是彩冠雉，但我们选择相信他的话，用一把刀换回了这些小家伙。

彩冠雉

它们非常温顺，而且还在向更加温顺的方向发展。很快，它们便开始紧紧地跟在我们身后；为了避免发生踩踏，我们不得不将它们关在临时搭建的围栏里，以保证它们的安全。它们开心地吃着谷物和肉屑，迅速长大。我们密切地观察着这些小家伙。它们长大后会是什么样子？随着时间的推移，其中有一只似乎变得与众不同；在回到伦敦的几周后，我们终于确定了它们的身份。其中三只的确是彩冠雉——除了黑色的翅膀上点缀着白色斑点外，还长着华丽的白色冠羽和色彩鲜艳的肉垂，肉垂的一部分是紫色，一部分是鲜红色。不过，第四只鸟的颜色则要单调得多。它是棕色的，仅有一个小小的红色肉垂。如果那个美洲印第安人认为这只鸟不值钱，故意把它掺在其他几只里卖给我们，那他就打错算盘了。这是另一种冠雉——安第斯冠雉，以前在伦敦动物园里很少有过。对我们来说，它是四只鸟里面最罕见、最有价值的一只。

　　四只雏鸟换回一把结实锋利的刀，这件事在村子里引起极大的轰动；两天后，村里的一个年轻人抱着一只巨大的双领蜥来到我们的营地，这家伙足足有 3 英尺长，脖子上还挂着一个套索。我十分小心地应付着它，因为双领蜥有着强劲的下颌，我毫不怀疑，它一旦抓住机会，会毫不费力地咬断我的手指。我抓住它的脖子和尾巴。这只爬行动物不断地扭动，发出一种微弱的噼啪声。让我大吃一惊的是，它竟活活地把尾巴从后腿处扯断了，我的两只手里各拿着一半蜥蜴。尾巴像前半身一样扭动着，长长的、叶片状的肌肉在断裂的边缘处收缩成一个环，除了末端有一个猩红色的小点之外，没有任何血迹。小型蜥蜴经常会用这种方式断尾，但是我手里握着的这种大型蜥蜴做出同样的行为，既出人意料，又让人毛骨悚然。

自残似乎并未让双领蜥变得更糟，但破坏了它完美的外形。我给年轻人支付了报酬，不过我把蜥蜴放回了森林，希望它能长出一条新尾巴。

第二天，那家伙又带来一只双领蜥。它几乎和第一只一样大，我处理起来更加谨慎。不幸的是，它还是受伤了，男人把它困在一个洞里时，它发动袭击，不小心咬到一把砍刀，结果满口是血。虽然不敢相信它能活下来，但我还是小心地把它放进笼子里，给了它一只鸡蛋吃。

第二天早晨，鸡蛋不见了，双领蜥昏昏沉沉地躺在角落里。接下来的几周，它嘴上的伤口慢慢愈合，当我们最终把它交给伦敦动物园时，它完全恢复健康，和以前一样凶残。

我们收集到的动物越来越多。除了冠雉和双领蜥之外，还有一对罕见的鳞头鹦哥、一只年轻的绒冠蓝鸦和五只小小的鹦鹉雏鸟。但是，我们仍然没有找到最渴望看到的生物——犰狳。

我们日复一日地寻找着它们的洞穴。寻找这些洞穴并不困难，因为犰狳是一位充满热情和活力的挖洞健将。它通过挖隧道寻找食物，并且在森林里挖了很多备用的藏身之处，毫无疑问，这些洞总有一天会派上用场。有时它们会抛弃旧的巢穴，挖一处新的巢穴。

最后我们找到一处洞穴，各种迹象显示它仍在使用。洞口有新的脚印，洞内的垃圾里有尚未枯萎的绿叶碎片。如果真的有犰狳住在里面，那么最直接的方法就是把它们挖出来。但我非常怀疑能否用这种方法捕捉到成年犰狳，它们一定会撤退到最深处的竖穴，那里可能会有 15 英尺深，即使我们能挖到这么深的地方，我确信犰狳也会挖得更深更快。我们真正的希望在于找到小犰狳；犰狳通常会将它们的托儿所建在地面附近，避开洞穴深处，这是因为那里在雨天容易被淹，不适宜长久居住。

　　这项工作不仅艰辛，而且让人感到非常炎热。错综复杂的根茎让地面异常板实。经过一个小时的挖掘，筋疲力尽的我们发现主隧道大约在地面 3 英尺以下的地方，与地面基本平行。随着越来越多的树叶出现，我意识到即将挖到巢室。我跪在地上，用手把松软的泥土清理干净，然后顺着隧道往下看，想要在把手伸进去之前先确认里面没有什么危险；但是我什么也看不见，这让我心里直发毛。现在唯一能做的就是大胆尝试。我趴在洞口，慢慢地把手伸进洞里。我起初只能感受到树叶，突然又感觉到有一个东西在动。我一把抓住那个暖暖的、不停扭动的家伙。我确信自己抓住的是一只犰狳的尾巴，但是不管它是什么，我怎么都拽不出来。这家伙似乎把四肢扎进泥土，然后用背抵着洞顶。我紧紧地抓住它，同时试图将另一只手伸进去。在我摸索和挣扎的时候，我发现了一个对付它的好办法——它怕痒。我不经意地用左手碰了碰它的肚子，刚一碰到，它就卷了起来，失去抓力，被我像拔瓶塞一样拔了出来。

　　令我高兴和欣慰的是，我捉到的是一只年轻的九带犰狳。现在

搜寻犰狳

没有时间做详细检查，洞里可能还有其他犰狳。我迅速地把它放进一只袋子里，然后再次回到洞口。不到十分钟，我又抓到三只犰狳。这正是我所期望的数字，因为雌性九带犰狳具有生产四胞胎的非凡特征。我们胜利地把四兄弟带回营地。

当前的首要任务是给它们做一些舒适的笼子。幸运的是，一个在亚松森的英国朋友送的四个盒子一直没有派上用场，我们把它们拆开，捆成一个整齐的包裹带在身边。我们迅速地将它们恢复原状，并在外面钉上了细密的铁丝网。往里面放一些泥土和干草，它们就成了完美的犰狳笼舍。这些盒子还给每只动物提供了一个名字，因

一只正在钻回洞里的犰狳

为它们最初是装雪利酒的箱子，我们自动地把它们的主人称为菲诺、阿蒙蒂拉多、奥洛罗索和萨克维尔，统称为四胞胎。

这些家伙实在是太迷人了！它们的外壳不仅柔软，而且平滑光亮。它们长着好奇的小眼睛和粉红色的大肚子。一天中的大多数时间里，它们都躺在干草下睡觉，但是一到晚上它们就精力充沛，绕着盒子不厌其烦地寻觅食物，胃口大得惊人。

九带犰狳是所有犰狳中最常见、分布最广的一种。虽然巴拉圭是其分布范围的最南端，但在南美洲北部的大多数国家都能看到它们的身影，在过去的五十年中，它们甚至将领地扩展到美国南部的一些地方。美洲印第安人经常来看四胞胎，蹲坐在地上观察它们的每一个动作。我不大明白他们为什么对犰狳这么感兴趣，按理说他们应该见过很多。事实上，这种动物是他们食谱中的一道常见的美味佳肴。或许是因为他们很少看到活生生的犰狳吧，毫无疑问，他们一抓住活的，就会立刻把它杀了吃掉。

他们说了很多关于犰狳的故事。相传，如果一只犰狳想要过河，那么它只需要顺着河岸走进水里，在河床上一直往前走，直到抵达对岸。这个故事听上去荒诞不经，当时我没有把它当回事。然而，当我们回到英国后，我发现这个故事很可能是真的。犰狳背上的盔甲非常重，所以沉在河底对它们来说不难。此外，它们还有一种惊人的能力，可以长时间屏住呼吸，并在组织中积累氧气。这一点非常重要，因为它们常常要在地下连续不断且迅速地挖洞，当它们这样做时，鼻子就不可避免地要埋在地下，几乎不能呼吸。这两个特点让犰狳在水下行走成为可能，美国的一位研究人员已经在实验室条件下得出这样的结论。然而，到目前为止，还没有科学家发布一手资料，宣称观察到犰狳在自然界利用这种方法过河；而且我们知道，如果它们愿意的话，它们可以用正常的方式在水面游泳，只要它们在肺部充入空气，减轻身体重量就没有问题。

既然已经捉到四胞胎，我们又开始为返程担忧了。过去几天一直没有下大雨，河水的水位可能会回落，这样卡约就不得不提前回来。如果我们失之交臂，那后果将是一场灾难，所以我们把所有的东西都聚集在一起，回到了伊莱弗夸。

南尼托和多洛雷丝用马黛茶热情地招呼我们。大家围坐在篝火旁，一边传递着马黛茶杯，一边分享着近期的见闻。

过去的几天里，"珀维林"变得更为猖獗。伐木工作进展顺利，他们砍了很多树，岸边堆放着不少原木，很快就有足够的原料建造木筏了。

"那卡约呢？"我问。

"走了。"南尼托用西班牙语随口答道。

"走了吗？"我们不敢相信自己的耳朵。

"是的，走了。河水越来越低。我让他等我给你捎个信，但他说他很着急。"

"那我们怎么回去呢？"

"我想也许会有另一条船在上游某处。如果有的话，他们过一段时间就会下来。我相信他们会带你们离开的。"

除了等待和希望，我们无能为力。

幸运的是，我们没等太久。两天后，一艘小汽艇轰鸣着顺流而下。尽管船上已经有五个乘客，没有我们的空间，但船长同意带走大部分行李和动物。河水在快速下降，他们也很匆忙。如果三天之内到不了赫惠瓜苏河，他们很可能会被困上几个星期，直到下次暴雨来临，河水再次上涨。不过，他们并不去亚松森，只到普埃尔多伊。我们估计，在那里找到一艘开向亚松森的船的机会，比在伊莱弗夸要大得多。不到一小时，我们收拾好所有东西，登上快艇，告别南尼托和多洛雷丝，然后跟着前面的汽艇出发了。

我们花了三天多的时间回到赫惠瓜苏河。

　　即将抵达普埃尔多伊时，另一艘汽艇朝我们驶来。我拿起望远镜一看，是"卡塞尔"号。我甚至看到那个不会被认错的戴着草帽的船长在掌舵。真是世事难料，我从未想过再次见到他时会如此高兴。

　　我们并排停靠在岸边。冈萨雷斯探出身子向我们挥手。转移设备和动物时，船长告诉我们，他回到亚松森，肉制品公司的好心人见我们没有和他一起回去，非常担心，让他加满油，返回上游等待我们。他一直在这里。

　　客舱看起来像天堂一般。

　　查尔斯把收音机打开，然后倚在床上，开始做精致的点心——一盘黄油饼干，上面点缀着卷得整整齐齐的凤尾鱼。

　　他端起身旁的啤酒杯，喝了一大口啤酒。"旅途不错，"他略带沉思地说道，"除了中间一两天出了点意外，这趟旅程一点也不糟糕。"

第二十四章　牧场上的鸟巢

翌日清晨，"卡塞尔"号顺利抵达亚松森，沿着肉制品公司的码头缓慢滑行。船长向冈萨雷斯大声吼叫，让他关闭发动机，随后带着我们从未见过的灿烂笑容登上岸；他如同归来的英雄一般，受到装卸工朋友们的热烈欢迎。冈萨雷斯紧随其后，向他忠实的听众声情并茂地讲述这次旅程中发生的趣事。

经历数周的考验及各种突发事件的折磨后，我和查尔斯很高兴再次见到亚松森漂满垃圾的河水和肮脏的码头。当我们走在前往经理办公室的路上，去感谢他慷慨提供游艇的时候，我的脑海里充盈着城镇为我们准备的惊喜——防水的卧室、柔软的床垫、家乡的书信，还有那些我们未曾想到的可口美食，它们被摆放在抛光的红木桌上，搭配着闪亮的银质餐具。这样舒适的环境，我们至少可以享受一周。由于一直无法确定返程日期，我们也就没有为下一次旅行做任何安排，我想做完这些至少需要一周时间。

经理热情地招待我们。

"你们回来得正是时候。还记得你们曾经说过想找个时间参观我们的牧场吗？公司的飞机后天会到亚松森。如果你们想去的话，它可以在飞回布宜诺斯艾利斯的路上把你们捎到伊塔卡博牧场。"

尽管这意味着我们将丧失一周奢侈舒适的生活，但这个提议让人无法抗拒，因为第一次听闻伊塔卡博时，我们就意识到，如果能去那里参观，那将是一次性价比极高的旅程。那片牧场位于阿根廷最北端的一个省——科连特斯省以南200英里处。多年以来，苏格兰的麦凯先生一直管理着这片牧场，他认为养牛的成功并不建立在消灭所有野生动物的基础上。他是一位热情的博物学家，禁止人们在他管理的土地上狩猎。因此，这片牧场不仅生产大量的牛肉，而且是一个动物保护区。现任经理迪克·巴顿延续了这一传统，据我们所知，阿根廷平原上的野生动物在伊塔卡博的数量比在其他任何地方都要多。

我们一周的空闲时光变成了异常忙碌的两天。我们首先把拍摄好的胶片寄回伦敦，检查所有的设备，随后在我们寄宿的英国朋友家的大花园里搭建了一些笼子和围栏，作为动物们的临时"宿舍"。为了能有人在我们离开时照料这些家伙，我们接受了屋主的建议，聘请他们的园丁阿波洛尼奥——一个可爱的巴拉圭小男孩作为临时饲养员，并安排他的兄弟接管他的工作。阿波洛尼奥对动物有着持久的热情，他在照料冠雉雏鸟、鹦鹉、四胞胎，甚至是脾气暴躁的双领蜥时所表现出的喜悦和兴奋，使得我们确信他会全心全意地对待这些家伙。

肉制品公司的飞机按计划抵达，这是一架小型单引擎飞机，体积非常小，我们费了半天劲才把一些必需的设备塞进去。

起飞后没几分钟，亚松森和巴拉圭便消失在我们的身后。现在，我们正在阿根廷上空翱翔。无论从地理的角度，还是从政权的角度来说，它都是一片新的土地。道路和围栏在草原上纵横交错，如同一条条红色和银色的线条画过空白的绿色画布。在这样一个没有任何遮蔽物，并且致力于科学生产牛肉的国度，能有野生动物幸存下来，简直不可思议。我们嗡嗡地在天上飞了将近两个小时。在发动机的轰鸣声中，飞行员朝我们大喊一声，指着前方一个由红色建筑组成的空心小方框，它的四周环绕着一圈狭窄的树林，就像一幅镶嵌在深绿色画框中的画。这就是伊塔卡博。地平线开始倾斜，地面的建筑越来越大，原本散落在草原上的斑点变成一头头壮硕的牛。飞机逐渐调整成水平姿态，慢慢着陆。

经理正在等我们。他身材高大，面容滑稽，戴着一顶扭曲变形的软毡帽，倚靠在手杖上，就像从赫里福德郡的一座农舍里走出来的农场主。他的第一句话，和他的装束一样具有浓郁的英伦范儿。

"下午好，我叫巴顿。进来吧，我确信你们这些家伙想要来一杯麦芽啤酒。"

然而，他带我们穿过的花园，却和英式花园大相径庭。一棵巨大的棕榈树在天鹅绒般的草坪中央慵懒地挥舞着它的枝叶，蓝花楹、叶子花、木槿花在灌木丛中竞相开放。一个戴着宽边帽、留着络腮胡的阿根廷牛仔站在花坛中，小心翼翼地修剪着枯枝败叶，只见他穿着宽松的裤子，系着宽大的皮带，腰间还别着一把不带刀鞘的大刀。

这栋布局杂乱、以瓦楞铁皮为屋顶的单层建筑，很难和"漂亮"这个词联系起来；尽管不是那么优雅，但是它确实非常豪华，它的建造规模和装修风格，可以与爱德华时期富丽堂皇的建筑相媲美。我和查尔斯被领进一间单独的、带有浴室的宽敞客房，随后和迪克·巴顿一起在一间巨大的桌球室里喝他刚才承诺的啤酒。

我们说希望能找到鹈鹕、水豚、水龟、犰狳、毛丝鼠、距翅麦鸡和穴小鸮。

"上帝保佑，"他说，"这太容易了，这里有很多。你们可以开着我们的卡车在这附近转悠，直到发现它们为止。此外，我还会让那些工人也多加留意，如果找不到你们想看的东西，我会给他们点颜色看看。"

从空中俯瞰，房子周围的土地并非一马平川，但是起伏并不大，有点像威尔特郡辽阔的丘陵地带一样。这里并非完全没有树木，为了给牛群提供阴凉，他们在这里种了一些从澳大利亚引进的木麻黄和桉树。这里位于布宜诺斯艾利斯以北几百英里处，迪克说它不是"大草原"（the pampas），而是一个"camp"，这是一个英语化的西班牙单词缩写，意思很简单，就是"乡下"。

这片面积约为85 000英亩*的牧场被铁丝网分割成几个巨大的围

---

* 1英亩约等于4 046.86平方米。——编注

在伊塔卡博工作的雇工

场，每个围场和英国的小型农场差不多大。丰盛的牧草虽然为牛群
提供了极好的草料，但是对鸟儿来说却不太友善，除了为数不多的
树荫外，这里既没有庇护所，也没有筑巢的地方。尽管如此，有几
种鸟类还是成功地在这里繁衍生息，它们采用的筑巢技术特别适合
这种开阔的、没有遮蔽场所的地区。

　　橙顶灶莺又被称为"阿隆佐索"，它是一种和英国的鸫差不多大
的红棕色小鸟。它既不会刻意把巢建在鹰看不到的地方，也不会试
图把巢建在牛鼻子够不着的地方。它会建一个几乎坚不可摧的巢，
使自己的卵和雏鸟免受威胁，这种圆顶建筑是用晒干的泥土建成的，

橙顶灶莺和它建造了一半的巢

形状像是当地人烤面包用的土炉。它的巢大约有 1 英尺长，洞口大到可以容纳一个人的手。然而它的卵受到了很好的保护，这是因为在入口的后面，鸟巢被一层环绕着巢室的内壁一分为二，而在这层内壁上只有一个小孔，小到只能让鸟儿自己勉强地挤进去。

　　既然设计出如此坚固的堡垒，橙顶灶莺也就没必要隐藏巢穴，干脆把它建在最显眼的地方。如果没有树，它就会将巢穴建在围栏的柱子、电线杆或地面上任何可以支撑它的物体上，不过建在某些地方可能会被牛踢碎。我们曾经在一扇经常使用的门的门闩上发现了一个橙顶灶莺的巢，它每天要被迫旋转好几个 90 度。

橙顶灶莺和完工的巢

　　橙顶灶莺不仅胆子大，而且喜欢亲近人，常把巢建在人类居住的房屋附近。作为回报，牧场工人们非常喜欢这种既可爱又无畏的小鸟，给它起了很多昵称。正如我们会亲切地将欧亚鸲唤作"红胸脯的罗宾"，将鹡鸰唤作"珍妮"一样，他们把橙顶灶莺称作"阿隆索·加西亚"和"若昂·德洛斯·巴里奥斯"，意思是"泥坑里的家伙"。他们说这种鸟堪称典范：它生性开朗，因为它不倦地歌唱；它有着极高的道德准则，因为它对伴侣忠贞不渝；它极度勤勉，在筑巢时从早忙到晚。不过，他们说，它在礼拜日也是非常虔诚的。

在丘陵的低洼处和溪流的岸边，偶尔会长出一簇簇带有锯齿的野草，它叫星花凤梨，其果茎从布满细腻针刺的莲座式基部萌生出来，高达 6 英尺。这些草丛是许多小鸟的家园，它们长得娇小玲珑，偶尔会冒险来到开阔的牧场。

一大群剪尾王霸鹟会飞到那里去觅食，它们时而从一根茎猛冲到另一根茎上，时而站在一棵特别高的草茎顶端，在阳光下引吭高歌，分叉的长尾和着节奏一会儿张开，一会儿闭合。在那里，我们还发现了白蒙霸鹟，除了尾尖和初级飞羽是黑色以外，它全身雪白。此外还有机敏的朱红霸鹟，它的尾巴、翅膀和背部是黑色的，其他地方却是一种神奇的鲜红色。牧场的工人称它为"消防员"或"公牛血"，但是我觉得最恰当的称呼应该是"布拉齐塔·德尔·富埃戈"，意为"燃烧的小煤块"。每一次偶遇，我们都会被它所吸引，一边驻足观望它那美丽的倩影，一边感慨我们拿着的是黑白摄像机。

不过，牧场最优雅的居民非鹖鹋莫属。迪克认为我们是小题大做的老学究，我们竟然不称它们为鸵鸟，而是给它们另起一个古怪的名字，事实上，这两种鸟的确非常相似。然而，真正的鸵鸟只生活在非洲，而鹖鹋只生活在南美洲，它们还是有细微的差别。鹖鹋个头稍小，羽毛不是黑白相间，而是暖灰色，每只脚上有三个脚趾，而鸵鸟只有两个脚趾。

我们经常看到鹈鹕，它们如同模特一般，在草地上优雅地缓缓踱步。牧场禁止狩猎，这让它们变得无所畏惧，竟然允许我们在几码的范围内开车；然而，一旦我们越过安全距离，它们便停止吃草，抬起头像小鹿一样狐疑地盯着入侵者，向我们发出警告。长长的脖子原本给了它们目空一切的资本，可它们的大眼睛却如水一样温柔。

鹈鹕作为一种不会飞的鸟，它们那蓬松的翅膀除了保暖之外，似乎没有其他任何用途，它们的身体上只长着短短的奶油色羽毛；当鸟儿挥动翅膀，并将它们裹在看上去几乎赤裸的身上时，那神态就像高傲的扇子舞者一样。

通常，一只雄鸟会和一些年龄、体型不同的雌鸟组成一个群体。一般来说，雄鸟的体型最大，它与那些雌鸟之间的区别在于那条沿着后颈向下延伸，像细窄的轭架一样围在肩膀周围的黑色条纹。雌鸟虽然有这种条纹，但那是棕色的，没有那么明显。

如果我们无视它们警告的目光，继续开车靠近它们，整个家族便会撒开长腿，以最快的速度四散奔逃，强劲有力的脚趾在地上留下一个个深深的印痕。迪克告诉我们，除了跑得最快的马以外，没有动物能追上它们。鹈鹕不仅耐力好，而且擅长急转弯和躲闪，所以很难被抓住。

在一片芦苇丛中，我们发现了鹈鹕的一个巢。这是一个直径约 3 英尺的浅坑，边缘堆着干树叶，里面有数量惊人的、巨大的白色鸟卵，每一枚长约 6 英寸，而且容量超过 1.5 品脱*。这一窝大概有 30 枚卵，它们杂乱无章地躺在巢里。我看着它们，做了一个粗略的估算。从蛋白和蛋黄的含量来说，这一窝卵相当于 500 只鸡蛋。然而，这并不是一个特别大的巢，上个季度，一位牧场工人发现一个巢里有 53 枚卵，而 W. H. 赫德森** 记录的一个鸟巢里足足有 120 枚鸟卵。

毫无疑问，鸟巢里的卵并不是来自一只雌鸟。当仔细观察这个鸟巢时，我们得出结论，雄鸟"后宫"的所有成员都为此做出了贡献。我可以看出这些卵的大小略有不同，较小的卵应该是由较年轻的雌鸟所产的。

我的脑海里浮现出诸多疑问。我知道雄鸟选择了筑巢地点，并在雌鸟产卵后负责孵化，但它所有的妻子是如何知道它在哪里筑巢的？产卵过程又是怎样安排的，以便让所有的雌鸟不在同一时刻产下卵，或者连续几天都不往巢中添加新的卵？不幸的是，我们无法通过观察这个特殊的巢穴来找到这些问题的答案，因为卵是冷的。它被遗弃了。

三天后，为了近距离地欣赏朱红霸鹟，我们走进一片生长在河岸上的星花凤梨，一只鹕鹒突然在我们面前跳起来，噌的一声跑了出去，消失在高高的草茎之间。在几码之外，我们发现了它的巢穴，里面只有两枚鸟卵。如果我们继续监视它，也许我们会很幸运地看

鹈鹕的鸟巢

到鹈鹕是如何安排产卵的。

　　根据以往的经验，我们决定把这辆车当作藏身之处。30 码外的一个斜坡是最好的观察点，我们在那里可以俯视鸟巢。然而，这里的星花凤梨实在过于繁盛，以至于在几英尺远的地方就看不到鸟巢了。我们只能小心翼翼地砍掉几棵较高的茎，使这里成为一条狭窄通道的起点，顺着这条通道，我们就可以观察鸟巢了。我担心如果一次砍得太多，雄性鹈鹕会不适应鸟巢周边环境的巨大变化；一次砍一点，可以让它逐步地适应。

　　接下来的几天早晨，我们都会回到现场，每次把车停在完全相同的位置。只要鸹鹒一离开巢穴，我们就不断地扩大和完善从卡车到鸟卵之间的狭窄通道。我们知道这些活动并没有打扰鸟儿，因为每天早晨我们都会看到一枚新下的鲜黄色的卵，它与剩下的那些褪成象牙色的卵形成强烈的对比。第五天早晨，我们的通道终于打通，我们开始守望。

截至目前，我们自认为已经很了解那只雄性鸹鹒了，为它取名为"黑脖子"。此时，它正坐在鸟巢上，尽管我们已经对周边的草丛做了那么多修剪，但还是很难一眼看到它，因为它的灰色羽毛与周围的草和星花凤梨巧妙地杂糅在一起，而且它还折起长长的脖子，将头枕在肩上。只有那双明亮的眼睛才能显示出它的存在，即使这样，如果我不知道该看向哪里，我也根本注意不到它。我们开始了漫长的等待。

两个小时后，黑脖子仍然一动不动。太阳升了起来，气温开始升高。我们刚到的时候还在露天牧场吃草的奶牛，现在已经退到了我们身后的桉树林的树荫下。鸟巢的另一边，一只正在溪流中捕鱼的苍鹭发出响亮的拍打声，看来早餐时间结束了。黑脖子一动不动地坐着。每隔几分钟，我就举起望远镜，希望能看到它做些有趣的事情。然而它唯一的动作只有眨眼。

我们已经在车上观察了两个小时。这只鸟肯定还没有开始孵卵。它身下最多只有6枚鸟卵，远没有达到孵化的数量。我们右边的山头上又出现六只鸹鹒，它们正在悠闲地吃草。它们都是雌性，是黑脖子的后宫。它们慢慢地朝我们走来，然后又消失在天际线上。

这时，黑脖子站了起来，它稍作休整，然后慢慢地朝着妻子们的方向走去。

　　接着，我们又陷入漫长的等待。黑脖子在九点钟离开，直到十二点，我们还没有见到它和它的后宫。十二点一刻，它在一只年轻雌鸟的陪同下在山头漫步。它俩一起走向鸟巢。我想这可能是黑脖子带领或护送它的伴侣前往鸟巢，但是无法确定是不是这样。不过，由于它后宫里的妻子比巢里的蛋还多，那只雌鸟很可能以前从未自己来过这个巢，那么黑脖子一定是在告诉它巢在哪里。

　　不管它以前有没有来过这个鸟巢，到达后它似乎并不怎么满意。它仔细检查了几分钟，然后弯下脖子，从鸟卵中捡起一小根羽毛，轻蔑地把这根羽毛从肩上甩过去。黑脖子站在雌鸟旁边，默默地看着它对鸟巢做了一两处改动。尽管雌鸟花了一些时间做整理，但是这个巢似乎仍然没有获得它的认可，因为它穿过高高的星花凤梨，朝左边走去。黑脖子默默地跟在它后面。

　　它们走了大约 100 码，突然，雌鸟坐下来，几乎消失在高高的草丛里。一直带领着雌鸟的黑脖子转过身，面对着它和我们，开始左右摇晃它的头。大多数求偶炫耀的动作，都是为了展示鸟儿自己的特色；当然，黑脖子表演舞蹈也是为了在它的伴侣面前炫耀光鲜的黑色颈纹和肩膀周围的羽毛。黑脖子朝雌鸟走近一步，它们的脖子越靠越近，直到最后像蛇一样缠绕在一起，如痴如醉地摇晃了几秒钟。接着，那只雌鸟又趴到地上，黑脖子把脖子挣脱出来，骑在雌鸟的身上，然后低下头。它们这样维持了几分钟，我们只能看到一团灰色的羽毛。它们分开后，黑脖子朝山上走去，漫不经心地啃食一些星花凤梨的果实。雌鸟站起身来，走到黑脖子旁边，它们拍打着翅膀，又整齐地将翅膀收回去。它们一起回到巢里。雌鸟又一次弯腰看了看鸟巢，但它没有坐下，接着，这对鸟儿向右朝着后宫的方向走去。

鸟巢再一次安静下来，鸹鹠也不见踪影。我们静静地坐在那里，固执地决定要看一只雌鸟生蛋。显然，我们刚刚已经看到了整个过程的第一部分，目睹雄鸟把鸟巢展示给它的一个妻子，然后和妻子交配。如果这是黑脖子与那只雌鸟的第一次交配，那么雌鸟在今后的几天内都不会产卵。不过，我们所看到的交配也许只是求偶炫耀的延续，是用来刺激产卵的。我们对此一无所知。

整整三个小时，鸟巢旁都没有动静。四点钟的时候，一只雌性鸹鹠从右边的星花凤梨丛中出现，跟在它后面的是黑脖子。它们径直走向鸟巢。我们分不清这只雌鸟是不是早上的那一只。它先是检查一下鸟巢，从里面取出几片干树叶，然后慢慢地把头和脖子立起来，整个身子缓缓地坐在鸟巢上。

我从来没有想过，一只雄鸟在它的配偶产卵时会做什么。在我的想象中，大多数雄性那时都不会在场，对这件事完全不在意。然而，黑脖子并非如此。雌鸟产卵时，它在巢后踱来踱去，看上去像医院产房外的父亲一样焦躁不安。雌鸟扇了一两下翅膀，随后将头垂到地上。几分钟后，它站起来和黑脖子重新会合，一起离开鸟巢。

黑脖子和它的一个妻子

　　它们走后，我悄悄地下车，往鸟巢走去。在巢的边缘，我看到第七枚鸟卵，它仍然是湿的，呈亮黄色。这只雌性体型硕大，产的卵也远远大于其他雌鸟的卵。毫无疑问，黑脖子晚上会回来，把它和其他鸟卵放在一起，守卫着它们过夜。

　　我们发动汽车，兴高采烈地返回住处。我们至少找到了一个答案，那就是雄鸟会领着雌鸟看巢的位置，也会组织雌鸟产卵。

　　但有一个传说，我们未能证实。桑迪·伍德告诉我们，当雄鸟有一整窝卵并开始孵化时，它会把其中一枚卵推到巢外。他称之为"厄尔迪兹莫"，也就是什一税。雄鸟会一直待在巢边，直到多数雏鸟孵化出来，然后它一脚将那枚卵踢碎，让蛋黄溅到地上。几天之内，这一小片土地上便到处都是蠕动的蛆，在幼雏最需要能量的时候，蛆为它们提供了完美的食物。真希望我们能在伊塔卡博待上足够长的时间，看到黑脖子也这么做。

第二十五章　浴室里的猛兽

　　对于动物收集者来说，没有哪个房间比浴室更实用。这是我在西非总结出的经验；当时我们入住的房间的浴室实在过于简陋，以至于我们毫不后悔地摒弃了它那形同虚设的功能，将其征用为临时的动物园。这间浴室唯一名实相符的地方在于那个矗立在红土地面中央，带有豁口的巨大陶瓷浴缸。它那配套的橡皮塞，被一根沉重的链条拴在黄铜制造的溢水口上；它的水龙头上大胆地标着"热"和"冷"，即使曾经有水流过这些已经失去光泽的维多利亚式喷嘴，那也一定是发生在更早、更特殊的情况下，如今它们不与任何管道相连，方圆几英里内唯一的"自来水"只有附近的一条河。

　　尽管这间浴室不值得称道，但是它为动物们提供了极好的住宿条件。一只毛茸茸的猫头鹰雏鸟快乐地坐在一根插在墙角的棍子上，它非常喜欢这种阴暗的环境，因为这里和巢洞里一样昏暗。六只肥胖的蟾蜍栖息在浴缸潮湿的低洼处，后来一条 1 码长的小鳄鱼占领那里，懒洋洋地躺在浴缸里。

说实话，浴缸并不是鳄鱼合适的家，尽管白天它无法沿着光滑的浴缸壁爬出来，但是一到晚上，它好像就能获得额外的能量，我们每天早晨都能看到它在地板上游荡。我们不得不轮流把它弄回浴缸，这成为早餐前的例行公事。我们把一条湿毛巾罩在鳄鱼的眼睛上，趁它还被蒙着的时候，捏着它的脖子后面把它提起来，忽略它愤怒的咕哝，将它放回陶瓷浴缸。

从那时起，我们就把蜂鸟、变色龙、蟒蛇、电鳗和水獭寄养在浴室里，后来在苏里南、爪哇和新几内亚时都是如此。当迪克·巴顿在伊塔卡博向我们展示一间布置得很优雅的私人浴室时，我感激地表示，这是迄今为止我们所拥有的最合适的房间。它的地面铺了瓷砖，墙壁用混凝土筑成，门不仅结实，而且严丝合缝。它配备了一个带有多功能花洒的浴缸，还安装了抽水马桶和洗手盆，真是潜力无穷啊！

虽然第一次坐上公司的飞机，我就知道返回亚松森时，飞机上没有任何空间可以安排给我们收集到的动物，但是随着时间的推移，加上对飞机大小的精确记忆逐渐模糊，我设法说服自己，飞机上一定能容下一两只小动物，不充分利用浴室的潜力似乎是极大的浪费。

一天，暴雨刚刚结束，我在牧场上骑马，路上遇到浴室的第一位房客。当时围场已经被雨水淹没，低洼处形成一个个宽阔的浅水坑。经过其中一处时，我注意到水面上有一张像青蛙一样的小脸一本正经地打量着我。可我一下马，小脸立刻消失在浑浊的漩涡里。我把马拴在篱笆上，坐下来等着。很快，这张脸又出现在水坑的另一边。我绕过水坑朝它走去，刚走到能辨别出这个好奇的小动物到底是什么的地方，我就发现这不是一只青蛙。它又一次消失，从水里游走，只留下一条浑浊的线。后来，小家伙停下来，这条痕迹也随即终止。我把手伸进水里，拿起一只小龟。

它腹部的黑白花纹非常美丽，脖子特别长，以至于不能像陆龟一样向里直接缩回去，而是要向侧面弯曲。它是一只侧颈龟，虽然不是什么稀罕物种，但是很有吸引力；我相信我们一定能在飞机上为这个小巧而迷人的家伙找到一席之地，实在不行的话，就让它在我的口袋里来一次旅行吧。在浴室里放上半缸水，搁上几块鹅卵石，这样它游累时就可以爬上去休息，浴缸对它来说会是一个完美的家。

两天后，我们在一条小溪里替它找到一个伴侣。当它俩纹丝不动地躺在浴缸底部时，每一只都展示出两条亮丽的黑白相间的小肉垂，这肉垂像律师帽子上的带子一样从它们的下巴上垂下来。如果主人愿意的话，这些奇怪的附属物还能随意地运动。侧颈龟像石头一样静静地趴在水里时，这些附属物可以充当诱饵，吸引小鱼靠近侧颈龟致命的嘴部。但是我们的小龟没有必要使用它们，每天晚上，我们都会从厨房要一些生肉，然后用镊子喂给它们。这些小家伙会急切地伸长脖子，把肉吃进嘴里。一旦它们吃完晚饭，我们就把它们从水里拿出来，让它们在铺着瓷砖的地板上闲逛，而我们则恢复浴缸最传统的功能。

我特别想知道，在阿根廷这一地区生活的犰狳是哪一种，因为它可能是在巴拉圭找不到的犰狳。迪克说牧场上有两种常见的物种，一种是我们在库鲁瓜提发现的九带犰狳，但是另外一种被他称作"穆利塔"或者"小骡子"，这听上去非常陌生。迪克答应我们，如果工人们碰到这种犰狳，他就让他们带一只来。第二天，工头就抱着一只不停扭动的穆利塔来到我们的住处。

据我们所知，这是一个在巴拉圭没有的物种，这个结论让我们异常兴奋。尽管它的外形与九带犰狳大体相似，但是背部中间只有七条分开的有关节的板带，外壳也没有那么光亮和平滑，而是非常粗糙，呈黑色，有许多疣状突起。我们一定要在飞机上给它找个地方。饲养四胞胎的经验告诉我们，犰狳是一种强大且锲而不舍的穴居动物，除了最坚固的笼舍，任何东西都会被它们摧毁。在铺着瓷砖，宽敞又安全的浴室里建一个笼子，似乎没有什么意义，特别是在浴室里还没有多少房客的时候。我们收集了一堆干草，把它和一盘拌着牛奶的碎牛肉放在马桶旁边的角落里，然后把穆利塔带到新家。它径直跳进干草里，在我们看不见的地方来回扭动，让那堆东西不停地翻腾，就像暴风雨下的海面一样。兴许是玩累了，过了一会儿，它伸出脑袋，循着肉味快步走到盘子那里，大快朵颐起来。由于吸得太快，它的鼻孔里不停地喷出奶泡。我们看着它吃完晚饭后，便安心地回到卧室休息。一想到即将有第二种犰狳加入四胞胎，我们就不由自主地高兴起来。

第二天早上，我走进浴室里剃胡子，却发现穆利塔不见了。我原本以为它在干草里睡觉，然而当我查看的时候，它并不在那儿。浴室又阴冷又干净，它会躲在哪里呢？我检查了浴缸下面、抽水马桶后面，以及毛巾架和洗手盆的底部，找遍所有可以藏身的地方，都没有发现它的身影。浴室没有出口，它不可能逃走。唯一的解释只可能是，一个仆人打开门，无意间让它溜走了。迪克听闻后非常不高兴，询问了所有的仆人，但是那天早上谁都没进过浴室。早饭后我们又找了一次，穆利塔的确消失不见了，但我们想不通它是如何做到的。

　　两天后，我们迎来了第二只穆利塔。这次是一只雌性。我们把它放在浴室里，那天夜里，每隔一小时，我就进去查看一下它过得怎么样。它看上去很舒服，和它的前任一样吃得特别开心。但是当我半夜再去看它的时候，它也消失了。我确信它一定在浴室的某个地方。我叫来查尔斯和迪克，展开仔细的搜查。或许，它以某种神秘的方式跳进了抽水马桶里。我们把院子外面的井盖掀起来，也没有发现它的踪迹。我们在浴室的地面上爬来爬去，查看那些不容易看到的栅栏或缝隙，但是仍然一无所获。最后，我们在马桶的底部和墙壁之间的小空间里发现了一条黑色的、带有疣状突起的尾巴。原来，它钻到马桶的空心陶瓷基座里，把自己紧紧地抵在里面，所以想把它弄出来异常困难，我们不得不使出在库鲁瓜提学会的挠痒术。当它最终被解救出来时，查尔斯凝视着陶瓷空洞，惊奇地发现它竟然可以把自己挤进这样一个狭小的空间。

　　他往后一坐，乐了起来。

"快看。"他说。在一个几乎隐藏在地基松散土壤中的隧道底部，我看到一个黑色的凸起。这是第一只穆利塔。只有犰狳才能发现浴室防御系统的这一点漏洞吧，但我确信，只要稍加调整，这间浴室仍然是一个完美的家，即使对于像穆利塔这样的越狱专家来说也是如此。我在洗手盆里放了半盆水，把侧颈龟转移到这里，然后把浴缸的水放完，在里面铺上干草，将两只穆利塔放进去。它们在干草间跑来跑去，在光滑的陶瓷上不停地打滑。它们把鼻子伸进出水孔里，在黄铜边上试探着抓了一两下，认为它不适合挖掘，最后乖乖地安顿下来，钻进干草里睡觉了。

我们关上灯，回到卧室。

"你知道吗？"迪克说，"我很遗憾我们发现了它们。我相信它们原本会给未来的客人带来很多既快乐又有教育意义的时光。毕竟，并不是每间浴室都有常驻的犰狳。"

在离房子半英里远的地方，有一条很深的溪流，它蜿蜒流经牧场，两岸长满茂盛的芦苇和倒垂的杨柳。它时而在狭窄的沙堤间荡漾，时而在天然形成的石坝上溅起白色的水花，但在大多数情况下，它都是从一座波光粼粼的、平静的池塘轻轻地流向另一座池塘。苍鹭和白鹭站在溪水齐膝深的浅滩上捕鱼；蜻蜓掠过水面，捕食蚊子和蠓虫，翅膀闪烁着彩虹般的光泽；在更加僻静的河段，一群群野鸭排成漂亮的纵队，漂浮在水面上。这些景象都是我们自己看到的，但迪克告诉我们，在一个特别的地方还可以找到水豚。

这真是个令人兴奋的消息。我和查尔斯一直想拍摄野生状态下的水豚，它们与我们在圭亚那拍摄和收集到的那种被驯服的水豚截然不同。

水豚虽然不是什么稀有的物种，但是因猎杀而变得非常胆小和谨慎。它们被大肆猎杀，既是因为它们那一身肉让人想起小牛肉的味道，也是因为它们的皮毛异常柔韧，非常适合做围裙和马鞍布。

"在这里不会遇到任何困难，"迪克自信地告诉我们，"这里有几百只水豚，并且这里禁止捕猎，所以它们胆大包天。任何人都能用布朗尼相机给它们拍一张照，更不用说你们这些复杂的设备了。"

我们对这句话持保留态度。以前总有人对我们说这样的话，但这通常预示着附近所有的动物会立即消失，我们作为鹰眼观察家的能力也由此遭到普遍质疑。但是，第二天我们还是带上最精良的镜头，做好最坏的打算，根据迪克指示的方位开车来到小溪边。我们绕过一片桉树林，突然就到了那个地方。查尔斯小心翼翼地把车停下来，我用双筒望远镜扫视着溪岸上的树丛。我简直不敢相信自己的眼睛。尽管迪克的描述基本上符合事实，但它也与我见到的有所不符。

上百只水豚趴在水边的草地上，如同布莱克浦假日海岸上的沐浴者一样拥挤。母亲们蹲坐在地上，溺爱地看着它们的孩子们在周围嬉戏打闹。老绅士们则在一旁独自打盹，把头埋在伸出的前腿上。

年轻的雄性漫无目的地在家族成员间闲逛，有时会去打扰一些打瞌睡的前辈，然后在卷入打斗前匆忙地跑到安全的地方。这时的天气异常炎热，大多数水豚都没有心情进行剧烈的运动。

我们驱车慢慢地靠近。一两只年长的雄性水豚弓起腰，严肃地盯着我们，然后转过身去继续睡觉。从侧面看，它们的头几乎呈长方形，肩膀上长着蓬松的、略带红色的鬃毛。在它们的鼻孔和眼睛之间的吻部，有一个明显的红肿的腺体，这是雌性所没有的。它们气质高贵，神情高傲，让我想起的不是它们的老鼠之类的啮齿目亲戚，而是草原之王狮子。

一位母亲慢慢地走到河边，它的六个孩子跟在它后面，排成一列纵队，进入清凉的河水中。我们现在离得很近，发现游泳的水豚和晒日光浴的几乎一样多。它们或是悠闲地漂浮着，或是漫不经心地来回游动，似乎除了享受之外没有别的目的。一只年长的雌性站在齐腹深的水里，若有所思地咀嚼着百合叶子。整群水豚中仅有一只年轻的雄性水豚在快速地游泳。我们看着它游过宽阔的河面，脖子后方形成一条弓形的波纹。突然，它沉入水中。我们顺着涟漪追踪它的航线，只见它突然跳出水面，大口地喘息，旁边是一只漂亮的雌性水豚，后者刚才一直端庄地漂浮在靠近对岸的水面上。雌性水豚见状立刻游走，它俩像帆船模型一样排成一排，只露出棕色的头，在河水中竞速。它试图通过潜水避开雄性，然而雄性也做出同样的动作，当它再次浮出水面时，雄性仍然在它身边。这段水中调情持续了十分钟或者更久，雄性用技巧和热情追求着它。最后，它不再拒绝，它们在一棵柳树下的浅滩上结为一对。

那天早上，我们拍摄了两个小时；接下来的几天里，我们几乎每天都会去小溪边观看，它们是一道靓丽的风景。世界上没有其他地方能有这么多水豚如此接近文明的社会。

矛盾的是，曾经在阿根廷最常见的、和兔子差不多的名叫毛丝鼠的动物，现在在伊塔卡博却非常罕见。

赫德森在七十年前曾经写道，在南美大草原上的某些地方，一个人骑着马跑上 500 英里，每隔半英里就能看到毛丝鼠的一个洞穴，在有的地方甚至一次能看到一百多个洞穴。毛丝鼠的泛滥，很

河边的水豚

大程度上是牧场主自己种下的恶果。他们猎杀了大量的美洲豹和狐狸，而这些动物正是毛丝鼠的天敌，于是毛丝鼠能够不受干扰地繁殖。然而，牧场主很快便意识到，成群的毛丝鼠正在消耗大量的牧草，破坏了牧场，一场激烈的战争由此揭开帷幕。他们将溪流改道，淹没它们的洞穴，然后用乱棍打死冲到地面的毛丝鼠。这些被当地人称为 viscachera 的洞穴被挖开，人们用石头和泥土堵住隧道，动物们被困在地下活活饿死。但是，当猎人采取这种方法时，他们需要整夜守在被破坏的洞穴旁，这是因为居住在附近的毛丝鼠能以某种神秘的方式觉察到它们邻居的困境，如果不加以制止，它们会帮助被埋的同伴清理地道。如今，毛丝鼠已经所剩无几。尽管迪克可以很容易地让它们在伊塔卡博全部消失，但他还是在牧场边缘的角落留下一个种群，某一天临近黄昏的时候，他开车载着我们去寻找这些小家伙。

半个小时后，我们驶离有车辙的土路，穿过一片高大的蓟草丛，在长满草丛的草皮上颠簸。他停下车，在 20 码外有一座裸露的小土丘，上面杂乱地堆放了一些石头、干柴和树根。在土丘的底部，我们看到十几个大洞。

这些石堆并不是天然形成的裸露在地面的岩层，而是毛丝鼠自己堆积的。这些家伙简直是收集狂魔。它们不仅把从洞穴里挖出来的石头和树根都拖到土丘的顶部，而且把在牧场上发现的任何有趣的、可移动的东西都收集起来。如果一个牧场工人在外出骑马时丢了什么东西，那他一定能在这个杂乱却珍贵的"博物馆"里找到它。

现在这些动物仍在地下，正在迷宫一般的隧道里打盹呢。只有晚上它们才出来，在黑暗而安全的环境里觅食。

天气凉爽怡人。微风拂过我们的脸庞，星花凤梨随风摇曳，发出沙沙的响声。远处的天际线上出现了四只鹈鹕，它们缓缓地朝我们走来，随后趴在一片裸露的沙地上，展开毛茸茸的翅膀，低下头尽情地享受沙浴。凤头距翅麦鸡的叫声越来越小，最终归于沉寂，鸟儿成双成对地在巢边安顿下来。巨大的深红色太阳慢慢下沉，直至与地平线的直线相交。

尽管洞穴的建造者还没有出现，但这座土丘绝不是荒废的。一对穿着条纹背心的穴小鸮忽闪着明亮的黄色眼睛，像哨兵一样笔直地站在石堆顶上。虽然这些鸟完全有能力挖掘自己的巢穴，但它们经常会占用毛丝鼠偏远的洞穴，并把洞顶的石堆作为哨岗，观察它们周围的情况，捕食啮齿动物和昆虫。

这两个家伙似乎在远处有一个自己的洞穴，它们非常介意我们的存在，不停地转动着脑袋，愤怒地眨着眼。有时它们会失去勇气，飞快地跑回洞里，不过几分钟后会再次出来，然后继续盯着我们。

它们不是这个洞穴唯一的房客。几只小小的掘穴雀在洞口周围低矮的草地上扑扇着翅膀。它们在狭长的隧道里筑巢，但由于牧场上几乎没有其他合适的地点，它们就在毛丝鼠洞穴的侧面，在靠近洞口的地方挖掘。它们和橙顶灶莺是近亲，也和后者一样，会每年给自己建一个新巢；但是旧的隧道并不会被浪费，因为它们已经被那些在洞口滑翔和俯冲的燕子所接管。事实上，毛丝鼠的洞穴是周

地洞旁的穴小鸮

围大多数野生动物活动的中心。当房客们在柔和的夜光下散心时，我们耐心地等待房东的出现。

我们没有看到它从哪里出来，而是突然发现它出现在我们的视野中，像一块灰色的大石头一样蹲在一个入口旁。

它看起来像一只发福的灰色兔子，只不过耳朵很短，鼻子上有一条宽宽的黑色横条，让人觉得它好像试图侧着头钻过一道刚刚刷过漆的栏杆。它用后腿搔了搔耳根，不停地咕哝着，并抽动着身子，露出自己的牙齿。然后，它笨拙地跳到土丘的顶部，环顾四周，检查一下自从它最后一次登上土丘以后，这里发生了什么变化。当它确认一切安全后，便开始小心地上厕所，然后坐起来，用两只前爪搔着自己奶油色的肚子。

查尔斯小心翼翼地爬下车，抱着摄像机和三脚架，一步一步地慢慢接近它。毛丝鼠将注意力从肚子转移到自己的长胡须上，仔细地梳理它们。查尔斯越走越快，因为太阳正在迅速下沉，他急于在光线减弱到无法摄影的程度之前走近它。尽管他移动得很快，但毛丝鼠依然非常镇定，最终查尔斯把摄像机架在了离它不到 4 英尺的地方。那些穴小鸮惊呆了，愤怒地盯着我们，从几码外的草丛中退了回去。焦虑不安的掘穴雀在我们的头顶飞来飞去，发出叽叽喳喳的叫声，但是毛丝鼠丝毫不受影响，稳如泰山地坐在那祖传的石头宝座上，如同皇室成员在为自己的肖像画摆姿势。

我们在伊塔博卡的时间非常短暂。两周后，公司的飞机将我们接回亚松森。这是一段舒适而迷人的小插曲，我们很遗憾这么快就要离开。我们不仅带回了穆利塔、侧颈龟、牧场工人送的一只被驯养的小狐狸，而且带回了令人难忘的记忆和影片，里面有橙顶灶莺、穴小鸮、距翅麦鸡、鹈鹕和毛丝鼠，然而最值得铭记的还是那一大群水豚。

第二十六章　追踪大犰狳

　　站在亚松森以鹅卵石铺就的斜坡上，你可以俯瞰挤满了船只的码头，目光越过棕褐色的、宽广的巴拉圭河，便能看见一片广袤而平坦的荒野。它起源于巴拉圭河的对岸，向西延伸 500 英里，越过地平线和玻利维亚边境线，抵达安第斯山麓。这就是大查科地区。一年中的大部分时间里，这里尘土飞扬，仙人掌丛生，是一片干燥的沙漠；然而一到夏天，它就会被暴雨和安第斯山脉上融化的雪水所淹没，形成一片巨大的沼泽，蚊虫泛滥。我们决定在这个非凡的区域结束此次的巴拉圭之行。在亚松森，几乎每个人都会和你说上几句大查科。大多数人描述的内容是它如何可怕；也有些人给我们列了一些听上去用不上的必备物品清单；还有一些人直接劝我们不要去那儿，并给出诸多令人不得不信服的理由。

　　关于大查科，大家只在一件事情上达成共识：那里的天气异常炎热。因此，我们的准备活动从寻找两顶草帽开始。我们先去了码头边的一家小商店，小店橱窗外是一个阴凉的柱廊，里面摆满各式各样廉价的服装。

"Sombreros（有帽子吗）？"我们问道。真好，这次我们不用再为西班牙语交学费了，因为这个店主曾经到过美国。他虽然年轻，却很肥胖，没刮胡子，长着乌黑浓密的卷发，牙齿稀疏，戴着一条松散的领带，显示出一种独特的布鲁克林风格。他给我们提供了又便宜又实用的帽子。然而，我们却很不明智地告诉他为什么要买帽子。

"查科，真是一个糟糕的地方，"他津津有味地说道，"天哪，那儿的蚊虫非常非常凶残，不仅如此，还非常非常多，你随手就能在空中抓到一把。你们应该买一个最上等的特大号蚊帐。Amigos（朋友），它们会吃掉你们的。"

他关闭话匣，沉醉在他描述的幻象中，满脸笑容。

"我要你说的那个优质的特大号蚊帐。"我们买了两个。

他狡黠地倚靠在柜台上。

"那儿的夜晚非常寒冷，"他说，"天哪，你们会被冻僵的。不过别担心，我从亚松森批发了上好的披风。"

他拿出两条廉价的毯子。它们的中间被划了口子，这样你就可以把它们套在头上，当作披风了。我们把它们买下来了。

"你们的装备充足吗？像加里·库珀*一样吗？"

---

* 加里·库珀（1901—1961），好莱坞著名影星，出演了很多经典的牛仔形象。——译注

我们不得不承认我们确实没有。

"不要紧，你们可以学习。"他急忙说道，"你们需要 *bombachos*（马裤）。"他拿出两条皱巴巴的宽松马裤。我们开始觉得这轮推销有点过分了。

"*Muchissima gracias*（非常感谢），没必要。"我们抗议道，"我们穿英式长裤就可以了。"

他苦着脸，显出极度痛苦的样子。

"朋友，你说没必要。你们这样会受伤的，很严重的伤。你们必须要有一条马裤。"

我们放弃抵抗。然而，我们的屈服让他更加得寸进尺。

"非常棒，你们有了非常漂亮、非常可爱、非常高档的马裤，"他若有所思地说道，好像是在祝贺我们非常识货地挑选了它们，"但是，查科的仙人掌和灌木丛有很多尖刺。"他一边说一边用手在半空中比画，好让我们更明白。"它们会把你们的马裤撕成碎片的。"

我们等着他接下来的推销。

"不用担心，"他大声说道，然后像魔术师从帽子里变出兔子一样，从柜台下面拿出两条皮裤，"*Piernera*（皮裤）。"

我们被彻底击溃，又买下两条皮裤。现在我们全身上下没有一处不穿着他推销的东西，但是他似乎并不打算就这样结束。他趴在柜台上，不动声色地上下打量着我们。

"你们没有肚子，"他悲伤地总结道，"但是，"他又坚定地补充说，"我认为你们需要 *faja*（腰封）。"他随即从身后的架子上拿了两卷厚厚的编织物，它们大约有 6 英寸宽。"我给你们演示演示。"他拿出其中一卷，在自己的大肚子上绕了三圈，然后沉迷于哑剧表演中，好像在马背上不停地颠簸。

"你们快看，"他得意扬扬地说，"这样就不会撞击到肚子了。"

我们彻底被打败，背着这些沉重的东西仓皇逃离这家小店。

"虽然我不知道这些东西能在查科起多大作用，"查尔斯说，"但我坚信穿上这些一定能在化装舞会上大获全胜。"

———

这些稀奇古怪的衣服并不是被推销给我们的唯一装备，如果我们想要在被人戏谑地称为 "L'Inferno Verde" ——绿色地狱的地方幸存下来，当地人认为有一些东西不可或缺。为此，我们购买了如下物品：一种特殊的半高筒靴，据我所知，如果没有它就没法骑查科的马；二十四瓶没有贴标签的难闻的黄色液体，店主保证这些是部队剩下的强效驱虫剂；几截查尔斯在市场上偶然发现的厚橡皮筋，他对此毫无抵抗力（"老伙计，这东西在装陷阱时非常有用"）；大量的抗蛇毒血清（加上一只相当大的皮下注射器），这是在一个友善但悲观的巴拉圭朋友的敦促下购买的；还有一箱罐头，我们提起它的时候，感觉里面好像灌满了铅。

万事俱备，只欠东风。我们找到桑迪·伍德工作的旅行社，再次将他聘为翻译，然后设法弄到三张飞机票，飞往查科中部一处偏僻的牧场。

　　我们还有三天才离开亚松森，于是决定好好利用这段时间，去寻找巴拉圭一种特有的财富——巴拉圭音乐。三百五十年前，当第一批西班牙移民和耶稣会传教士来到这个国家时，他们发现瓜拉尼印第安人只有一种原始的音乐形式——它朴素而单调，节奏缓慢，音调低沉。传教士们把欧洲乐器介绍给他们的信徒，瓜拉尼人迅速而热情地学习演奏这些乐器。他们潜在的音乐才能很快被激发出来，升华为广泛的热情。他们吸收了多种新的欧洲风格，如波尔卡、加洛普、华尔兹，使传统音乐变得新鲜而独特，时而节奏鲜明，时而婉转悠扬。他们还开始制作带有自我风格的乐器。他们保留了吉他，却把竖琴改造成一种全新的乐器。他们的竖琴由木头制成，小巧轻便；它不同于欧洲音乐会上用的那种竖琴，没有踏板，因此表演者不能演奏半音。不过这丝毫没有造成障碍，巴拉圭的竖琴演奏家充分发挥它的无限潜能，不仅可以演奏出令人印象深刻的优美旋律，还能对弹奏出的音调进行丰富的修饰，比如用手指轻轻地拨扫琴弦，以产生扣人心弦的滑音，或者拨动低音弦，增加令人兴奋的节拍。我曾在到访欧洲的巴拉圭乐团制作的唱片中，听过这种令人陶醉的音乐。但是现在，我想听原生态的现场演奏。

　　我们打算前往离亚松森几英里远的卢克村，看望巴拉圭技艺最娴熟的一位乐器制造者，他在那里居住和工作。他的小屋被芳香四溢的橘树林所包围，这是巴拉圭富饶美丽的一个缩影。他独自坐在工作台上，不慌不忙地打磨着竖琴，动作充满爱意，这才是真正的工匠。两只温顺的鹦鹉在他身后马厩的椽子上荡来荡去，花园里的木架上还栖息着一只宠物鹰。我们坐在橘树下，他的妻子端来凉爽的马黛茶。当我们传递着马黛茶时，乐师用刚刚造好的吉他演奏了一曲。附近农场的两个小伙子也参与进来，他们弹唱了一个多小时，高亢的嗓音如同马黛茶一样，苦涩中夹带着些许甜美，这是典型的巴拉圭风格。相较于邻国巴西，这里的音乐更加柔和，充满迷人的交叉节奏和切分音，没有那种刺耳的、近乎野蛮的节奏。巴西音乐里有很多非洲元素，而鲜有非洲人生活在巴拉圭。最后吉他传递到我的手上，老人让我弹奏 *"una cancion inglesi"*（一首英国歌曲）。

吉他工匠

我尽最大的努力给他们弹唱了一曲。

这把吉他非常精美，音色也很圆润。我爱不释手，就委婉地打听能否买下它。

"不行，不行。"老人激动地回应道，这让我一度非常担心是否冒犯了他，"我不能让你买这把，它不够好。我会专门为你做一把，它的声音会像丛林里鸟儿的歌声一样优美。"

一个月后，当我们结束查科之旅，回到亚松森时，我发现吉他已等候多时。它是用巴拉圭森林里的上等木材制成的，在指板的顶端，老工匠还用象牙镶嵌了我的姓名首字母。

———————

第二天，我们在城市中心的一间酒吧里遇到桑迪，显然，他正在为前往查科做准备，在即将忍耐数周干旱的煎熬前先彻底放松一下。他给我们也点了一瓶啤酒。

"顺便说一句，"他说，"昨天一个小伙子来到我们旅行社，问是不是有几个男人对犰狳特别感兴趣。他说他有 *tatu carreta*。"

我差点被啤酒呛死。*tatu carreta*，这是当地对大犰狳的称呼。它是一种雄伟的动物，差不多能长到 5 英尺长，而且极其罕见，从未活着被人带到英国，甚至也很少有人见过活的大犰狳。我不敢奢望能够找到它，除非情况非常乐观。

"那人在哪里？他喂它吃什么？它健康吗？他有什么要求？"我

兴奋地向桑迪提出一连串问题。他淡定地喝了一大口啤酒。

"好吧，其实我也不知道他现在在哪儿。不过，如果你们感兴趣的话，我们可以去找他。我也没有见过他。"

我们冲到旅行社，找到和那个男人沟通的店员。

"他只是闲逛进来，"店员说道，他对我们的兴奋感到惊讶，"然后问英国人会付多少钱买一只大狒狓，他手上有一只。我不知道你们是否感兴趣，所以他说他改天再来。他叫啥呢？我想想……他叫阿基诺。"

一个整天坐在旅行社门口台阶上消磨时光的闲人加入我们的谈话。

"我记得，他有时会在码头边的一家木材公司打零工。"

我们激动地叫来一辆出租车，根据线索去码头找他。在木材公司的办公室里，我们得知阿基诺三天前搭乘一辆满载原木的货轮来到这里。他家在北边 100 英里外的河边小镇康塞普西翁，但他并没有随身携带一只大狒狓。那么它一定还在康塞普西翁。他们说，阿基诺几小时前乘船回去了。

我们必须尽快找到他。根据以往的经验，我知道很多人只会把米或木薯扔进他们捕获的动物的笼子里，如果动物不吃，他们就认为它生病了，不再搭理它。这只罕见的动物此刻很可能正在康塞普西翁的某个地方忍受着饥饿，随时会有死亡的危险。我们必须找到它，并确保它得到适当的照顾，然而只有两天的时间，因为我们不能放弃已经安排好的查科之旅。

我们飞奔到航空公司。第二天，一架飞机计划飞往康塞普西翁，机上还有两个空位。我决定带上桑迪去接它回来，查尔斯则留下来，为查科之旅做最后的准备。

第二天早上七点，飞机飞离亚松森，一个多小时后，我们在康塞普西翁降落。那是一个安静的小镇，尘土飞扬的街道两旁矗立着简陋的、刷着石灰的土砖房。我们直奔镇上的唯一一家旅馆，因为桑迪认为这是我们开始侦探工作的最佳地点。院子里挤满喝咖啡的人。我想一桌桌地向他们打听是否认识一个叫阿基诺的人，因为我们没有多少时间，但桑迪坚持说这样做非常不礼貌；这里的大多数人都是他的老朋友，如果他不礼貌且从容地和他们打招呼的话，他们会觉得自己被冒犯。他挨个儿把我介绍给他的朋友们。我耐着性子，礼貌地寒暄几句。

桑迪解释说，我对大犰狳很感兴趣，大家都认为这很不寻常。但是，桑迪后来的话让他们觉得简直不可思议，他说我不仅对大犰狳感兴趣，而且想得到一只活的犰狳。随后，他们对捕捉大犰狳的各种方法进行广泛的讨论。事实证明，这样的讨论徒劳无益，因为从来没有人见过这种生物，也从来没有人做过相关的工作，更从来没有人有过这样做的野心。因此，这个话题转向另一个问题：这个家伙一旦被捕获，人们应该怎么囚禁它呢？大家的普遍共识是，几乎没有办法困住它，因为它会挖开任何东西，除非把它囚禁在一只钢罐里。坐在我们旁边的服务员也兴致勃勃地加入讨论，他的话题是人们应该给犰狳喂什么吃的和喝的。我越发感到绝望，毕竟我只有二十四个小时来追踪它。最后，桑迪总算抛出谁是阿基诺这个话题。这里的所有人都认识他。目前，他还没有从亚松森回来。他是一个卡车司机，最近在一个德国人经营的伐木场伐木，伐木场在东边 90 英里处，靠近巴西边境。如果他真的捕获一只大犰狳，那么它无疑会在那里。

"能雇一辆卡车载我们去伐木场吗？"这个问题刚一问出口，我心想坏了，这很有可能会引发半个小时的讨论。幸好，这个问题很快解决。康塞普西翁全境只有一个人有卡车。他叫安德烈亚斯，大伙儿派了一个小男孩去找他。

在等待的间隙，我去了附近的一家商店，打算买些东西，用来喂即将看到的犰狳。尽管我只买到两罐羊舌和一罐炼乳（不含糖），但这些东西起码比较合乎犰狳的饮食习惯，这在其他犰狳身上已经得到证实。

半个小时后，安德烈亚斯来了。他是个年轻人，长着浓密的黑胡髭，头发油腻，穿着美式衬衫，上面印着鲜艳的花卉图案。他叫了一杯咖啡，坐下来和我们商议雇车的事宜。三杯之后，他欣然同意。不过出发之前，他要向他的母亲、妻子、兄弟及岳母报备一下行程，再给卡车加满油。事到如今，我越发觉得我们可能永远离不开这间咖啡厅了，不过安德烈亚斯真是一个言出必行的人，二十分钟后，他果然开着一辆崭新的大卡车出现在门口。我和桑迪挤进驾驶室，伴着响亮而刺耳的喇叭声，以及客人和服务员的呐喊声，我们呼啸着踏上征程。综合各方面因素，我认为我们抵达镇子还不到四个小时就能上路，已经非常不错了。

然而，我们迅猛的前进势头并没有一直保持下去，因为安德烈亚斯突然向右转了个弯，把车停在当地医院的外面。

他说昨天和一个从乌拉圭沿河而来的水手喝了一整晚酒。那个新朋友在酒吧犯了一个致命的错误，邀请一个姑娘喝甘蔗酒，不料站在他旁边的一个男人突然朝他的肚子捅了一刀。这个水手现在住在医院里，安德烈亚斯确信他会犯酒瘾，所以带了两瓶甘蔗酒，准备趁护士不注意的时候悄悄地塞到他的枕头底下。他探病的时间很短，但足以让我思考遵守当地习俗的重要性。

这条穿越森林的红土路上布满深深的车辙，到处是大洞。安德烈亚斯不停地急转弯，设法避开大多数危险，很少放慢速度。每行驶几英里，我们就能看到一个公路养护站，按理说他们应该负责道路的维护。然而，没有一个人这样做，安德烈亚斯说指望他们修路不大现实。他们的工资非常低，不管修不修路，他们都能拿到工资；而且他们可以做其他一些事情，比如砍柴卖给路过的旅客，这样更加有利可图。可是在我看来，他们并没有这样做，大多数人都在路边的树荫下睡觉。天气非常炎热，我们在越来越崎岖的路上疾驰，如果不是牙齿在牙槽里咯咯作响，头不停地撞在驾驶室的顶棚上，我想我会同情他们。

我们在五点抵达伐木场。它其实就是一间小木屋，屋前停着几个用来运木头的大轮子，就是我们在伊莱弗夸见过的那种。走得越近，我的心情越紧张。大狷猱还活着吗？我好不容易才克制住自已跑过去的冲动。

小屋看上去好像已经被废弃。里面空无一人,别说犰狳,就连能关犰狳的笼子也没有。但是,这间小屋好像仍在被使用——里面有一件旧衬衫、三把闪闪发光的斧头、一些靠在木墙上沥水的搪瓷盘、一只带有镜子的巨大衣柜,还有一张挂在角落里的空吊床。想必德国人还在森林里工作。我们高声呼喊着。安德烈亚斯甚至吹响随身携带的号角。但是森林里没有任何回应。我们沮丧地坐在小屋的阴凉处,等待主人归来。

下午六点,一个人骑着马出现在前面路口的转角处。是那个德国人。我迫不及待地跑过去。

"大犰狳呢?"我焦急地问道。

他像看一个满口胡言的疯子那样看着我。那一刻,我猛地意识到,当天我们是找不到那只传说中的大犰狳了。

在一点推理的帮助下,桑迪梳理了整件事的经过,一切都变得令人沮丧。一个礼拜前,一个波兰人从森林的偏远地区来到这里,他在那儿为德国人调查木材的情况。晚餐时,他提到他曾经遇到一个美洲印第安人,这个人说自己在村子里享用了一顿丰盛的大餐,而主菜就是一只大犰狳。波兰人说他从未见过这种稀有的动物,当他回去的时候,他要问问美洲印第安人能否抓一只让他见识见识。从康塞普西翁来拉木材的阿基诺无意中听到他们的对话。显然,这让他想起一些流言蜚语——亚松森有几个英国人正在寻找犰狳。他一声不吭地开着车回到康塞普西翁,然后又去了亚松森。在那里,他根据那些流言找到桑迪工作的旅行社，为了增加谈判的筹码，他谎称自己捕捉到一只大狈狳。现在他一定在回来的路上，毫无疑问，他会从这个波兰人手里买一只大狈狳，然后把它带到亚松森卖给我们，赚取巨大的差价。德国人认为这非常有趣——不仅因为我们为了一只狈狳千里迢迢跑到这里，还因为我们在不知不觉中挫败了阿基诺发财的计划。他拿出一瓶威士忌，在大伙儿之间传递。

"Musik（音乐）！"他兴奋地吼起来，从衣柜中拿出一架巨大的手风琴。安德烈亚斯很高兴，两人合唱了一首完全跑调的《我的太阳》。我极其失望，心思完全不在他们的歌上。等到十点钟，我们终于说服安德烈亚斯，让他重新启动卡车。离开之前，我们向德国人承诺，如果他能捉到大狈狳，我们定会支付一个好价格，然后留下了两罐羊舌罐头和一罐不含糖的炼乳，并告诉他如何照顾大狈狳。

第二天，回到亚松森的时候，我已经从发现阿基诺的狈狳子虚乌有的那种极度失望的情绪中恢复过来。向查尔斯讲述这次追寻中遇到的故事时，我甚至发现自己开始变得乐观。尽管我们没有亲眼看到这个大家伙，但是我们至少和一个男人聊过，他雇了一个伐木工人，这个伐木工人遇到一个美洲印第安人，这个印第安人吃过一只大狈狳。这是真的。我坚持认为这只是一个小失误，而且我已经请德国人告诉波兰人，请他向美洲印第安人转达，一只大狈狳可以变成比几磅硬邦邦的炖肉排更值钱的东西。我们说不定已经有一只大狈狳了。

我感觉到查尔斯仍然不相信。

第二十七章　查科的大牧场

　　我和桑迪从康塞普西翁回来的第二天，我们就动身前往查科。一大早，我们把所有的设备装上卡车，直奔机场。抵达时我们傻眼了，行李显然不可能全都塞进我们搭乘的这架小飞机。几经努力，最后我们还是选择放弃。看来必须要舍弃一些东西了。我们很不情愿地决定舍弃食物，那是因为即将和我们住在一起的农场主在无线电里一直坚称，不需要带任何补给。然而，这是一个让我们日后后悔不已的决定。

　　飞机顺利起飞，它绕着亚松森盘旋的时候，我们望向东边那片郁郁葱葱的丘陵，那里有很多橘树林和小农场，从那边开始就是城外，是巴拉圭四分之三的居民的家园。然后，飞机向西越过巴拉圭河——一条宽阔的、在阳光下闪闪发光的棕色丝带——我们看到查科就在前方。这边的河岸和对岸离它如此近的陆地完全不同。这里荒无人烟，仅有一条蜿蜒曲折的小河，它的河道极端扭曲，以至于在许多地方形成小小的闭环；水流为了寻找更直接的路径，会直接穿过那些迂回的河段，被遗弃的河段如今杂草丛生，成为一座座死水湖。我从地图上得知这条河叫孔富索河，这很容易理解。*这儿到处都是棕榈树，它们稀疏地散布在广袤的土地上，从天上俯视，就像数千个插在褪色的绿地毯上的帽针。这里没有房子，没有道路，没有森林，没有湖泊，没有山丘，只有一片荒芜的、毫无特色的原野。我注意到飞行员用两把手枪和一条子弹带把自己武装起来。或许，就像我们在亚松森的熟人说的那样，查科真的是一个既不舒服又特别危险的地方。

我们向西越过这片凶残而荒凉的地域，飞了将近 200 英里，终于看到了目的地——艾尔西塔农场。

我们降落时，农场主福斯蒂诺·布里苏埃拉和他的妻子艾尔西塔正在机场的跑道边等候，这座农场正是以他妻子的名字来命名的。他是一个大块头，足足有 6 英尺高，但是可观的腰围让他看上去并没有实际身高那么高。他的着装非常另类，其中包括一套艳丽的条纹睡衣、一顶大头盔，还有一副墨镜。他面带灿烂的笑容，用西班牙语欢迎我们到来，然后把我们介绍给站在他身边的艾尔西塔——一位身材矮胖的女士，怀中抱着一个婴儿，嘴里还叼着一根没有点燃的雪茄。一群裸着上半身的美洲印第安人也在机场迎接我们。他

---

* 孔富索（Confuso）为西班牙语，意为"使困惑"。作者在这里说的"很容易理解"，是指河道迂回曲折，让人感到困惑，河的名字取得非常贴切。——译注

们身材高大，胸肌发达，黑色的长发在脑后扎成马尾。大多数人手持弓箭，还有一两个人背着老式猎枪。接下来的几周，福斯蒂诺在公共场合几乎都穿着那身睡衣，艾尔西塔则总是叼着雪茄。然而美洲印第安人的外形就不再那么典型了；那一天他们是因为我们的到来才特意装扮的，后来我们再也没有见他们那么打扮过。

亚松森的一位熟人告诉我，查科这边的人非常懒惰，为了证明他的观点，他还说了一个故事：一位来自联合国的农业专家前往查科一处偏远的农场调查，他惊讶地发现他们只以种植木薯和养牛为生。

"你们为什么不种香蕉？"专家问。

"这里好像长不出香蕉，我不知道为什么。"

"巴婆果呢？"

"看来也没长出来。"

"玉米呢？"

"它就是长不起来。"

"那橘子呢？"

"也一样。"

"但几英里外有一个德国移民，他那里能长出香蕉、木瓜、玉米，还有橘子。"

"啊，是啊，"定居者回答说，"但是他种了它们啊。"

然而，如果福斯蒂诺是他们中的一员，那这个结论不大公正，因为他家的中庭已经被茂密的橘树所遮蔽，树上结满甜美多汁的水果，厨房的门边长着巴婆果，花园外还有 1 英亩高大的甜玉米。铺着红色波形瓦的屋顶上，一台铝制的风车在微风中旋转，为房屋的照明和无线电通信设备的运行提供电力。除此之外，福斯蒂诺甚至还给厨房和浴室安装了一套自来水系统。房屋附近有一座面积很大、漂满浮萍的淡水湖。他在湖的旁边挖凿一口浅井，然后用木板将其围起来，在上面搭了一个用于支撑大铁罐的脚手架。每天早上，一个印第安小男孩骑着马操纵绳子和滑轮，把井水灌入大铁罐。罐里的水顺着管子流到房子里的每个水龙头。这个装置非常高效，令人钦佩，我们认为水质非常好，因为福斯蒂诺、艾尔西塔和他们的孩子在喝水时毫无顾虑。然而，喝了几天水之后，我们觉得有必要好好检查一下水井。

我们需要一些青蛙来喂养农场工人送来的一只叫鹤，福斯蒂诺建议我们去井里找找，那里有源源不断的青蛙。我走到水井旁，把网撒在有点浑浊、有点发臭的水里。当我把它捞出来时，我发现了三只活蹦乱跳的橄榄绿色的青蛙，还有四只死青蛙和一只腐烂的老鼠。老鼠可能是不小心掉进水里淹死的，但是不知道水里有什么成分，竟然能杀死像青蛙这样出色的游泳者。这是一个动物学问题，我不想去调查。接下来的两天，我们偷偷地把消毒片扔进我们喝的任何水里，但是它们的气味实在太让人反胃，最终我们不得不放弃这种习惯。

我们在旱季结束时抵达这里，所以原本应该是沼泽地的地方，如今都成了贫瘠的、龟裂的泥地，覆盖着一层因水分蒸发而留下的盐碱，一丛丛枯萎的芦苇根堆在地面上。几个月前牛群在沼泽中跋涉，前往硕果仅存的水塘时留下的足印，现在变得像岩石一样坚硬，密密麻麻地排布在泥地里。只有河床的中心仍然残存着一些黏稠的蓝色泥浆，可以淹没马儿的跗关节。在一些地方，我们发现了和房子附近一样的浅湖，里面也都是浑浊的温水，每年雨季这片区域的大部分地方会被洪水淹没，这些湖是洪水残余的部分。

由于每年周期性的洪水，树木或灌木丛只能存活在稍高于周围平均海拔的地方，这样才不会被淹死。这里地势较高的地方覆盖着低矮的灌木林。所有的植物都长着尖锐的刺，保护它们免受牛群的啃食，要知道干旱的时候牛群是多么需要饲料。许多植物还进化出新的技能，确保它们在旱季保存足够的水分。有些植物依靠的是它们巨大的地下根系；还有一些像烛台仙人掌一样的植物，则将水分贮藏在它们肿胀的肉质茎中。而 *Palo borracho*，也就是美丽异木棉，则将水分保存在它那粗壮的、布满锥形刺的树干中。这些树是查科全副武装的植物的典型代表，它们成群结队地矗立在大地上，如同一个个长满枝叶、拥有生命的奇特的瓶子。

———

美洲印第安人住在距离农场房屋半英里远的地方。若干年前，这些马卡人还被认为是言而无信和性格凶残的人，这显然是早期入侵他们国家的"先驱者"给他们贴的标签。起初，他们很少在一个地方长时间地停留，而是在查科平原游猎，临时驻扎在猎物相对丰富的地方。如今，村子里的大多数人已经放弃传统的狩猎生活，许多人在福斯蒂诺的农场从事放牧工作。事实上，他们居住的营地已然是一个永久的定居点，尽管如此，他们的房屋风格并没有改变，也没有经过精心设计，仍然是用干草简单覆盖的简陋的圆顶小屋。他们的语言和我以前听过的任何一种都不相同。它主要由喉音组成，据我所知重音都放在最后一个音节上，所以听他们讲话如同听一段倒放的英语磁带。

我们在抵达的第一天下午，遇到一位叫斯皮卡的印第安人，他一直陪着我们在小屋周围散步。我突然看到一只特殊的篮子，那是用九带犰狳闪亮的灰色外壳做成的，挂在简陋棚子的椽子上，这个棚子搭建在火堆上。

"*Tatu*!"我兴奋地说。

斯皮卡点点头。"*Tatu hu*。"

hu 在瓜拉尼语中的意思是"黑色"。

"这里有很多吗？"我一边问，一边向周围挥了挥手臂。

斯皮卡很快领会我的意思，点了点头。然后他说了几句马卡语，我完全听不懂。斯皮卡见我一脸迷茫，为了帮助我理解，他从灰烬中捡起一片外壳递给我。虽然它破碎的边缘已经烧焦，但还有一部分没有损坏，足以让我认出这是三带犰狳的黄色外壳的一部分。

"*Tatu naranje*。"斯皮卡说。"*Portijiu*。"他补充道，然后舔着嘴

唇，夸张地模仿一个饥饿的人。

我在福斯蒂诺那里学过这个瓜拉尼词汇，它大概是"美食"的意思。

斯皮卡把西班牙语、瓜拉尼语和手势杂糅在一起，向我们解释说，*tatu naranje*，也就是橘色的犰狳，在灌木林中非常多；尽管它们晚上出来活动，但在白天也能找到；捉这种犰狳时不用做陷阱，徒手就能捉住它们。

他告诉我们，附近还有另一种犰狳——*tatu podju*。桑迪解释说，*podju* 的意思是"黄爪子"，但是仅仅通过这一点微不足道的描述，我们还不能确定它是什么种类。不过可以肯定的是，这里至少有两种我们以前从未见过的犰狳。第二天，我们向福斯蒂诺借了几匹马，出发去寻找它们。坦率地讲，尽管斯皮卡那么说，但我还是认为在白天很难见到它们。不过，我们有必要熟悉这片土地的方位，这样一来，如果真的要晚上出来狩猎，我们起码不会迷路。

然而，斯皮卡所言不虚。我们在离房屋不到 1 英里的地方，看到一只犰狳正在穿越河口处干涸的沼泽地，它距离我们仅有几码远。桑迪牵着马的缰绳，我徒步追赶上去。这只犰狳有 2 英尺多长，比 *tatu hu* 大很多，淡黄色中透着粉红的外壳上稀疏地覆盖着又长又硬的毛发。它的腿非常短，我想它即使想逃跑，也跑不了多快。有鉴于此，我并没有一下逮住它，而是跟在旁边一路小跑，看看它接下来究竟要做些什么。它停下来，用小眼睛盯了我一会儿，然后大声地咕哝着，在崎岖不平的河口缓慢前行。很快，它在地面上发现了一片洼地。它嗅了嗅，开始挖掘，用前爪扒拉出大量的泥土。没过几秒钟，它就只剩下后腿和尾巴在外面了，我认定是时候逮住它了。它把头埋在洞里，根本不知道我的意图，也无法采取任何回避措施，所以我所要做的就是抓住它的尾巴，轻轻地把它提溜出来。它出来以后，还在气喘吁吁地用前腿做着挖掘的动作。

我们把它带回家，斯皮卡过来做鉴定。

"*Tatu podju*。"他满意地说道。打这以后，"黄爪子"便成了它的名字。从科学的角度说，这是一只六带犰狳，或称多毛犰狳。在阿根廷，这种物种被称为 *peludo*。赫德森对这种动物充满钦佩之情，他认为无论从饮食还是从习性来说，这种动物都是南美草原所有生物中最具适应性的。他曾经讲述过一个关于犰狳如何捕蛇的非同寻常的故事。六带犰狳爬上愤怒的、发出嘶嘶声的爬行动物，不停地前后摇摆，用壳上锯齿状的边缘袭击蛇，几乎将它锯成两半。蛇一次又一次地反击，然而是徒劳的。最后蛇死了，犰狳从蛇尾开始享受它的大餐。

每天，我们都会探索周围的世界，有时也会和福斯蒂诺或者他的工人一起骑马出去。他们的骑马技术让我羡慕不已，所以我经常模仿这种与英国大不相同的骑马姿势。他们紧紧地坐在羊皮马鞍上，仿佛和坐骑焊接在一起。刚开始时，我们还穿着在亚松森购买的所

有装备——马裤、皮裤和腰封。后来，这些东西被我们一一抛弃。宽松的马裤虽然在骑马时看上去很酷，但是走进多刺的灌木林时，就成了十足的累赘；自打我穿着靴子走进一片沼泽后，它们就缩成奇怪的形状，穿起来特别不舒服，简直让人无法忍受；那条皮裤实在是太热太硬；而腰封虽然看起来很专业，也很有装饰性，但想要发挥它应有的功能，就必须把它勒得特别紧，我宁愿冒着"肠子颠出来"的危险，也不想勒着这东西。似乎只有披风对我们来说还有点实际的价值——我们把它当作马鞍垫。

有时，我们也会步行。最近的一片灌木林就在村外，向北延伸好几英里，直到一条缓慢流淌的咸水溪流——蒙特林多河的岸边。人们根本无法进入灌木稠密的地方。巨大的仙人掌、带刺的灌木丛和发育不良的棕榈树与藤蔓交织在一起；地面上长满了星花凤梨的肉质莲座叶丛；此外，每一株植物，不论是灌木还是乔木，都长满利刺和倒钩，可以轻易地钩住我们的衣服，刺穿我们的帆布鞋，划破我们的肉。

带刺的灌木丛里到处都是高大的沉香橄榄和红破斧木，不过也有一些地方的灌木非常稀疏，看上去像一片荒凉的草地，几株仙人掌孤零零地矗立其间。

一些栖息在这里的鸟儿像着了魔似的，对搭建鸟巢抱有极大的热情，它们建的巢堪称"豪宅"。在一片空地上，我们发现十几株矮小而带刺的灌木，每一株最高处的树杈上都有一个乱糟糟的、用干草和树枝构筑的巢，差不多是足球的两倍大。这些房屋的建筑师是一些比鸫略小一点的灰褐色小鸟，它们常常栖息在巢顶，在炽热的阳光下发出刺耳的尖叫声。桑迪称它们为 *Leñatero*，也就是集木雀。它们中的一些仍在忙着建巢，尽管不是强壮的飞行者，对自己的搬运能力却非常自信，它们挑选的树枝的大小和重量，足以吓倒一些体型更大的鸟类。我们看着它们急速挥动翅膀，勇敢地飞向鸟巢，嘴里叼着比自己还要长的小树枝。当它们飞抵鸟巢时，有时它们会因为无法积攒足够的力量而不能平稳着陆，衔在嘴里的树枝会掉落到灌木丛中。每一个鸟巢下面都有一堆废弃的小树枝。这些树枝是上等的引燃篝火的材料，这就不难理解人们为什么给它们起"拾柴者"这样一个名字。

我们在一棵干枯的沉香橄榄上发现了最大的鸟巢，那棵树长在灌木林的边缘，枯瘦且没有树皮的树干在阳光长时间的照射下已经微微泛白。树干分叉处的周围搭建了许多用树枝和木棍堆砌而成的细长建筑物，有玉米垛那么大。这是一群灰胸鹦哥的巢，这些鸟儿的面颊和腹部为灰色，其余部位呈绿色，体型大约是虎皮鹦鹉的两倍。鹦鹉科里的其他成员只会在洞里筑巢——或是树洞，或是白蚁、树蚁的球形巢，或是地下洞穴；只有灰胸鹦哥能在露天的环境下建筑鸟巢。它们的巨大鸟巢并不是公共住宅，而更像是公寓楼，因为每对鸟都有自己独立的巢室、门廊和入口，巢室与巢室之间没有通道或隧道。

这是一种非常勤劳的鸟儿。它们会将灌木林中新鲜的嫩枝折断，然后不间断地运到鸟巢这儿来，而那些待在巢里的鹦哥则忙着从恰好无人看守的邻居家里偷建筑材料。灰胸鹦哥一年四季都住在它们的巢里，所以这种狂热的建筑活动从未停止。繁殖季节到来之前，鸟巢的翻修必不可少，育儿所必须扩建，以满足雏鸟成长的需要，而雏鸟长大后往往会在父母家附近搭建自己的巢。所以，灰胸鹦哥的公寓楼会越建越大，直到有被大风吹倒的危险时才会停工。

灰胸鹦哥的巢

在查科，即便是最粗心大意的旅行者也会注意到灰胸鹦哥和集木雀引人注目的巢，但并非查科所有的鸟都如此大胆地建造巢穴。有一天，我沿着一条贯穿灌木林的小径，来了一次探索性质的徒步。小径是印第安人为了狩猎而开辟的。大约一个小时后，汗流浃背、口干舌燥的我坐在灌木丛中的阴凉处，大口大口地喝着水。正当我考虑是否要回去时，我突然听到头顶有嗡嗡的声音，只见一只绿色的小蜂鸟在树枝间盘旋。很难想象是什么把它吸引到这里来，因为树上根本没有花蜜可以让它吸食。它在树枝间来回飞舞着，不知道在忙些什么。它扇动着翅膀在半空中盘旋，速度非常快，以至于我只能看到一个模糊的形状。蜂鸟每秒扇动翅膀的次数可以达到令人难以置信的 200 次，但是它们只有在向下俯冲和求偶时才能达到这个频率。我头顶的这个小家伙每秒钟只需要挥动 50 次翅膀，就能保证它盘旋在空中，只有当它加速飞向另一处，扇翅频率加快时，才能产生引起我注意的嗡嗡声。它突然像箭一样掠过我面前的空地，飞开了。

大多数蜂鸟奉行一夫多妻制，每只雌鸟都会为自己筑巢，然后承担孵化和喂养雏鸟的全部职责。我确信刚刚看到的是一只雌性蜂鸟。它用鲜红的鸟喙将刚刚收集到的蛛丝铺在小小的鸟巢外。当一切准备就绪后，它开始不停地吞吐像线一样的舌头，以产生黏稠的唾液，然后用嘴把唾液均匀地涂在鸟巢的表面上，就像用调色刀在蛋糕上涂抹糖霜。随后，它开始用脚猛蹬鸟巢，还不停地在上方旋转，修整并抚平巢的内部。它用嘴敲击了几下鸟巢，便再一次飞出去寻找新的材料。

它非常努力，一个小时后，我确信那个鸟巢明显比之前大了。为了研究蜂鸟，我静静地在这里坐了很久，以至于灌木林中的其他生物似乎都忽略了我的存在。小蜥蜴们在草丛中间光秃秃的地上爬来爬去；一群叽叽喳喳的灰胸鹦哥落到灌木丛中，开始收集建筑材料。当我留意到周围这些活动时，我好像用余光瞥到一簇多刺的仙人掌下有动静。我拿起望远镜，仔细地搜索那片区域，然而除了一块黄色的圆形土块外，枯草丛中和扭曲的仙人掌下什么也没有。当我目不转睛地盯着那里时，土块开始动了。它的下半边出现了一条垂直的黑线，慢慢地扩大。一张毛茸茸的小脸猛地出现，机警地向外张望，原先的小球变成了一只小小的犰狳。那是一只三带犰狳。它战战兢兢地穿过草地，但是一到空地上，它就加快步伐，踮起脚尖飞快地跑起来，迅速移动的小短腿让它看上去像一个上了发条的怪异玩具。我赶忙跳起来追赶。犰狳突然来了个漂亮的急转弯，钻进灌木丛下的一条低矮的隧道里，消失不见了。我跳到植物后面，静静地等待犰狳出现。几秒钟之后，犰狳便落到我的手中。

　　小家伙怒气冲冲地咕哝了一声，然后猛地合起来，再次把自己变成一个黄色的球；它那长满鳞片的尾巴和头顶三角形的盾板完美吻合，这样就不会暴露身体上没有盔甲的地方。这种情况下，或许只有狼或美洲豹强而有力的两颌能把它咬开，其他动物都伤不到它。我从口袋里掏出一只布袋，把蜷缩成一团的三带犰狳装到里面。这些袋子在装各种新捕获的动物时非常有用。由于袋子编织得不是特别紧密，动物的毛发可以从缝隙中伸出，动物们在里面可以正常呼吸，而且它们在黑暗的环境中几乎总是安静地躺着，不会挣扎，也不会伤害自己。我把装着犰狳的布袋放到地上，然后回到蜂鸟的鸟巢——我把望远镜放在那里了。然而，当我回来的时候，布袋不见

展开的三带犰狳（上图）和紧紧地缩成一个球的三带犰狳（下图）

了。我环顾四周，看见它在地面上一圈接一圈地翻转，缓慢地移动着。缩成一团的小犰狳肯定已经松开，在袋子里小跑起来。我把它拾起来，带回去，和黄爪子一起关在一辆半废弃的牛车里，如今那个小家伙在里面玩得特别开心。

不到一个星期，我们就捕到了三对三带犰狳、两对九带犰狳，以及黄爪子。牛车足够大，可以容纳所有的犰狳，但是它们食量惊人，每天晚上我们都得投放大量的食物，因此我们称之为"救济站"。牧场每周都会宰杀一头牛，所以并不缺牛肉，但是光有肉显然是不够的。犰狳同样需要牛奶和鸡蛋，然而这些东西并不多。幸运的是，那群经常来我们房间串门的母鸡当中的一只，已经决定在我的旅行包里筑巢了。我最初的反应是将它撵出去，但当看到它每天下一个蛋的时候，我对福斯蒂诺和艾尔西塔一言不发，每天晚上把鸡蛋和我们的牛奶一起加到犰狳饲料里。

然而，那几只三带犰狳的情况并不妙。它们柔软的粉红色脚掌上开始出现粗糙的斑块。为了防止这种情况继续恶化，我们在"救济站"底部铺了一层泥土。这招虽然很管用，但是给我们增加了许多额外的工作。犰狳的饮食方式很粗暴，它们让大量的食物洒落到地面上，然后这些东西就会腐烂和变酸。为此，我们不得不每隔几天就把地面清理干净，覆上新的泥土。

后来，三带犰狳又出现了严重的腹泻。它们是高度紧张的小动物，我们很容易看出哪一只患病了。当我们把它们抱起来时，它们不仅吓得两腿发抖，还总是殷勤地献出粪便的样本。我们试着改变它们食物的结构，尝试加入一些煮熟并捣碎的木薯，但是被它们拒绝了。腹泻进一步恶化，查尔斯和我都很担心。我们如果不能治愈它们，就应该把它们放归自然，而不是让它们在被囚禁的状态下死亡。我们无休止地讨论着这个问题，后来突然意识到，三带犰狳在野外翻找昆虫和树根时，不可避免地要吃掉大量的泥土。或许它们消化食物时需要泥土，或许我们提供的食物过于丰盛。那天晚上，我们在肉末、牛奶和鸡蛋的混合物中加了两把土，把它搅拌成一种不那么诱人的稀泥。不到三天，这几只三带犰狳全部痊愈。

第二十八章　查科之旅

从南方吹来的风不仅带来刺骨的冷空气，还带来持续数小时的阴雨。每当遇到这种无法外出活动的天气，我们就会去畜栏旁边那间四面通透的茅草屋。牧场的工人们常聚在那里聊天，磨刀，编织生皮套索，调戏在厨房做帮工的、具有一半印第安血统的女孩，然而最重要的事情是喝热马黛茶。茅草屋地面的中央常常会生起一堆篝火，工人们总会在长凳上为我们留几个空位。我们不仅可以坐在那里用火取暖，还可以享受热腾腾的马黛茶。这是一个热情好客的地方，虽然充斥着马和皮革的气味，但也散发着沉香橄榄的芳香。

一个雨天的早晨，我来到茅草屋，准备来一杯温暖的马黛茶，但我失望地发现这里空无一人，只有六条皮毛光滑，而且被喂养得很好的狗。当我抵达时，它们坐起来狐疑地盯着我。我注意到有一个人仰面躺在木凳上，脸上盖着一顶布满灰尘的宽边帽。这人我从未见过。他非常高——肯定超过 6 英尺——穿着一条破旧而宽松的马裤、一件没有扣子的衬衫，腰间系着一条由美洲印第安人编织的褪色的腰封。他赤着双脚，从脚底的老茧可知他很少穿鞋。

"*Buenas dias*（早上好）。"我问候道。

"*Buenas dias*。"陌生人在帽子下低沉地回应道。

"你从很远的地方来吗？"我用结结巴巴的西班牙语问道。

"是的。"他回应道，并懒洋洋地挠了挠肚子，除此之外，没有任何动作。

我们之间陷入尴尬的沉默。

"天气很冷啊。"我漫无目的地说。除了天气以外，我想不出别的话题来延长谈话时间。陌生人坐了起来，一把将帽子推到脑后，双脚放到地上。

他长得非常英俊，浓密乌黑的卷发中夹杂着灰白色的发丝，古铜色的下巴上留着斑白的胡楂，看来好几天没有打理了。

"你是来找马黛茶的吗？"他问。没等我回答，他就解开一直当作枕头来用的帆布包。他取出一只牛角杯、一根银质吸管和一小包茶叶，往牛角杯里倒了一些绿色的马黛茶叶。他默不作声地拿起长凳边的陶罐，往牛角杯里加水，用吸管吸了几口，吐出几口浑浊的茶水，随后重新往杯里加满水，彬彬有礼地把它递给我。

"你在这里做什么？"他问道。

"我们在找动物。"

"什么动物？"

"犰狳，"我轻快地回答道，"各种犰狳。"

"我有大犰狳。"他回答说。

至少我认为他是这么说的，但是我不大确定。也许他说的是过去式，或者是说如果他想的话，他可以随时抓住一只大犰狳。我不能肯定。

"等一下。"我激动地说完后就飞奔出茅草屋，冒雨把房间里的桑迪叫来。我们回来后，桑迪开始了漫长的、有礼貌的寒暄，他坚持认为这是开启任何一项严肃调查的正确方式。我焦躁不安地坐在一旁。几分钟后，桑迪简单地翻译了他俩谈话的要点。这个陌生人叫科梅利。他是一个在查科平原游荡的猎人，猎捕美洲豹、海狸鼠、狐狸或其他拥有值钱皮毛的动物，换取火柴、弹药筒和刀子，以及他在平原漫游所需的其他一些物资。他已经有十年没在房间里睡过觉，他也不想这么睡。

"那大犰狳呢？"我焦急地问。

"啊！"桑迪好像把最重要的事情给忘了。

他再一次和科梅利攀谈起来。

"他曾经有一只大犰狳，饲养了好几个星期，但那是很久以前的事情了。"

"发生什么事了？"

"它死了。"

"他是从哪儿弄来的？"

"在皮科马约河那边，离这里很远。"

"他明天能带我们去吗？"

桑迪咨询这个问题时，陌生人咧嘴笑了。

"没问题。"

我兴奋地跑回房间，告诉查尔斯这个好消息。我想立马去科梅利描述的地方。不管能不能找到大犰狳，我们或许能看见一些在牧场周围没有的动物。骑马去往那里至少需要三天的时间，如果我们的搜寻不受时间限制，我想我们要离开大约两个星期。福斯蒂诺答应借给我们两匹马、一辆驮运装备的牛车，还有两头拉车的牛。然而，我们没有食品。

"唔，我们可以吃当地的东西。"我激动地对查尔斯说道，但是表述得非常含糊。

"没问题，不会比我们现在吃得更糟了。"他忧郁地回应。

在这件事上，我不得不同意他的看法。虽然福斯蒂诺和艾尔西塔热情好客，但是他们做的饭菜实在让人不敢恭维，几乎不能让任何不习惯它们的人有胃口。饭桌上只有牛的各个部位——油炸牛肠子，无数奇形怪状的干瘪器官（幸运的是，我认不出来它们是什么），以及无休止的粗糙牛肉块，嚼起来就像硫化橡胶一样。如果"吃当地的东西"意味着改变饮食习惯，那么这或许将是一种解脱。

我们和福斯蒂诺讨论这个问题。

"查科是个会让人挨饿的地方。"他说，"我们可以给你们一些木薯、木薯粉和马黛茶，但是男人吃这些东西可不会长胖啊。"

随后，他又给了我们一些希望。

"别担心。如果你们饿了，我允许你们杀一头牛。"

———————

我们花了两天时间修理车上的皮具，精心挑选牛马，上马鞍，组装牛车。艾尔西塔从仓库里面翻出一口大铸铁锅和一只煎锅，福斯蒂诺无私地送了我们一条牛的左后腿，他说它在变质前至少可以充当一顿饭。我和查尔斯则装了一整箱橘子。

最后，一切准备就绪。车上堆满设备，牛也被拴上车。桑迪接过缰绳，牛车启动时缺油的车轮发出刺耳的咯吱声，在这种声音的陪伴下，我们的队伍缓慢地离开牧场。南风变成北风，带走寒冷的雨水，我们在万里无云的蓝天下骑着马。科梅利在最前面带路，他戴着宽檐的帽子，修长的双腿垂在马镫外，几乎触到地面，整个人看上去就像南美的堂吉诃德。他的狗在我们周围四处游荡。科梅利不仅能通过声音，还能通过脚印识别每一条狗，他总是在旅途中不断地呼唤它们。这群狗的首领叫迪亚布勒，也就是"魔鬼"的意思；二号人物卡皮塔斯，是"工头"的意思；有两条狗的名字我就压根没记住过；还有一条棕色的大母狗，是所有狗中最懒的，但也是最帅气的，它对科梅利忠心耿耿，科梅利也非常喜欢它。它叫卡伦塔*，

---

* 原文为 Cuarenta，在西班牙语中是"四十"的意思。——译注

科梅利深情地说，这是因为它的脚非常大，要是穿靴子的话，它至少要穿 40 号的靴子。

我们一路向南。牧场和附近的灌木林变得越来越小，很快消失在视野中。前方是一片广袤的、荒无人烟的平原，只有福斯蒂诺的几群牛。牛拉着车，迈着沉重的步伐缓慢前行，时速不超过 2 英里。为了让它们不断行进，驾车的人需要不停地吼叫。我们四个人只有两匹马，所以需要轮流骑马和赶车，当其中一个人无所事事的时候，他就会坐在牛车的后挡板上，用冰冷的马黛茶消磨时光。

下午晚些时候，远处的地平线上出现一棵枯树。我们走近一瞧，它顶部的枝干上有一个巨大的裸颈鹳鸟巢。前面有一片干涸的湖，湖底生满带刺的灌木。

我们决定将第一个营地搭在那里。

接下来的三天，我们继续在广袤无垠的平原上向南穿行。科梅利把丛生的灌木林比作一座座岛屿。这个比方非常贴切——它们是草海中的丛林岛屿，科梅利就像在大海中航行的人一样，把它们当作导航的地标。自打离开牧场，天气变得异常炎热，我们在骑马时都快被太阳烤焦了。然而，到了第四天的早上，风向突然改变，天空中乌云密布，傍晚时分下起倾盆大雨，当时我们刚好抵达皮科马约河。

河水分成几条小溪，在杂乱的砾石之间流淌着，浑浊而泥泞。八十年前，皮科马约河被认定为阿根廷和巴拉圭的界河，然而从那时起，这条流淌在查科平原的大河无数次改变河道。如今，这条河

科梅利和卡伦塔

在当时商定的国界线以北的若干英里处流淌着，因此河水南边的土地仍属于巴拉圭。

我们驱赶着马和牛下河。虽然水不深，但是到对岸之前，河水还是差点淹到牛车的底板。

两天前，我们吃完了福斯蒂诺给的牛肉，直到现在还没找到猎物，一成不变的木薯、木薯粉和马黛茶逐渐让我们感到厌恶。科梅利向我们保证，前面不远处就有一家叫作"帕索·罗亚"的小商店，那里堆满各种各样的罐头食品。一想到这里，我就会流口水。

临近傍晚，我们冒着暴雨抵达一片灌木林，这片灌木林为商店提供了天然的庇护。在这样的天气下，设备极有可能被淋湿，除非我们能找到一处庇护所。科梅利带领我们沿着泥泞的小路穿过带刺的灌木丛，来到一间废弃的小屋，它由四堵即将坍塌的土坯墙和一个凹陷变形的茅草顶棚组成。科梅利说，建造它的人几年前死在这里，现在埋在灌木林中的某个地方。从那以后，小屋就荒废了。雨水顺着屋檐倾泻下来，汇集在门槛，形成一个宽宽的水坑，风呼啸着穿过墙壁的缝隙。我们赶忙把设备从车上卸下来，堆放在屋内不渗水的空地上。

我们筋疲力尽，不仅浑身湿透，还饥肠辘辘。刚一忙完，我们就冒雨前往半英里外的那间商店。它比我们征用的小木屋稍微大一点，但是同样破败不堪。我们从敞开的大门走过去，只见屋里挤着一群脏兮兮的鸡鸭，它们也是避雨的客人。房间里挂着两张吊床，老板躺在其中一张上，正喝着马黛茶。他出人意料地年轻，看上去异常开心，让人有点莫名其妙。我们自我介绍时，他从后屋把他的妻子和另一个年轻人——他的堂兄弟——叫出来迎接我们。我们坐在木箱上，在湿漉漉的衣服里瑟瑟发抖，桑迪问他能不能买点吃的。

老板高兴地笑了笑，然后摇了摇头。

"没有，"他说，"我已经等了好几个星期，一辆运送货物的牛车也没来。现在只有啤酒。"

他走进侧屋，拿出一只板条箱，里面装有六瓶啤酒。他把它们一瓶接一瓶地递给他的堂兄弟，令人惊讶的是，那人竟然用牙齿把瓶盖全部咬开。

我们拿起瓶子直接喝起来。啤酒淡而无味，冷冰冰的，在我愿意选择的茶点里居于末位。它和我想了一整天的沙丁鱼及桃子罐头无法相提并论。

"帕索·罗亚，是不是很好？"科梅利拍拍我的肩膀，愉快地问道。

我勉强朝他笑了笑，但是一句话也说不出来。

晚上，我们在自己的小屋里生起一堆篝火，一来可以烘干湿漉漉的衣服，二来可以做一顿倒胃口的木薯粉大餐。小屋里实在没地方让我们四个人和几条狗一起睡觉，所以我和查尔斯自愿到屋外过夜。尽管雨还在不停地下，但是我们的吊床原本就是为在热带地区服役的美国军队而设计的，所以上面带有一个很薄的橡胶顶棚，从理论上说可以防水。

离小屋不远的地方还有一间倾颓的建筑，尽管屋顶和三面墙已经坍塌，但是墙角的柱子还立着。暴风雨减弱的时候，我跑出去把吊床挂在两根立柱之间。查尔斯则把他的吊床拴在附近的两棵大树中间。没过几分钟，我就钻进自己的吊床，拉上防水顶棚与吊床之间的蚊帐拉链，然后把手电筒放在身边，用披风裹住自己。筋疲力尽的我倒头便睡着了，这是今天最温暖、最舒服的时刻。

午夜刚过，我被一种不舒服的感觉折腾醒，发现自己像折刀一样蜷缩着，脚都快触碰到头了。我摸索着手电筒，借助它微弱的灯光，发现原来是支撑着吊床的立柱倾倒后相互抵在一起，吊床下垂到离地面不足几英寸的地方。我一动不动地躺着，仔细分析当前的局势。外面的雨仍然下得很大，把周围的泥土溅了起来。我如果现在爬出去，不出几秒钟就会浑身湿透；但是，如果我继续待在吊床里，柱子会慢慢地合拢，直到我被放在地上。我想，如果真到了那一步，也不会比睡在小屋的地板上更糟，所以我决定留在原地，继续睡觉。

大约一个小时后，背部传来的湿冷感觉再次把我惊醒。无须借助手电筒，我也能明白周围的情况。我睡在地上的一个大水坑的中央，水正一点点地渗入我的吊床和披风。我躺了半个钟头，看着闪电划破夜空，照亮雨幕。我权衡了一下目前的处境带给我的不适感，然后将它与我跑回小屋全身湿透的感觉做一个对比。最后，用屋里的火堆把冻僵的身体烤热的念头占了上风。我拉开蚊帐上的拉链，把湿透的吊床丢在水坑里，赤脚穿过泥泞的空地，飞奔回小屋。

小屋里，桑迪和科梅利的鼾声此起彼伏，还弥漫着狗身上的腥臭味。篝火则早已熄灭。我凄凉地蹲在一个空角落里。卡伦塔注意到我的到来，小心地跨过桑迪伸展的双腿，蹲在我的脚下。我披上湿披风，等待着黎明的到来。

科梅利是第一个醒来的。我俩再次把火点燃，煮了一壶水，用来泡马黛茶。

天亮了，暴风雨也停了。查尔斯在吊床上醒来，惬意地伸着懒腰，宣布他度过了一个美好而舒适的夜晚，并开玩笑说，那天早上他要在床上享用马黛茶。

我觉得他的笑话不怎么高明。

我们吃早餐时，小店的老板、开瓶者和另一个男人一起来到小屋，围坐在篝火旁。小店老板介绍说，那个陌生人是他的另外一个堂兄弟，专门负责杀牛。这人看上去脾气特别暴躁，他乖戾的表情并没有因为一道皱起的疤痕而有所改善，这道疤贯穿他的整张脸，他的眉毛和眼睑因此扭曲变形，嘴角也被扯开，露出邪恶的笑容。后来，小店老板说这道伤疤是一天晚上他们喝酒时造成的，当时屠夫被开瓶者激怒，抄起屠刀就朝他砍去。开瓶者拿起一只破了的甘蔗酒瓶自卫，受伤的屠夫很快冷静下来，小店老板找来自己的老婆替屠夫缝补伤口。尽管这样，这三个堂兄弟现在仍是最好的朋友，这或许是因为他们是帕索·罗亚唯一的居民，方圆数英里没有第二户人家。

我们说自己正在寻找各种各样的动物，对大犰狳尤其感兴趣。开瓶者说他曾经看到过它们的脚印，但是没有一个人真正地见过这种动物。他们保证会留意任何可能引起我们兴趣的动物。

显然，他们打算把上午的时光消磨在这里。他们先是要求见识见识我们的设备。开瓶者被查尔斯的吊床迷住，爬进他昨晚支起的吊床，对拉链、蚊帐、口袋和顶棚赞不绝口。小店老板坐在屋外的一根原木上，无比激动地检视着我的望远镜，对它爱不释手，一会儿摸摸镜筒，一会儿把它放到眼睛上。出于职业原因，屠夫对刀特别感兴趣。他发现了我的刀，蹲在火堆旁，用大拇指羡慕地测试它的刀刃，不停地暗示他希望收到这样一份礼物。由于我一直没有回应——毕竟这是我唯一的一把刀——他开始改变策略。

"多少钱一把？"

"一只大犰狳。"我脱口而出。

"那个婊子！"他用了一个相当粗俗的西班牙语单词，带着几分神秘说道，随后一挥胳膊，把刀扔了出去。那把刀插在 15 英尺外的树干上，不停地颤动。

早餐后，科梅利说他想出趟远门，沿着灌木林往东走，看看能不能找到大犰狳的踪迹。把他想去的地方仔细地搜查一遍，大概需要两三天的时间，如果遇到什么有意思的动物，他会立即回来找我们。不出几分钟，他就凑齐了所需的装备——一件披风、一袋木薯粉，还有一些马黛茶。没等太阳升到树上，他便骑着一匹马静悄悄地出发了，狗群兴奋地摇着尾巴在他前面小跑。

桑迪花费一整天的时间，把小木屋修缮一番，搭建一个临时厨房，把我们仓促建成的营地收拾整齐。

现在只剩下一匹马，我和查尔斯不可能一起进行长途探险，所以我们决定让剩下的这匹马驮着摄像机、录音设备和水壶，我俩徒步去北部的平原搜寻。

帕索·罗亚和皮科马约之间的查科平原被里亚乔斯河所分割——这是一条长约 100 码的溪流，水位很浅，不知道源头在哪儿，又突然终结于一片泥泞的水塘。水面上不仅漂满凤眼蓝和其他不知名的杂草，还聚集着一群群嗡嗡作响的蚊子和巨大而凶残的虻。在河岸的一边，我发现一堆看起来很有意思的干芦苇。我小心翼翼地用小刀在它们中间捅了捅，在潮湿的底层发现十来只小凯门鳄，它们是真鳄在南美洲的亲戚。它们在我的双脚之间匆忙逃窜，有的掉进了河水里，我设法逮了四只。这堆芦苇原本是一个废弃的鸟巢，凯门鳄妈妈把卵产在这里，然后离开，让它们自己在烈日下孵化。我捉住的这几只是凯门鳄宝宝，它们虽然只有 6 英寸长，但是会咬住我的手指，发出愤怒的叫声，还时不时地张开嘴，露出柠檬色的上颚恶狠狠地瞪着我。我浸湿一只布袋，把这些小家伙塞了进去。

　　我们环顾四周，想看看这片区域还有什么动物时，我突然意识到，有四个人正站在对岸静静地观察着我们。他们是美洲印第安人，每个人都背着一把老猎枪。他们赤裸着上身，赤着双脚，只穿一条绑着皮革护腿的裤子。他们的脸上刺有文身，长长的头发垂在脸颊上，其中两人拎着鼓鼓的袋子，还有一人扛着一只被宰杀和拔了毛的鹈鹕。

　　显然，这些人是猎手。这是一个招募高素质助手的绝佳机会。我们蹚过河，试图用手势建议他们和我们一起返回营地。他们倚靠在猎枪上，一脸困惑地看着我。最后，我总算清晰地表明了我的意图，他们迅速地用特有的喉音交流一番，点头表示同意。

　　返回营地后，桑迪用瓜拉尼语和马卡语跟他们交流。他说这群人为了猎捕鹈鹕，许多天以前就离开了他们的村庄。鹈鹕的羽毛在阿根廷常被用来制作掸子，所以价格很高。正因如此，印第安人可以容易地把它们卖给像小店老板这样的商贩，以此换取火柴、盐和子弹等物资。他们把羽毛暂存在靠近阿根廷边界的某个地方。桑迪对他们说，如果他们愿意帮我们寻找动物的话，只要他们和我们待在一起，我们就会提供木薯粉，而且捕获一只动物还会有额外的丰厚报酬。我们给大犰狳定了一个特别高的价格。他们同意加入，不过需要一些马黛茶作为预付款。我们从日益减少的储备中匀给他们几杯茶。既然双方已经立下约定，我希望他们能立马进入灌木林开始狩猎；然而他们对自己职责的理解似乎有一些偏差。他们躺在树荫下，把披风盖在脸上，很快进入梦乡。毕竟，在这个时间出去搜寻动物，似乎太晚了。

他们直到黄昏才醒，刚醒过来就在离小屋不远的地方生了一堆火，然后跑来找我们要木薯粉。我们提供了一些，他们把它拿回去，和鹅鹕的肉放在一起煮。月亮慢慢地升到树梢上，又大又亮，我们准备睡觉。然而，睡过午觉的印第安人精神焕发，丝毫没有要休息的迹象。

"也许，"我满怀希望地对桑迪说，"他们打算通宵狩猎。"

桑迪开心地笑了。"我敢打包票，他们没有这样的计划。"他说，"但是，不要试图催促印第安人，这样做毫无意义。"

我在两棵树之间重新挂起吊床，爬进去准备安稳地睡一觉。这群印第安人好像很开心，欢声笑语从未间断。从我躺着的地方，可以看到他们传递着一瓶甘蔗酒，喝了很长时间。突然，一个人咆哮着把空酒瓶扔进火堆旁的灌木丛，聚会变得更加热闹。我看到其中一个人从包里又翻出一整瓶酒。他们可能很久才能消停吧。我翻了个身，把披风盖在头上，困意再次袭来。

突然，附近响起一声震耳欲聋的爆炸声，有什么东西在我头上嗡嗡作响，我惊慌失措地向外张望，只见他们围着篝火尽情转圈，其中一人拿着甘蔗酒瓶，所有人都挥舞着枪。有一个人突然大叫一声，再次朝空中开枪。

现在的情况已经失控，必须在有人受伤之前采取必要的措施。

查尔斯已经跳下吊床，回小屋里了。我跟进去，看见他正紧急地打开急救箱。

"天哪！"我说，"他们伤到了你？"

"没有，"他阴沉地回答，"但我要确保他们不会这样做。"

一个男人弯腰朝这边走来，悲伤地把一只甘蔗酒瓶倒过来，向我们展示没有酒水了。他咕哝了几句，似乎是希望我们把酒添满。查尔斯递给他一大杯水，并往里面倒了什么东西。

"是一粒安眠药，"他对我说，"伤不到他的。运气好的话，在药起作用之前，我们不需要躲避两次以上的子弹。"

其他人围过来，晃晃悠悠地站在一旁，不想错过他们同伴获得的东西。查尔斯殷勤地给每个人发了一粒药丸。他们一饮而尽，眨着眼睛，惊讶地发现我们给的饮料竟然没有味道。

我一直不知道安眠药能这么快见效。第一个人放下枪，摇着头，重重地坐到了地上。有那么几分钟，他尝试着坐起来，昏昏沉沉地点着头，直到最后倒在地上。很快，他们四个都睡着了。最后，营地里一片寂静。

早晨，这群人还躺在前一天晚上倒下的地方，直到下午才起来。他们还沉浸在甘蔗酒带来的可怕的宿醉中，痛苦地坐在树下，眼神黯淡，头发凌乱地垂在脸上。

那天下午，他们离开营地。我本来希望派对结束后，他们打定主意开始工作，以抵偿欠我们的马黛茶和木薯粉；但是自那以后，我们再也没见过他们。

第二十九章　第二次搜寻

两天后，卡伦塔一路小跑进入营地，用狂吠和舔舐表达对我们的思恋。迪亚布勒紧随其后，高傲地带领着其他的狗走进来，所有的狗都躺到一棵树下休息。大约过了十分钟，科梅利轻快地骑着马出现在路口的拐弯处，他把帽子戴在后脑勺上，身上的马裤被撕开一道大口子。他一看到我们就伤心地摇头。

"什么都没有，"他边说边跳下马，"我往东走了很远，一直走到灌木林的尽头，然而什么也没有找到。"

他狠狠地吐了一口唾沫，然后开始给马刷毛。

"那个婊子。"我借用了屠夫的西班牙语词汇，咬牙切齿地说道，表达着强烈的失望。

科梅利咧嘴笑了笑，半长的黑胡子里露出白色的牙齿。

"你可以自己去找找，"他说，"除非你运气特别好，否则也会徒劳无功。去年我在这片灌木林里发现许多大犰狳的洞穴。当时我也是闲来无事，想看看它们到底长啥样，就开始搜寻它们。有整整一个月，我每天晚上都带着我的狗出去寻找大犰狳，但是我们没有闻到一点难闻的气味。我说让它见鬼去吧，就放弃了。三天后的一个晚上，我几乎把这件烂事给忘了，一只年轻的大犰狳出现在我的马前，正在横穿小径。我赶忙跳下来抓住它的尾巴。很幸运，这对我来说一点也不难。它是我见过的第一只也是最后一只大犰狳。"

我虽然没有盲目乐观地认为科梅利会带回一只大犰狳，把这个活蹦乱跳的家伙绑在他的马镫旁，但是我还是怀着一丝希望，他或许能找到一个洞、一些足迹、一些粪便，任何能表明这种生物生活在灌木林中特定区域的证据。有了这些，我们可以组织一次细致而彻底的追查。如果没有这些，搜寻毫无意义。

科梅利拍了拍马的屁股，让它去吃草。

"别难过，朋友，"他说，"你可别告诉老犰狳啊，今晚它可能会自己走进营地。"他解开背包，拿出一只布袋。"看这里，这可能会让你开心一点。"

我松开袋子，小心地往里面看。在袋子底部，我看到一只带有红色皮毛的大球。

"它会咬人吗？"

科梅利笑着摇了摇头。

我把手伸进去，先拿出一只，然后又拿出两只，最后一共拿出四只毛茸茸的小家伙。它们长着明亮的眼睛、细长而灵活的鼻子和长长的尾巴，尾巴上面还有一圈圈黑色环状条纹。这是南浣熊宝宝。有那么一瞬间，没有找到大犰狳的失望情绪因为捧着这几个小家伙而烟消云散。它们天不怕地不怕，在我身上爬来爬去，不时地发出轻微的咆哮声，一会儿咬咬我的耳朵，一会儿把鼻子伸进我的口袋。它们实在太活跃了，以至于我根本不能长时间抓着它们。这几个小家伙一个接一个地跳到地上，追逐着自己的尾巴自娱自乐起来。

成年的南浣熊是一种非常可怕的生物，它们长着巨大的犬齿，似乎有一种势不可挡的欲望要去咬一切能动的东西，无论是大是小。它们经常成群结队地在灌木丛中游荡，恐吓体型较小的居民，狼吞虎咽地吃着蛴螬、蠕虫、树根、雏鸟，以及任何能吃的东西。科梅利的狗发现了一只母浣熊，它生了十个幼崽。它们追着把它逼到一棵树上，它的孩子们也跟着爬了上去，科梅利设法抓住这四只。它们年纪很小，还可以被驯服，很少有生物比一只温顺的南浣熊更有意思了。对此，我十分满意。

我们用藤蔓把小树苗编织在一起，搭建一个活动场，并往里面放一些树枝让它们攀爬。它们的第一餐是煮熟的木薯，这是我们唯一可以提供的。它们热情地扑上去，用小嘴大声地吃着。很快，它们就把自己的肚子塞得满满的，再也折腾不起来，只能蹒跚前行。它们在一个角落里安顿下来，挠着圆鼓鼓的肚子，然后一个接一个地睡着了。

但是，木薯并不是它们最满意的食物，它们需要肉，我们也是。我们已经好几天没有吃肉了。现在，无论如何都必须弄一些肉来。

二十个高声呐喊的牧场工人飞奔到帕索·罗亚，他们正在驱赶一头怒吼的犍牛。

"美食！"科梅利叫道，他抄起一把刀追了上去。

我一直以为，如果我被迫进入屠宰场，我会在一夜之间变成一个坚定的素食主义者。但当这头犍牛被拴在离我们营地不到50码的地方时，我感到非常饥饿，以至于我眼睁睁地看着它被屠杀，却没有感到丝毫的不安。

科梅利扛着半扇牛肋排凯旋，牛血顺着他的手和小臂一直流到肘部。几分钟之后，牛肉在火上嘶嘶作响，逐渐变成褐色。在那群牧牛人出现的三刻钟后，我们终于吃上这些天以来的第一口肉。此时，刀似乎是多余的。我们拿着巨大的弓形肋骨，直接用牙咬下上面的嫩肉。我真不明白，为什么艾尔西塔做的牛肉像皮革一样粗糙，而这肉会如此鲜美多汁呢？

"查科牛肉只有两种吃法，"桑迪趁着嘴里没有东西的时刻说道，"一种是放了很多天再吃，一种是像这样——牛被杀死之后，在牛肉僵硬之前立马吃掉。当然，后者是最好的方式。"

我不得不同意他的看法。我从来没有吃过这么好吃的牛肉。

这些牧场工人来自数英里之外的一个庄园，他们正在查科平原搜寻从牛群中走失的牛。每隔几天，他们就会杀一头犍牛作为食物，我们很幸运，刚好赶上他们宰牛的时间。

即使是牧牛人这样的大胃王也不能吃掉一整头牛，所以见者有份。屠夫带走一条滴血的牛腿，小店老板和开瓶者则拿了一块牛腩。

科梅利的狗狼吞虎咽地吃着内脏，那几只小南浣熊则为肋骨上的碎屑争吵不休。树上聚集了一群黑头美洲鹫，它们耐心地等待着时机，随时准备降落到尸体上，寻求属于它们的那一份。

不久，我们的营地和商店之间燃起一堆堆噼啪作响的篝火，牧场工人三三两两地围坐在旁边，整片灌木林都弥漫着烤牛肉的浓郁香味。

科梅利不仅设法弄到一块牛肋排，还带回一大块牛肩肉。我们没有立马吃它，而是决定把它切成长条，挂在绳子上晒干，做成所谓的 *charqui*，也就是牛肉干。晒好的牛肉干虽然不如鲜肉好吃，但是可以储存很长时间。我们刚刚把牛肉切好晒上，回到火堆旁，就有一群灰胸鹦哥飞到肉条上，吵吵嚷嚷地大快朵颐。当然，鹦鹉一般以水果和种子为生，但查科的灰胸鹦哥生活在这样一个贫瘠的区域，显然已经学会吃所有能吃的东西。它们不是唯一改变饮食结构的鸟类，很快，英俊的冠蜡嘴鹀、黑巾舞雀（这是一种黑颊橙喙的大型雀类）和嘲鸫也加入吃肉的大军，嘲鸫在啄食生肉时不停地上下摆动着长尾，以此在绳子上保持平衡。

科梅利计划继续向西寻找大犰狳的踪迹，我和查尔斯非常想和他一起去。然而，我们不能都离开，抛下牛车、设备和那几只南浣熊，我和科梅利也不能把两匹马都骑走，一匹都不留给查尔斯和桑迪。随后，我们发现开瓶者有一匹备用的马。他说他不想借，却一直暗示或许可以把它卖给我们。潘乔这匹有问题的马，似乎就是为我们的探险而生的。尽管我不擅长通过细微之处观察马的状态，也

灰胸鹦哥啄食肉干

不擅长通过牙齿来判断它的年龄，但就连我这样一个缺乏经验的人，都能看出潘乔已经老态龙钟。它双颊深陷，背塌陷下去，耳朵悲伤地低垂着，脑袋无精打采地耷拉着。我突然想到，开瓶者之所以不想把它借给我们，是因为他担心这个可怜的家伙在途中被累死；如果按照牧场工人那种残暴和狂野的骑法，它或许还真有这样的危险。然而我并没有这样的打算。我所需要的只是一匹可以驮着我慢慢向前走的马，潘乔似乎可以做到这一点。一匹年轻活泼的马肯定会令人尴尬的。即便如此，我也不确定是否要买下潘乔。

"多少钱？"我问。

"五百瓜拉尼。"开瓶者肯定地回答。

这大约相当于三十先令。我觉得，潘乔值这个价，所以买下了它。

第二天，我和科梅利带着一袋木薯粉和一些牛肉干踏上征程。我们沿着一条狭窄的小路穿越灌木林，它的高度比艾尔西塔农场周边的灌木丛要矮一些，也没有那么多的刺。狗静静地排成一队，走在我们前面，它们偶尔会回到科梅利的身边，然后又在两边的灌木丛里进行一番探险。

傍晚时分，科梅利突然勒住缰绳跳下马，原来他在路边发现一个大洞。不用他说那是什么，从他得意扬扬的表情和洞的情况来看，我立马意识到我们终于找到一只大犰狳的洞穴了。洞口约有 2 英尺宽，建在一个结实的大土堆侧面，旁边是一群切叶蚁的巢穴。巨大的土块散落在它的前面，一些土块上还有大犰狳的巨大前爪留下的深槽。我趴在地上往洞里看。洞口飞着一群嗡嗡作响的蚊子，我看不到洞深处的情形，便从灌木丛里砍下一根树枝插进去。隧道不长，不超过 5 英尺。它不是大犰狳的永久居所，而仅仅是它在蚁巢边挖的一个坑，以便它捕食蚂蚁。与此同时，科梅利正沿着大犰狳离开洞时留下的痕迹追寻着。他穿过灌木丛，绕着蚁巢走到另一边，在那里我们发现了一个类似的洞，那也是它在寻找食物时挖的。它的大小和被扔出的土块的大小，就是这只大犰狳巨大体型和强大力量的真实写照。我们兴奋地沿着小路穿过多刺的低矮灌木。在 20 码外的地方，我们发现第三个洞。经过半个小时的搜寻，我们一共发现了十五个洞。科梅利的狗证实它们都是空的。这些洞都是大犰狳为方便取食而临时挖掘的。

我们坐下来分析情况。

"这些痕迹留下的时间不会超过四天，"科梅利说，"否则我们抵达帕索·罗亚那天的大雨会冲走它们。然而这些痕迹并不新鲜，也没有气味，而且很模糊。我想大概有四天。大犰狳现在可能就在几英里之外。"

尽管这让我的希望再次破灭，但我还是很高兴，因为我终于见到了这种野兽存在的确凿证据，在此之前，我都开始怀疑它只是一个神话了。我们费尽心思地在灌木丛中搜寻线索，希望能找到那只大犰狳离开的方向。我们什么也没找到，而且痕迹留得太久，狗根本找不到任何可以追踪的气味。现在唯一能做的就是沿着小路继续往西前进，寄希望于在某个地方找到这种动物留下的更新鲜的踪迹。

日落时分，我们决定稍事休息。科梅利生了一小堆火，我们用牛肉干做了一顿晚餐。

"我们睡一会儿吧，"科梅利说，"等到月亮升起来，我们再出发。"

我把披风铺在火堆旁，闭上眼睛昏昏沉沉地睡去，梦见了大犰狳在潘乔脚下行走。

科梅利叫醒我时，月亮已经高高地升起，又白又圆，明亮的月光照亮整片灌木林，毫不夸张地说，这光线甚至可以用来读书。我们给马套上马鞍，悄悄地穿过灌木丛，继续行进。除了马具的叮当声，以及树枝拂过我们的腿和马儿的侧面发出的声音外，周围几乎没有其他声音。从远处的灌木林中传来一只雕鸮低沉的叫声，蟋蟀在我们脚下的土地上疯狂地鸣叫着，直到潘乔的蹄子踏过时才安静一会儿。

临近午夜，我们突然听到迪亚布勒的狂吠声。它一定是发现了什么东西，就连潘乔似乎也感到兴奋，因为当我催促它走向迪亚布勒咆哮的地方时，它突然小跑起来，勇敢地跳进多刺的灌木丛中。我和科梅利几乎同时找到那条狗。我们一起跳下来，勉强地进入它所在的灌木丛。它蹲坐着，对着一只动物咆哮。科梅利把它叫走。我们看到一只犰狳躺在地上。那是一只九带犰狳。

那一夜，狗群又找到了另外两只九带犰狳。我们在凌晨三点宿营，一直睡到黎明。

我们又搜寻了三天三夜。白天这里异常炎热，我们从帕索·罗亚带来的煮沸的泥水早就被消耗一空，然而这里没有能让我们补充水分的水坑和溪流。当我饥渴难耐时，科梅利告诉我，即使在这样干旱的地区，也有办法解渴。灌木丛中生长着大量矮小而粗壮的仙人掌，削掉上面的刺，就会流出清爽的汁液。它尝起来像黄瓜，但我不太喜欢，因为它有一种令人不快的回味，让我的牙齿发酸。不过，还有一种植物为我们提供了更多、更纯的饮料。然而它很难找，因为只有一个小树枝状的茎和稀疏而不起眼的叶子露在地面上；但是在地下 2 英尺的地方，它的根肿得像芜菁那么大。这个膨胀的根，肉是白色和半透明的，里面充满汁液，我们只要把它放在手里挤碎，就能获得一大杯甘甜的饮料。

尽管灌木丛非常贫瘠，但是科梅利总有办法找到食物来补充我们的木薯粉和牛肉干。他从低矮的长刺棕上切下白色的嫩枝。他说，美洲印第安妇女在哺乳时特别喜欢这些嫩枝，因为它们营养丰富。它们是白色的，质地像坚果，尝起来有点菊苣的味道。他告诉我哪些浆果可以吃，哪些是有毒的。有一次，我们发现一棵倒下的树上有一个蜂巢。当科梅利准备把它劈开的时候，我建议先生一堆烟雾缭绕的火，赶走大部分野蜂，尽量减少我们被蜇的风险。他觉得这个主意非常好笑。他说，查科有一种蜂确实会狠狠地蜇人，可这些不是，虽然它们在我们头顶嗡嗡叫，但是在我们砍树的时候，它们并没有试图骚扰我们。我们把装满蜂蜜的蜂房拔出来，把蜂蜡、蜂花粉、蜂蛹和所有能吃的东西都吃了，包括滴在我们下巴上的蜂蜜。

尽管一整天都在骑马搜寻，但我们几乎没想过能在白天发现大犰狳，因为科梅利坚持认为，它很少从洞里出来，除非是在晚上，不过我们非常想找到这种动物确实存在的迹象。后来，我们又发现几个洞穴，它们的新鲜程度和我们第一次发现的那个洞差不多，里面都没有大犰狳。到了晚上，我们依靠狗的嗅觉，探测任何在户外的动物。它们又发现一只多毛犰狳、几只三带犰狳；一天晚上，它们还捕到一只狐狸，饱餐了一顿。然而，不论是它们还是我们，都没有发现大犰狳的新鲜踪迹。

我们沿着小路一直走到广阔的平原。科梅利非常肯定，大犰狳几乎很少会冒险走出灌木丛这个庇护所，所以我们没有必要再往前走。我们只得遗憾地返回帕索·罗亚。

查尔斯和桑迪出来迎接我们。我们围坐在火堆旁，讲述这几天在灌木林里的所见所闻，这时屠夫走进营地。他手里拿着一只胖乎乎、毛茸茸的猫头鹰雏鸟，它长着大大的黄色眼睛、长长的睫毛，还有一双大爪子。屠夫羞愧地咧嘴一笑，与这么幼稚的小动物在一起，好像让他感到很不好意思。对一只小鸟这么仁慈和体贴，真不是他的风格，但他也不敢贸然对待这个小家伙，因为他显然是想把它卖给我们。

他把小猫头鹰放到地上，走到火堆旁坐下来。小鸟站直了身子，吧唧着小嘴，小声地叫唤着。我假装没有看到它。

"晚上好。"屠夫彬彬有礼地说道。

我们同样有礼貌地作答。

他猛地望向小猫头鹰。

"非常棒，"他说，"很罕见。"

我怀疑地笑了。"这是一只 *ñacurutu*———一只雕鸮。它们很常见。"

屠夫看上去被冒犯了。

"非常有价值的鸟，比大犰狳还罕见。我本打算喂养它。"

他等着我表达失望之情，而我却望向火堆。

"如果你们愿意的话，我就把它卖给你们。"

"你想拿它换什么？"

屠夫对这个时刻期盼已久，但当它真正到来的时候，他又似乎羞于用我知道的答案来表达他心中真实的想法。他拿起棍子戳了戳火。

"你的刀。"他咕哝了一声。

我们即将永远离开查科，我可以很容易地在亚松森买到一把刀。我把刀递给屠夫，抱起小猫头鹰，给它喂了点食物。

小猫头鹰是我们在帕索·罗亚的最后一次收购。第二天早上，我们就得离开，因为五天之后，一架飞机将要飞到艾尔西塔，把我们接回亚松森。

第三十章　动物大转移

最近这两周天气异常闷热，而且一直不下雨，但是当我们骑马返回艾尔西塔农场后，天色忽然剧变，从破晓时就开始聚集的云层，最终转化成一场巨大的暴风雨。数小时之后，房子旁边的机场跑道被雨水淹没。当晚，福斯蒂诺通过无线电与亚松森机场通话，取消原定于明天来接我们的航班。

差不多一个星期后，他才再次打电话给亚松森，向他们报告飞机跑道已经完全干涸，飞机可以安全降落。

不管过程怎样曲折，飞机最终还是飞来了。我们小心谨慎地把犰狳、凯门鳄、南浣熊、小猫头鹰及其他所有动物都塞进去。当我们在跑道上做最后的告别时，斯皮卡带着三只小鹦鹉赶来。他和我们完成最后一笔交易，这让他极为满意。福斯蒂诺请我们把一大块生牛肉带给他在亚松森的亲戚。"那些可怜的人，"他说，"他们永远吃不到查科这么好的牛肉。"艾尔西塔嘴里叼着一支雪茄，抱着孩子为我们送行。科梅利热情地握着我的手，和我说再见。"我会继续寻找大犰狳的，"他说，"如果我在你们离开巴拉圭之前找到它，我会骑马去亚松森，亲自带着它去见你。"

飞机发出轰鸣声，我们关上了舱门。两个小时后，我们抵达亚松森。

我们欣喜地发现，那些在库鲁瓜提和伊塔卡博收集到的动物，在阿波洛尼奥的悉心照料下茁壮成长。它们当中的许多动物已经长到我们完全认不出了，阿波洛尼奥还捉了几只负鼠和蟾蜍，跟其他动物饲养在一起。

从现在起，就进入了这次探险中最繁忙、最令人担忧的阶段。所有的动物必须转移至轻便而结实的笼子里。它们必须接受海关的检查和清点。农业部官员要确保这些动物身体健康，没有得传染病。除此以外，我们还必须与航空公司制订出详细安排，好让动物和我们乘坐货机飞往布宜诺斯艾利斯，再从那里飞往纽约，最后飞抵伦敦；然后我们要从每一个我们即将临时停靠的口岸的官方文件中，找出关于动物过境的条例，仔细研究，确保我们办理了所有必要的手续和健康证明。

与此同时，我们还要给动物喂食和洗澡。虽然阿波洛尼奥做了大部分的工作，然而这本身就是一项全日制的工作。截至目前，照顾幼崽是最麻烦的。猫头鹰雏鸟不能被喂以普通的肉，因为所有猫头鹰吃的食物都带有皮毛、软骨、筋和羽毛，它们会将这些东西变成食丸反刍出来。如果食物中没有这些成分，它们的消化会出问题。因此，阿波洛尼奥和他的园丁兄弟每天需要花费大量的时间捕捉老鼠及蜥蜴，而我们不得不把它们切碎，徒手饲喂这只雏鸟。此外，我们还喂了几只不能自己进食的巨嘴鸟雏鸟，每只雏鸟每天需要进食三次，我们得把浆果和小块的肉从它们奇怪的大嘴塞进喉咙深处。

当我们刚抵达巴拉圭时，我已经知道，想要把大批动物从亚松森空运到伦敦，唯一可行的线路需要取道美国。这是一段漫长的路程，我们可能会因为沟通而耽误行程，而且现在是 12 月，纽约正值隆冬，我们显然还要给收集到的动物找暖房。这不是一条理想的路线，但我们相信它是唯一的一条。

后来，桑迪说他认识一家欧洲航空公司在当地的代表，那个人说可以很容易地安排我们从布宜诺斯艾利斯直飞欧洲，如此一来可以节约很多时间。的确，这条线路比我设计的那条更加令人满意，于是我们急忙赶到航空公司了解详情。桑迪的朋友说的确有这样的可能。虽然目前还没有货机从布宜诺斯艾利斯横跨大西洋，但是在每年的这个时候，他们公司的许多客机从南美洲返航时，有四分之三的座位是空的，他保证他能得到特许，让其中一架载着我们和动物们直飞伦敦。现在，他只需要一份动物清单，我们欣然同意，誊抄了一份交给海关的目录，详细地列出每一种动物的性别、大小和精细到年月的年龄。

他用奇怪的语调大声读了一遍。当他读到犰狳的时候，他皱了一下眉头，伸手拿了一本厚重的手册。仔细研究一番后，他抬起头看着我们。

"请问这是什么动物？"

"犰狳。它们是一种很可爱的小动物，有坚硬的保护壳。"

"哦，乌龟啊。"

"不，犰狳。"

"或许是一种龙虾？"

"不，它们不是龙虾，"我耐心地说，"它们是犰狳。"

"它们的西班牙语名字是什么？"

"Armadillo。"

"瓜拉尼语呢？"

"Tatu。"

"英语呢？"

"很奇怪，"我诙谐地说，"armadillo。"

"先生们，"他说，"你们一定弄错了。它们一定还有别的名字，因为这里没有提到犰狳，所有的动物都列在这里了。"

"对不起，"我回答，"但这就是它们的名字，它们没有其他名字。"

他砰的一声把书合上。

"没关系，"他不假思索地说道，"我可以叫它们别的名字。我相信一切会很顺利的。"

鉴于他的保证，我们取消了那趟精心安排的途经纽约的行程。

在我们离开亚松森的前两天，航空公司的人忧心忡忡地来到我们的住处。

"我很抱歉地通知你们，"他说，"我司不能接受你们的货物。布宜诺斯艾利斯的总部说，手册中没有提到的那种动物气味太难闻。"

"胡说，"我气愤地说，"我们的犰狳一点味道都没有。你把它们登记成哪种动物了？"

"我只是给它们起了个名字，我敢肯定，以前没有人听说过这个名字。由于记不起你们说的名字，我在我儿子的动物书上随便找了一个。"

"你把它们登记成哪种动物了？"我重复了一遍。

"臭鼬。"他回答。

"拜托，"我试图控制住自己的愤怒，"你能给布宜诺斯艾利斯打个电话，解释一下犰狳不是臭鼬吗？它们没有气味，你自己来看吧。"

"现在不行，"他懊悔地说，"这架飞机已经被另一批货物预订了。"

那天下午，我们不得不回到原来的航空公司，满怀歉意地询问能否重新安排一周前我们取消的那趟途经纽约的行程。

我们待在亚松森的时间越长，遇到的麻烦就越多，如今整个巴拉圭似乎都知道了我们的存在。全国各地的人或骑着自行车，或开着咯吱作响的卡车，或步行，带着各种各样的动物来找我们，它们

有的被装在箱子和编织袋中，有的就直接装在葫芦里。在最后一轮收购中，一个男人送来的动物是最罕见，也是最让我激动的。我和桑迪在康塞普西翁寻找大犰狳时，曾经在旅馆里见过他。他推着一辆手推车，只见车上围着一圈用木板和细绳制成的松散栅栏，里面站着一只奇怪的大狼。它看上去非常威武，长着浅红色的长毛、毛茸茸的三角形大耳朵，脖颈的花纹像一条白色围兜。它的腿不可思议地细，与它身体的其他部分完全不成比例。它看起来就如同一只特别好看的阿拉斯加犬在哈哈镜中的形象突然变成现实。这是罕见的鬃狼，只生活在查科和阿根廷北部。它的大长腿使它跑得特别快，有人说鬃狼的奔跑速度甚至超过猎豹，它是所有陆地动物中跑得最快的。它为什么需要这样的速度，至今还是一个谜。这里没有什么动物能迫使它逃跑——美洲豹并不生活在狼常去的开阔平原上——对于捕捉犰狳和小型啮齿动物来说，也不需要这样迅猛的速度；也没有记录表明它袭击过鸸鹋，这是它能遇到的动物中唯一在速度上可以与之匹敌的。不过，也有一些人认为它的高度使其能够在平坦的平原上看到更远的地方，这一点毋庸置疑，但是不足以解释它们为什么会进化出这种非凡的体格。

购买到它，让我非常高兴，我们刚刚收到伦敦动物园的电报，他们才从德国的一家动物园引进一只公鬃狼，问我们能否给它找个配偶。我们得到的这只鬃狼恰好是雌性。

然而，如何解决它的住宿问题，却让我们左右为难。它现在的笼子不仅不结实，还特别小，这个可怜的家伙在里面根本无法转身。

尽管它的主人一再宣称它是刚被捕获的，但当我和阿波洛尼奥往它的脖子上套皮圈时，它看起来非常温顺，一点都没有抗拒。我们小心翼翼地把它领出笼子，拴在一棵树上。我给它一些生肉，它毫无兴趣。阿波洛尼奥坚持让我们喂它一些香蕉。这似乎不是狼的食物，出人意料的是，这家伙狼吞虎咽地吃了四根香蕉。过了一会儿，它开始不停地用力拽脖子上的项圈。我怕它会伤到自己的脖子，于是我们把鸡关进鸡舍，把鬃狼放在鸡圈里。我们用锯子和锤子把一只大木箱改造成笼子。到了傍晚，在改造完成之后，我们把笼子放在鸡圈旁，哄骗鬃狼进去，但是它突然发飙，朝着我们怒吼，那阵势非常可怕。我们改变了策略。阿波洛尼奥在笼子深处放了一些香蕉，然后坐在旁边的一个战略位置上，随时准备在它冒险进入后就把它身后的门放下。与此同时，我开始为南浣熊一家准备适于旅行的笼子。

夜幕降临，鬃狼仍没有进入箱子的迹象。我走过去和阿波洛尼奥商量，就在这时，鬃狼突然逃跑，它一跃而起，向上攀爬，摆脱了鸡圈，然后消失在黑暗中。

为了防止流浪狗进入，花园四周设有防护篱笆，所以我有理由相信这家伙不会逃到城里去，然而这套宅子的占地面积非常大，园中密布着丛生的竹子、开花的树木和装饰性的仙人掌丛。此时天已经黑透。查尔斯、阿波洛尼奥和我拿着火把，在花园里搜查了一个小时，根本找不到鬃狼的踪迹，它好像凭空消失了。我们分开行动，对花园进行地毯式搜索。

"先生，先生，"阿波洛尼奥在花园的另一头喊道，"它在这里。"

我跑过去，发现阿波洛尼奥正用火把照着那只狼，只见它坐在一块被低矮的仙人掌环绕的空地上，正在咆哮。尽管找到了它，但是我却陷入了迷茫：下一步该如何做呢？我们既没有绳子，也没有网和笼舍。正当我还在想该怎么办的时候，阿波洛尼奥跳过仙人掌，一把抓住它的脖子。他如此勇敢地做出表率，我几乎不能退缩，于是我也跟着跳过仙人掌，扑向扭打在一起的人和狼，利索地抓住了阿波洛尼奥的腰。当我从他身上挣脱开来的时候，鬃狼已经用嘴咬住了他的手，于是我得以跨坐在那家伙的身上，稳稳地抓住它的头，而不会有被咬的危险。鬃狼感觉到自己被人从后面抱住，松开了阿波洛尼奥的手。令我欣慰的是，他并没有被咬得很重。当这一切发生的时候，查尔斯非常明智地跑回去拿笼子。狼在我们怀里疯狂地挣扎，经过一阵似乎没完没了的耽搁，查尔斯终于带着笼子赶到，我们把它捆在里面。

一切准备就绪，我们该和巴拉圭说再见了。许多朋友赶到机场为我们送行，我们最后一次从亚松森的机场起飞，内心五味杂陈，既觉得不舍，又觉得如释重负。

我们需要在布宜诺斯艾利斯等上两天，所以设法把动物集中在海关查验棚里，避免复杂的检疫和入境手续。当我们到那里的时候，我听说一个朋友和他的妻子也在这个城市，刚刚开始他们的收集动物之旅。我找到他的电话号码，给他打了个电话。接电话的人是他妻子，我们告诉她收集到了哪些动物，她也分享了他们的计划。

"哦，对了，"她淡淡地说道，"我们有一只大犰狳。"

"太好了，"我说着，尽量不让人感觉到我在嫉妒，"我们能看看吗？我们在巴拉圭搜寻了很久。我想看看它们到底长什么样。"

"可以，"她说，"我们也还没有得到。但是我们听说，在阿根廷北部，距离这里 500 英里的地方，有一个家伙捉到了一只，我们打算去那里收集。"

我想把我们在康塞普西翁的经历告诉她，但转念一想，似乎不大合适。几个月后，我发现他们和我们一样不幸。

我们的航班推迟了几个小时起飞，结果我们错过了从波多黎各起飞的航班。然而幸运的是，碰巧有一架即将返回纽约的豪华客机空无一人，经过协商，航空公司友善地允许我们和动物们乘坐这架客机。如今，动物的口粮非常吃紧，好在飞机的乘务员有大量无人认领的包装食品。尽管我没有贸然让动物们尝试鱼子酱，但是犰狳和南浣熊非常喜欢熏鲑鱼，而鹦鹉们则对加利福尼亚新鲜的桃子爱不释"口"。

我们抵达纽约时，我惊讶地发现地面积满了雪。如果着陆后的几分钟内，我们没法给这些动物找到一间暖房，它们就会被冻死。然而，我忘记了美国人对集中供暖的热情。动物们被带到一个普通的仓库里，我觉得这儿的温度比亚松森的平均气温还要高。

第二天晚上，我们抵达伦敦。动物园的工作人员开着温暖的厢式货车来迎接我们，所有的动物都被送往摄政公园。当它们消失在夜色中时，一股忧虑从我的脑海中消失，取而代之的是一种解脱感。从亚松森到伦敦的六天时间里，没有一只动物显出生病或不舒服的迹象，更没有一只动物死亡。

　　接下来的几周时间里，我多次到伦敦动物园看望它们。那只雕鸮已经羽翼丰满，长得很大了。动物园养了一只雄雕鸮，这些年它一直没有一个伴。一般来说，雌性猫头鹰比雄性大，虽然我们的那只雕鸮还小，但是当它们被关在同一个笼子里时，它看上去已经和它的同伴一样大，而且能够很好地照顾自己。

　　当我们把鬃狼介绍给已经在动物园安顿下来的雄性鬃狼时，我特别想知道会发生什么。动物园最重要的功能之一是建立珍稀动物的繁殖对，这样一来，如果该物种在野生状态下面临灭绝的危险，它就可以在动物园被保护起来。等到以后时机成熟，动物园繁殖的动物可以被放归野外，在它们的故乡重新建立种群。尽管这听起来有些雄心勃勃，但是伦敦动物园在这方面已经做出突出贡献。罕见的麋鹿曾经生活在中国，但是很多年以前就已经在那儿灭绝，如今被保护在伦敦动物园的围场及贝德福特公爵的私宅乌邦寺里。最近伦敦动物园的麋鹿被送回中国定居，要知道它们在中国已经灭绝了半个多世纪。

　　未来，鬃狼也可能面临灭绝的危险。如今，它们已经非常罕见，农场主逐年侵占查科平原，掌控着那些土地，它们的栖息地越来越少。对我们来说，母狼和公狼互相接纳非常重要。尽管如此，将它们放在一起还是需要承担相当大的风险，因为它们很可能在被分开之前相互厮杀。德斯蒙德·莫里斯时任伦敦动物园哺乳动物主管，他和我一起看着饲养员打开大门，让公狼和母狼进入同一个笼舍。公狼轻快地小跑过去，然而它一看到母狼就猛地往后一跳，全身鬃毛竖立，僵硬而笔挺地站着，咧开嘴唇，发出低沉的咆哮。母狼也有类似的反应。突然，公狼猛地向母狼咬去，但还没等它碰到母狼，母狼就朝它扑过来，它们扭打在一起，几秒钟后又分开了。那只公狼低着头，慢慢地向母狼走去。母狼站在原地，接受它的吸嗅。然后母狼走开，漫不经心地坐在角落里。公狼一直跟着它，很快，它们两个就并肩躺在地上，公狼从喉咙深处发出轻柔的低吟声，用前腿抚摸母狼伸出的前肢。毫无疑问，它们已经互相接受。也许，在未来的几年里，伦敦会有一个奇妙的生物家族。

———

德斯蒙德·莫里斯对我们的犰狳赞不绝口。我们一共带回四种计十四只犰狳，然而，我却非常难过，因为我们没能带一只大犰狳回来。我向德斯蒙德描述我们看到的巨大的洞，以及我们为寻找它们而进行的漫长而艰辛的探索。德斯蒙德被我的描述迷住了，他和我一样认为，如果能见到这种神奇的生物，那将是一件多么令人兴奋的事啊！他友善地减轻了我们因失败而产生的懊悔。"毕竟，"他说，"你们给我们带回来的犰狳，无论是从数量还是从种类上来说，都超过了以往任何时候，更何况这种三带犰狳是从未在这里展示过的亚种。"

一周以后，他给我打了一个电话。

"好消息，"他兴奋地说，"我刚收到一位巴西商人的来信，他说他有一只大犰狳。"

"太棒了！"我回应道，"你能确定它真是一只大犰狳吗？他不是只想知道你愿意为它付多少钱吧，就像我在康塞普西翁遇到的朋友那样？"

"哦，是的。他是一个非常有名的商人，他知道自己在说什么。"

"太好了，我真的希望你能得到它。"我说。

一周后，他又给我打了电话。

"那只犰狳刚从巴西来，"他说，"但恐怕你会相当失望。它只是一只巨大的多毛犰狳，就像你带回来的黄爪子。你可以聘请我担任你们的'找不到大犰狳俱乐部'的副理事长。"

三个月后，他又给我打了一次电话。

"我想你可能有兴趣知道，"他故作平淡地说道，"我们终于有一只大犰狳了。"

"哈，哈！"我说，"我以前听过这个故事。"

"不，它真的在园里。我刚才一直在看着它。"

"天哪，你到底是从哪儿把它弄来的？"

"伯明翰！"德斯蒙德说。

我立刻赶往伦敦动物园。这只大犰狳是被商人从圭亚那送到伯明翰的，它是第一只活着来到英国的大犰狳。我仔细地观察它，被它深深地吸引，它用那黑色的小眼睛回望了我一眼。这是一只体长超过 4 英尺，长着巨大前爪的大犰狳；它不像我们抓到的任何犰狳，似乎更喜欢用后腿走路，前腿只是轻轻地接触地面。它的盔甲板不仅厚实，而且纹路清晰，却非常柔韧，所以它看上去好像穿着一件锁子甲。它拖着粗壮而卷曲的尾巴，从容地在巢穴里踱来踱去，就像一只史前怪兽。它是我这一生中见过的最奇怪、最神奇的野兽之一。

　　看着它时，我想起康塞普西翁森林里的德国人，想起在帕索·罗亚发现的巨大的洞和足迹，想起在查科，我和科梅利在月光照耀下的多刺灌木林中搜寻的夜晚。

　　"很漂亮，不是吗？"饲养员说。

　　"是的，"我说，"它很漂亮。"

"天际线"丛书已出书目